环境保护与碳中和
详解环境气候演变与减污降碳协同

Environmental Protection And
Carbon Neutrality

中国光大环境（集团）有限公司　编

中国科学技术出版社
·北 京·

图书在版编目（CIP）数据

环境保护与碳中和：详解环境气候演变与减污降碳协同 / 中国光大环境（集团）有限公司编 . —北京：中国科学技术出版社，2022.7

ISBN 978-7-5046-9622-9

Ⅰ . ①环… Ⅱ . ①中… Ⅲ . ①二氧化碳—节能减排—研究—中国 ②中国经济—低碳经济—研究 Ⅳ . ① X511 ② F124.5

中国版本图书馆 CIP 数据核字（2022）第 090661 号

总 策 划	秦德继　宁方刚		
策划编辑	张敬一　何英娇	责任编辑	申永刚
封面设计	马筱琨	版式设计	锋尚设计
责任校对	邓雪梅　张晓莉	责任印制	李晓霖

出　　版	中国科学技术出版社
发　　行	中国科学技术出版社有限公司发行部
地　　址	北京市海淀区中关村南大街 16 号
邮　　编	100081
发行电话	010-62173865
传　　真	010-62173081
网　　址	http://www.cspbooks.com.cn

开　　本	710mm×1000mm　1/16
字　　数	350 千字
印　　张	21
版　　次	2022 年 7 月第 1 版
印　　次	2022 年 7 月第 1 次印刷
印　　刷	北京盛通印刷股份有限公司
书　　号	ISBN 978-7-5046-9622-9/X・147
定　　价	99.80 元

编写委员会

主　　任：王天义

副主任：栾祖盛

成　　员：胡延国　钱晓东　安雪松　李春菊　杨仕桥　李昌富　赵　彬

编写人员名单

主　　编：王天义

副主编：赵　彬　李　靖

编写人员（按姓氏拼音排序）：

陈　晶　陈利军　高国龙　郭莉莎　郭骐铭　黄　刚　黄朝雄　李家慧

李小乐　刘　媛　苗宪宝　南　剑　任晓宇　申要杰　苏　勇　唐　武

王　博　王　峰　王冠平　王广伟　王沛丽　王少钟　王小柳　王渝冬

吴沐彦　肖诚斌　徐　林　杨　倩　杨　姝　杨自强　叶明琪　曾梦达

张濒予　张国锋

序一

在没有找到另一个宜居的星球之前，地球是人类唯一的家园。

地球不仅是一个开放系统，是太阳系的一员，也是一个复杂的巨系统。地球本身的自然因素十分复杂，海洋、绿地、森林、沙漠、极地、冰川等，它们之间还存在着相互作用。人类和各种生物的存在，使这个巨系统更加复杂。

地球与人类之间存在着巨大的相互作用。地球为人类提供了基本的生存和发展条件，同时也制约着人类的发展，我们只有一个地球，环境有容量，空间和资源有限；人类的活动对地球环境有巨大的反作用。一万年前，地球的人口约百万量级，本世纪末将达百亿，人口密度增加万倍之多。作为地球上最强有力的生物群，人类在改造地球，希望生活得更好。但有些"改造"也在破坏地球的环境，人口增长、化石能源大量使用、"废弃物"处理不当，对环境（含气候）的影响大大增加。所以，在分析地球环境变化时，把一切都归因于自然因素是不科学的。人类的活动会使环境恶化，但如果人类改善自己的行为，也可能使环境优化。

把一切都归于自然因素，只会导致无所作为的宿命论。人类既是环境问题的始作俑者，又是环境永续发展的创造者。

地球上的不同国家处在发展的不同阶段，面临着不同的问题，但是都必须转变发展方式。世界上最大的发达国家，必须改变高消耗的模式；世界上最大的发展中国家，必须改变粗放、低效的模式。能否有效实现发展方式的转变将深刻影响生态环境的可持续性。

经历了原始文明、农耕文明和工业文明的人类，需要实现文明阶段的转型升级——走向生态文明。生态文明以建立可持续的生产方式和消费方式为内涵，是人类对工业文明形态进行反思的成果，是人类对文明形态和发展道路的新的觉醒。当前世界的现实离生态文明距离尚远，不良的发展会损害未来，甚至导致发生灾变，只有服从科学规律的良性发展才能创造未来。

进步的、理智的人类需要完善生态文明的理念并描绘实现生态文明的路线图，我国近年来高度重视生态文明建设，一批以生态文明建设为己任的企业应运而生，中国光大环境（集团）有限公司（简称"光大环境"）就是它们当中的杰出代表。

光大环境撰写的《环境保护与碳中和：详解环境气候演变与减污降碳协同》系统阐述了企业的理念和实践。如本书前言所说，"没有核心价值观的企业如同没有灵魂的躯体"，光大环境的核心价值观是"情系生态环境，筑梦美丽中国，甚至筑梦美丽世界"。这样的价值观使光大环境成了有格局和有情怀的企业，也使全公司职工有了共同的精神支柱和动力。光大环境的实践经验极为丰富和扎实，形成了"环保能源、绿色环保、环保水务、生态资源、装备制造、光大照明、绿色科创和环境规划八大业务板块"。其中，固废能源化尤为突出，是中国的带头企业，推动了"无废城市"建设，成为我国最大的环境和循环经济集团。国家提出碳达峰、碳中和战略目标后，光大环境在已有优势的基础上，正在打造"环境、资源、能源、气候"四位一体发展新格局，为减污降碳、协同增效、新型发展做出新贡献。

一个偶然的机会，使我实地了解了光大环境（时称"光大国际"）的垃圾焚烧发电厂，印象深刻。十多年来，我耳闻目睹了"王天义们"和光大环境的坚守和执着，他们克服了重重困难，使光大环境的环保事业成长为参天大树，并且硕果累累，在绿色事业中铸就了金色品牌。

这本书内容丰富，既有思想高度和科学性，又有来自实际的实践总结和相应的图表与数据；思路清晰，系统性强，表述流畅。对环境领域的从业者、科技工作者、企业家、高等院校的教师和学生，都是非常有益的参考书。

我是本书的学习者，也愿向大家推荐这本书。

2022年5月5日

应运而生。老大环境（集团）就是它们当中的杰出代表。

老大环境撰写的这本"环境综合治理中和系统阐述了企业的理念和实践。如本书前言所述，"没有核心价值观的企业如同没有灵魂的躯体"，老大环境的核心价值观是"情系生态环境，筑梦美丽中国。"这样的价值观使老大环境成了有格局和情怀的企业，也使全司职工有了共同的精神支柱和动力。老大环境的实践极为丰富和扎实，形成了"低碳能源、绿色环保、环保水务、生态资源、绿色制造、光大照明、绿色科创和环境规划八大业务板块"。其中，固废能源化尤为突出，是中小的骨头企业，推动了"无废城市"建设，成为我心自心的环境和循环经济集团。四家提高碳达峰、碳中和目标后，老大环境在已有优势的基础上，还在打造"环境、资源、能源、光修四位一体"发展新格局，为减污降碳、协同增效、新型发展作出新贡献。

杜祥琬院士手书推荐

序二

　　2021年，全球平均气温比工业化前（1850—1900年）升高了1.1℃，大气中二氧化碳（CO_2）的年平均浓度超过了410ppm（1ppm=0.0001%），平均海平面自工业化以来上升了0.3米。种种迹象表明，全球气候正在发生着显著的变化，这已成为21世纪全人类生存和发展面对的共同挑战。人类对全球气候变化的科学认知在不断加深，从联合国政府间气候变化专门委员会（IPCC）发布的历次评估报告来看，气候变化是人为造成的可能性不断增加。在近期发布的第六次评估报告中，以"毋庸置疑"这一表述，进一步认定了人类活动对气候变化的影响。

　　如果人类不立即采取有效的政策和行动，将造成不可逆的全球生态灾难和巨大经济损失。截至目前，全球近50个主要国家承诺在2050年前实现碳中和。在2021年年底的格拉斯哥气候大会上，各国就全球气候治理制度安排达成了共识，开启了国际社会全面应对气候变化的新征程。中国坚持多边主义、全球合作共赢，贡献了中国智慧，注入了中国力量，彰显了发展中大国的责任担当。

　　党的十八大以来，我国牢固树立人类命运共同体意识，贯彻新发展理念，将应对气候变化摆在国家治理更加突出的位置。习近平总书记强调，实现碳达峰碳中和，是贯彻新发展理念、构建新发展格局、推动高质量发展的内在要求，是党中央统筹国内国际两个大局做出的重大战略决策，并指出要注重处理好发展和减排、整体和局部、长远目标和短期目标、政府和市场这四对关系。

　　我国构建了碳达峰碳中和"1+N"政策体系，《中共中央　国务院关于完整准确全面贯彻新发展理念做好碳达峰碳中和工作的意见》《2030年前碳达峰行动方案》等顶层设计文件已经发布，能源、工业、交通等分领域分行业碳达峰实施方案以及科技、财政、金融等一系列实施保障方案已制定完成。实现"双碳"目标，能源转型是关键。2020年我国非化石能源占一次能源消费比重达15.9%，比2005年提升了8.5%。2021年，全国可再生能源发电量达2.48万亿千瓦·时，占全社会用电量的29.8%；可再生能源发电装机达到10.63亿千瓦，占总发电装机容量的44.8%；风电、光伏发电装机均突破3亿千瓦，均居世界首位；海上风电装机居世界第一，并正在规划建设4.5亿千瓦大型风电光伏基地；新能源汽车保有量约占世界一半。全国碳市场启动上线交易以来，整体运行平稳，市场活跃度稳步提高，第一个履约周期顺利收官，履约完成率达99.5%。在党中央的坚强领导和全社会的共同努力下，我国碳排放强度显著下降，2020年碳排放强度比2015年下降18.8%，比2005年下降48.4%，超额完成了我们向国际社会承诺的到2020年下降40%～45%的目标，累计少排放二氧化碳约58亿吨，基本扭转了二氧化碳排放快速增长的局面。

二氧化碳等温室气体和常规污染物的排放具有同根同源性。我国重视加强污染物与二氧化碳排放协同治理，加强源头管控，将降碳作为源头治理的"牛鼻子"，把结构调整和绿色升级作为减污降碳的根本途径，推动资源能源节约高效利用，强化温室气体与污染物排放、生态环境修复的协同，加快形成有利于减污降碳的产业结构及生活方式。习近平总书记在2021年8月的中央全面深化改革委员会第二十一次会议上指出，要从生态系统整体性出发，更加注重综合治理、系统治理、源头治理，加快构建减污降碳一体谋划、一体部署、一体推进、一体考核的制度机制。"十四五"时期，我国生态环境保护进入了以降碳为重点战略方向、减污降碳协同治理的新阶段。

企业是减污降碳的主力军，是污染物和温室气体排放的责任主体，更能够摸清排放源、排放路径。截至2021年年底，全球共有近700家企业以不同形式提出了碳中和目标。政府积极"搭台"，制定目标、战略和政策，创造外部环境，研究机构开展绿色低碳技术创新，但真正"唱戏"、落实这些政策措施、应用这些技术还是要依靠企业。绿色发展不再是企业锦上添花的"自选动作"，而是适应绿色低碳发展大势、企业谋求高质量发展的"必选动作"。

在碳达峰碳中和目标约束下，能源、产业、交通等将面临深刻的绿色低碳转型，进而倒逼钢铁、水泥、石化、有色等行业改造技术装备、提升技术水平，也将进一步推动可再生能源发电、再生利用等领域的技术创新与应用。据有关机构测算，实现碳中和目标，我国大体需要136万亿元的投入。举例来说，循环经济是实现碳达峰碳中和的重要路径之一，也契合"无废城市"的建设理念，到2025年我国资源循环利用产业产值将达到5万亿元，生物质废弃物发电、工业余热循环利用都是很好的循环利用模式。总之，对企业而言，实现碳中和既是发展道路上的重要挑战，也是绿色转型难得的历史机遇。企业要积极作为，通过发展新模式新业态，打造新的增长点，助力我国双碳目标的实现，促进全球绿色低碳发展。

光大环境自2003年转型环保以来，经过近二十年的耕耘，已经发展成为中国最大的环境企业，特别是在垃圾焚烧发电领域，在规模、技术、管理和破解邻避效应等方面取得了世界一流的可喜成绩，是实现减污降碳的杰出代表。我与天义董事长在国合会（中国环境与发展国际合作委员会）年会上就这个话题作过交流。垃圾焚烧发电不仅能够有效解决"垃圾围城"这一环保和民生问题，还能产生可观的绿色电力，同时避免垃圾填埋而产生的甲烷等温室气体的排放，具有负碳功效。我也听说，光大环境已在旗下的一些污水处理厂通过发展屋顶光伏、沼气发电实现厂内用电的自给自足。借此机会，我也预祝光大环境围绕"环境、资源、能源、气候"四位一体发展格局，在"发展负碳企业，打造零碳工厂，追求低碳生活"的战略目标引领下，积极实现战略转型，为我国减污降碳做出更大的贡献。

本书从固废处置、水污染治理、海洋污染治理和大气污染治理等方面阐述了减污降碳机理、协同治理路径，也对绿色金融、碳核算及碳披露进行了总结和分析。全书既有扎实的理论分析，又有光大环境的实践经验。我相信本书能够为从事环境保护、气候治理等领域的同仁提供参考，引发共鸣，促进交流。

在这里，我也呼吁从事生态环境保护的朋友们，把握住绿色低碳发展机遇，主动作为，积极创新，助力我国顺利实现碳达峰碳中和目标，共同建设美丽中国。

是为序。

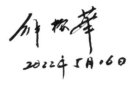
2022年5月16日

天地于我先生　我依天地而存

《中庸》曰："喜怒哀乐之未发，谓之中；发而皆中节，谓之和。中也者，天下之大本也；和也者，天下之达道也。致中和，天地位焉，万物育焉。"意思是：喜怒哀乐的情绪没有表露出来，这叫作"中"；表露出来但合乎法度，这叫作"和"。"中"是天下最为根本的，"和"是天下共同遵循的法度。达到了"中和"，天地便各归其位，万物便生长发育了。人是拥有丰富情感的动物，情感的含而不露与表露适度，是人追求的"中和"境界，而这种境界能使人延年益寿。万物有灵，大自然也需要中和以实现自身可持续发展。我们今天常谈的碳中和（Carbon Neutrality），由英文翻译而来，这里面的"中和"是一个严谨的科学名词，和《中庸》里丰富多彩的"中和"意思大不相同，但这又何尝不是先哲们设想和追求的人与自然和谐共生意境的今日表述？

未来已来，将至已至。这是一个风云激荡的伟大时代；这是一场与时俱进系统性的变革。在这充满挑战、机遇和变化的背景下，这部由中国最大的环境集团、全球最大的固废能源化投资运营商、中国最大的"负碳"环境企业完成的倾心之作，旨在对环境、气候、减污降碳、协同增效以及绿色金融等方面做出系统阐释，助力实现"双碳"战略，服务环境保护与绿色发展。

当前全球正面临着两大艰难挑战：新冠肺炎疫情、气候变化。新冠肺炎疫情在全球蔓延，多轮反复，世界经济陷入衰退，使全球应对气候变化的艰苦努力产生巨大压力。因此，在当前形势下，世界各国近期都面临如何将防控疫情、恢复经济、稳定就业与中长期应对气候变化相结合的艰巨任务。

对此，我们首先要对因果关系有清晰的认知。近几年频发的极端天气事件甚至某些难以遏制的疾病大流行，很大程度上是地球变暖带来的后果，而人类的不当活动又是地球变暖的主要原因。所以，应对气候变化实质上就是人类要努力消除自身产生的负面影响，是人类自我拯救并惠及地球广大生命的空前运动，这场运动需要人类付出半个世纪甚至有始无终的艰苦努力。在这个漫长而又急迫的过程中，充满了太多的挑战和不确定性，特别是短期困难（包括突发事件）。如果因此而动摇对长远目标的努力，那长远目标就可能永远遥不可及。

一、天人合一的大美

中国传统文化中的"天人合一"，蕴含着深刻的生态智慧。天人关系就是人与自然的关系，"天人合一"就是人与自然要和谐共处。

"天人合一"的说法源自道家，在中国文化史上长期占主导地位。中国近现代著名学者、国学大师钱穆将"天人合一"视作"中国传统文化之归宿处"，并且深信中国文化对"世界人类未来求生存之贡献，主要亦在于此"。

《周易》将天、地、人并称"三道"，三者虽各有其道，但又是相互对应、相互联系的。天地之道是生成原则，人之道是实现原则，二者缺一不可。《道德经》说："人法地，地法天，天法道，道法自然。"这是老子勾画的宇宙运行模式。道家把天、地、人和万物看作一个整体，在这个整体中，人是一个小宇宙，天、地、万物是一个大宇宙。

庄子认为，人是自然的一部分，"有人，天也；有天，亦天也"。天人本是合一的，但人由于丧失了原来的自然本性，变得与自然不协调。人修行的目的，便是"绝圣弃智"，打碎这些加于人身上的藩篱，重新复归于自然，达到一种"万物与我为一"的精神境界。

此后的儒、道、释等诸家对"天人合一"各有阐述。

孔子云："知者乐水，仁者乐山。"描绘了一幅贤人志士与山水融为一体的美卷，表示人与自然的美好是相通的。孟子讲"上下与天地同流""万物皆备于我矣"。《荀子》中说："天有其时，地有其材，人有其治，夫是之谓能参。"作为儒家思想集大成者的董仲舒，同样主张天人一体："天地人，万物之本也。""三者相为手足，合以成体，不可一无也。"汉唐时期，佛教成为"显学"，其提出"天地与我同根，万物与我一体"，人作为自然界的一个组成部分，应与自然万物和谐共生。至宋朝，程朱理学继承并发展了"天人合一"的思想主张。从周敦颐的以"太极"立"人极"，到张载的"民胞物与"，再到程颢的"万物一体"，都是从人与自然本原相通、生命相关、价值相联的角度，论证人类道德原则与天道的一致性。元、明、清时期，出现了诸多学派"争鸣"的景象：元朝的著名理学家许衡强调"万物皆本于阴阳"；明朝心学大家王阳明主张"仁者，以天地万物为一体，莫非己也""风雨露霜，日月星辰，禽兽草木，山川木石，与人原是一体"；清代的理学大家孙奇逢提出"天人一体"，强调人和万物的一体性、同根性。

人应如何达到与自然的和谐？

首先，人要认识自然。要对自然心存仁爱和敬畏，老子言"生而不有，为而不恃，长而不宰"；要将人与天的关系内化为精神气质、人格品行，张载言"儒者则因明致诚，因诚致明，故天人合一"，由明察人伦而通达天理之诚，由通达天理之诚而洞明世事。

再者，人要顺应自然。孟子曰"不违农时""斧斤以时入山林"，顺应时序，就能够"谷不可胜食也""材木不可胜用也"，就能实现自然对人的最好的回馈。管仲为齐国制定了"以时禁发"制度，"山林虽广，草木虽美，禁发必有时"，也是强调顺应万物生长的时节，春发冬藏，取用有度，才能用之不竭。这些都在讲顺应自然"不妄为"。

我们知道，人是地球上唯一能够制造和使用复杂工具的动物，人类的"创造力"与"破坏力"可能都源于此。随着科技的不断进步，人类不再被动地适应自然，而是越来越多地想利用自然，甚至控制自然，以至于要"人定胜天"。今天人类正在探索浩瀚的宇宙，马斯克正在不遗余力地要把人类送上火星，他在"人定胜天"吗？我更愿意把这些举动视为在更大范围内、更高层级上认识自然、顺应自然，而不是征服自然。

纵观中国文化发展历程，虽历经朝代更迭、思想争鸣，但"天人合一"始终是传统文化的主流思想。同时，这一思想也是中国共产党"人与自然和谐共生"理念的文化之根。当然，古人未拥有今天的科学知识，无法从科学原理上认识气候变化，做出我们今天的有力应对，所以实现碳中和、应对气候变化、追求新的天人合一，只能是我们当代人的历史使命。

二、掘地千尺的人祸

从热力学第二定律可以得到，孤立的系统总是趋向于熵增，最终达到熵的最大状态，也就是系统最混乱无序的状态。熵（entropy）是物理学概念，用以度量系统的混乱程度。量子力学奠基人之一的埃尔温·薛定谔（Erwin Schrödinger）说过："人活着就是在对抗熵增定律，生命以负熵为生。"这句话可理解为，生命的意义在于其有主动抵抗自身熵增（即熵减）的意识和能力。"熵减"的过程是一个系统在开放或得到外部能量输入的基础上，由低能态向高能态，由无序到有序的变化过程。以水为例子，水必定是从高处流到低处，这其实就是熵增的过程，最终成为一潭死水，这就是熵寂。但是地球上的水并未成为一潭死水，水其实每天都在流动，因为地球并非一个封闭的系统，来自太阳的外部能量使水得以蒸发（熵减），从而实现地球上整个水系统的循环流动。

地球曾有过"美好"的平衡态，地球的平衡可能正因人类的出现（尤其是工业文明的发展）而被打破。有考古证据显示，人类从学会用火的那一刻开始，就在改变身处的生态系统，也正是从那一刻起，人类逐步登上万灵之首的宝座，开启了改造和利用地球资源的雄伟而野蛮的征程。在人类和地球共处的漫长的征程中，人类的活动对地球的影响可看作一场熵增和熵减的博弈，一方面，人类通过科技进步和文化积累，推进了人类社会甚至部分自然环境越来越有序的发展，例如由刀耕火种的农耕社会发展到井然有序、大厦林立的现代都市；另一方面，人类无节制地挤占、掠夺、甚至毁灭其他生物的家园，使自然环境受到污染和破坏，特别是在工业革命之后，日趋强大的人类对地球资源的索取和对环境的破坏不断加速，走上了"熵增"大于"熵减"的不归路。

这些壮举既伟大又渺小！

伟大在于，人类超越了万物，成为这个星球的掌控者、主宰者；渺小在于，从人与自然和谐相处的视角来看，人类不过是在慢慢消耗并毁灭让自己在浩瀚星空中得以驻足的一方乐土。

地球的生态环境是这场"熵减"与"熵增"博弈中的最大受害者，生态环境破坏是人类文明起源以来，造就的最大"灰犀牛"。到今天为止，我们灿烂辉煌的一切都源于向身边环境的索取，生态环境是一个慷慨的给予者，人类却因为这份慷慨而日渐"疯狂"，当发现这份资源有限时，又开启了相互的竞争和抢夺。正如俗语常说的"1"和"0"的关系，生态环境是"1"，其他一切不过是在"1"后面添的"0"。没有了"1"，后面再多的"0"也不过是梦幻泡影。从平衡到失衡，从可控到失控，极端人士有极端言论：今天我们眼见的所有繁华，终有一天是后人眼中的"自掘坟墓"。

1952年，一场伦敦"毒雾"让还沉醉在工业化美梦的人们突然意识到生命在环境污染面前的脆弱，环境科学虽然随之受到关注，但在后来很长一段时间内仍被当作与经济发展相悖的学科。"由俭入奢易，由奢入俭难"，没有多少人愿意主动放弃既得的财富，也没有多少人会轻易相信灾难将落在自己头上。在这样的心态下，人类渐渐失去了抵抗这种失衡状态的能力。看着环境脏乱破败，看着资源消耗殆尽，终有一天，人们开始为自己，更为子孙后代担忧，希望用当代人的努力换取文明发展的永续。虽然觉醒晚了很多，有点覆水难收、破镜难圆的遗憾，但毕竟我们已经开始行动，生态、环境、气候、碳中和等话题不再被搁置一旁，"绿色低碳发展"越来越受到各国政府的重视，人与自然和谐共生理念逐渐深入人心，其优先级逐步提高。为了挽救人类的未来，人类应该主动采取措施，加快地球的"熵减"，抑制或消灭地球的"熵增"。

发达国家开始关注环境污染问题的时间比发展中国家更早一些，这与其工业化起步早有关系，因此发达国家在绿色产业上具有先发优势。中国近年来依靠政策驱动和庞大市场推动，与发达国家的差距快速缩小。与此同时，发达国家也更早将关注重点从环境治理进一步提升到了气候变化。其间的其他意图不在此讨论，但就气候变化而言，由于它比生态环境、空气质量更具有全球统一性，任何一个国家都不可能单独解决自己国家的气候变化问题，任何一个国家也不可能单打独斗地应对全球变暖问题。我们是人类命运共同体，"覆巢之下安有完卵"，全人类需共同做出努力应对气候变化，发达国家、发展中国家需要同舟共济。但共同却有区别的责任原则又体现着人类的公平和智慧。以全球的碳中和行动为例，其本质就是人类主动地抑制地球上的"熵增"，目标是使现有的及未来的人类活动全部"熵减"。更广义地来讲，无论是环境治理也好，应对气候变化也好，都可以看作一次全人类的

"熵减"行动，崇尚"天人合一"的东方智慧理应在这场功在当下、利在千秋的行动中发挥应有的作用。

中国有个成语叫"天灾人祸"。我们过往总是把天灾与人祸割裂开来，天灾就是天灾，与人祸无关；人祸就是人祸，不会导致天灾。比如，我们视环境污染为"人祸"，治理污染，说得消极一点，就是人类在解决自己"惹的祸"，说得积极一点，就是人类在不想降低（甚至不断提高）生存质量和享受生活的同时，追求生态环境的可持续发展。我们视地震、海啸、飓风、火山爆发等为"天灾"，是自然不可抗力，应对起来力不从心。但，我们审视气候变化、全球变暖这个"天灾"，却不得不与"人祸"联系在一起，是"人祸"导致了"天灾"，这个"人祸"就是碳排放问题。

温度变化引起了气候变化。工业革命之前人类活动的能量有限，没有明显地影响环境和气候，四季相连，寒暑更替，虽有极端气候和天气出现，但似乎在按照一个可逆甚至可预测的场景循环发展。但工业革命在给人类带来巨大福祉的同时，也促使地下化石能源的过度开采和利用，导致温室气体的大量排放、气温快速升高，打破了由地球、大气层和太阳构成的过往气候平衡，而人类和地球其他生命都是这种过往气候平衡的结果，以人类为代表的地球生命群体需要保持这种气候平衡，否则，人类和众多地球生命将面临灭顶之灾。维持住这种平衡，就是所谓的可持续发展——惠及人类、北极熊、大熊猫和其他地球生命。

需要强调的是，我们要应对的不是"气候"，而是"变化"，我们惧怕的从来不是"气候"本身，而是"变化"的后果，尤其当这个变化正在因人为原因而趋向极变、灾变。根据联合国政府间气候变化专门委员会（IPCC）最新报告，即使是最严格的减排，也不太可能控制全球平均气温到2100年较工业化前只升高1.5℃，很可能会升高2℃（甚至更高），并由此带来气候极端化、灾难全球化。2019年，全球大气中的二氧化碳浓度已经达到410.5ppm，如果实现21世纪末全球升温控制在2℃以内的目标，大气中的二氧化碳浓度就不能超过470ppm，浓度差空间只有60ppm，而近年来，二氧化碳浓度的增长幅度一直维持在3ppm/年，按此发展，20年就会升满60ppm的空间，可见实现控温目标有多艰难！

掘地千尺，沉醉于地下化石能源，无节制地开采使用，结果由"人祸"导致了"天灾"，是今天人类需要反思的现实。可能有不少人还在幻想地球可能会慷慨地自己解决问题，继续为人类做出贡献，可能还有不少人质疑付出巨大代价应对气候变化是否存在意义。可以肯定的是，这次地球不再慷慨，因为自然规律不可抗拒。如果我们不拯救地球和气候，那等于我们在接受人类的慢性自杀，接受一场人类的自我清除行动，一场21世纪最大的无硝烟战争。

今天的很多发达国家曾是工业革命的最大受益者，也是当年大气中温室气体的主要排放者，应该对今天的气候变化负有不可推卸的历史责任。今天的发展中国家是当下温室气体的主要排放者，也应该承担义不容辞的当代责任。也许极端而正确的做法是，发达国家先把由于其工业革命导致的大气中过高的温室气体含量通过直接碳捕捉技术降下来，也算是为先辈买单，承担历史责任。而现实的问题是技术创新不够、经济代价太大。目前，从空气中直接捕集1吨二氧化碳，成本约为600到800美元。尽管成本如此之高，但迄今全球已有15家工厂从事该业务，分布在欧洲、美国和加拿大，它们每年从空气中直接捕集二氧化碳超过9000吨，其中最大的一家碳捕集工厂设在冰岛，其每年设计能力为4000吨。既然大气中的温室气体存量不好解决，那就只好聚焦温室气体的增量问题，这就是今天发达国家与发展中国家都必须推进的碳减排。由于发展中国家在技术和资金等方面都有所欠缺，发达国家就有责任和义务从技术和资金上给发展中国家提供帮助，这就是每次联合国气候会议谈判的重点、难点和期许的成果。

地球已经存在了45亿年，而人类只有600万年的历史，人类文明史只有6000～7000年。人类出现之前，地球早就在那里，如果没有了人类，地球依然还会在那里。人类不能没有地球，但地球完全可以没有人类，即使气候升温2℃、3℃，海平面升高2米、3米，人类可持续发展将遭遇严重威胁，但地球的可持续丝毫不受影响，它依然会围着太阳转，月亮围着地球转，可能只是地球表面海洋面积占比不是70%，而是80%抑或90%，蓝色星球会变得更蓝，水中生命可能依然"活蹦乱跳"。所以，人类追求的可持续发展实际上只是人类本身的可持续发展，顶多惠及众多陆地生命。

人类已经在熵减和熵增博弈的路上失去了自我平衡，在失衡状态下向着未知的前方不断前行，我们应该尽力延长走到终点的时间，给我们的子孙后代留一线机会，而不要成为这浩瀚宇宙中独有的一方净土上的"末代人类"。

中国国家主席习近平提出的人类命运共同体理念为我们指明了方向："人类命运共同体，顾名思义，就是每个民族、每个国家的前途命运都紧紧联系在一起，应该风雨同舟，荣辱与共，努力把我们生于斯、长于斯的这个星球建成一个和睦的大家庭，把世界各国人民对美好生活的向往变成现实。"

三、星辰大海的未来

半个世纪前，美国生物学家蕾切尔·卡逊（Rachel Carson）在《寂静的春天》里为鸟叫、蝉鸣、蛙声的沉寂而呐喊，震撼了整个世界。

今天，比尔·盖茨的"从510亿吨到零排放"，则向人类发出了新的呼吁。要想阻止全球变暖，人类需要停止向大气中排放温室气体。人类的生存发展离不开能源资源，但在提供这些能源资源的同时，我们不能以增加温室气体的排放为代价。我们从熵增和熵减博弈的角度来看人类如何进行自我救赎，不难发现，在不可逆的发展过程中，决定是熵增还是熵减的关键是维持系统发展的能量来自系统内还是系统外，人类过去的发展过度依赖化石能源这一地球系统内能量，而忽视了直接捕获和使用源于太阳的系统外能量。为了加快熵减，人类应该更多地使用来自地球外的能量，给地球"充电"而不是加快"放电"。

"碳达峰、碳中和"就是人类加快推进的一次自我救赎。人类与自然的关系从平衡到失衡，从修补平衡到追求再平衡，需要我们从人与地球关系定位的定式思维中摆脱出来，将目光从地下收回，让地下化石资源重归寂静和黑暗，默默见证人类与地球的和谐相处。我们进而打开思路，寻求人类、地球与外太空的更大平衡。仰望宇宙星辰，研究开发外太空的浩瀚能源；俯首汪洋大海，发展蓝碳技术与蓝色经济。

有科学家测算，如果把太阳光照地球一小时产生的能量全部集中起来，可以满足全球一年的生产、生活需要。风是由太阳热辐射引起空气流动的一种自然现象，风能本质上也是太阳能，风电也是最接近"零用地"的发电技术。使用这样的清洁电力，不仅可以减少传统化石能源的温室气体排放，还可以产生附加的环境效益，即替代化石燃料，从而降低交通运输工具、取暖、制冷以及制造工厂等多领域的温室气体排放量。

"风光"无限好！

太阳能、风能是应对气候变化与能源转型的首选。中国向国际社会承诺，到

2030年非化石能源占一次能源消费的比重达到25%，风电、太阳能发电总装机容量将达到12亿千瓦以上；2060年前实现碳中和的战略目标，预计届时风电、太阳能发电装机容量将达到约60亿千瓦以上的规模，占电源总装机量的80%左右，成为绝对的主体能源。就风电而言，相比十年前，目前陆上及海上风电度电成本分别下降了1/2和2/3。预计到2050年，陆上风电机组的度电成本会低于燃煤发电的1/3，这是技术进步和规模发展的结果，而大型化、定制化、智能化与海上漂浮式等风电机组，将是今后技术创新的主要方向。同时，"风光"能源的储存和运输问题，也一定会得到彻底解决。风能和太阳能将更好地发挥协同互补作用，部分解决可再生能源的间歇性和波动性问题。

在大力发展风能、太阳能的同时，人类也在积极发展氢能。因为氢能是一种无污染、来源广、效率高、应用场景丰富的二次能源，同时具有原材料、能源、储能三重属性。2021年7月，中国明确将氢能纳入"新型储能"。开展新能源（风能、太阳能）制氢利用，可将富余的电力转化为氢能并存储；氢储能可以突破传统电力供需的时空限制，实现精准控制和快速响应，已在多领域开展应用。例如：可再生能源制氢等工业领域以及氢燃料电池汽车等交通领域；还可以用电制氢后，再结合空气中的二氧化碳合成甲醇，它又叫作"液态阳光"，从而提高新能源利用效率。

海洋是地球上最大的活跃碳库，其容量约是大气碳库的50倍、陆地碳库的20倍。海洋储存了全球约93%的二氧化碳，吸收了工业革命以来人类活动产生的约30%的二氧化碳。蓝色碳汇（蓝碳）也是应对气候变化的有效经济方式，贡献了超过一半的全球生物途径碳捕获，它能有效地将化石能源发电产生的二氧化碳捕集，再"带回"海底，助力实现人类与自然的再平衡。但是，我国海洋碳汇相关工作进展缓慢，未来在缓解气候变化过程中仍需要去进一步弥补。可喜的是，我国部分拥有蓝碳资源的区域，比如山东、广东已经在发展蓝碳经济，在推进海洋经济转型升级方面率先取得突破。

四、减污降碳的协同

人类的生产、生活既创造了丰富的物质财富，也产生了大量的有害物质，这些有害物质有的直接影响环境，被称为环境污染物，如固废、污水、PM$_{2.5}$、酸雨等；

有的直接影响气候，导致大气升温，被称为温室气体，如二氧化碳、甲烷、氧化亚氮等；有些有害物质（如氧化亚氮）既是大气污染物，也是温室气体，既污染大气，又导致大气升温。人类的很多生产、生活过程会同时产生这两类有害物质，比如，效率低下的能源生产和利用过程会产生大量颗粒物、硫氧化物、氮氧化物、二氧化碳等污染物或温室气体。再比如，垃圾填埋不仅占用大量土地，还极有可能污染土壤和地下水，产生的硫化氢等气体污染空气，同时又产生大量温室气体，如甲烷等。从全球来看，垃圾领域的温室气体排放占比接近2%，主要来源于垃圾填埋释放的甲烷。所以，环境污染与气候变化具有同根、同源、同时性，由此就带来了减污降碳协同增效的可能性和必要性，既减污又降碳，一举两得，既减少污染物的产生，又降低温室气体的排放。

我们今天讲碳达峰、碳中和以及应对气候变化，需要强调几点：一是目前发达国家和发展中国家都在继续产生碳排放，需要各国明确何时不再排放或净零排放，这就是碳中和。以国家为单位，很多发达国家承诺2050年，中国承诺2060年前，印度承诺2070年之前实现碳中和。二是为了加强过程管控，还需要各国（特别是发展中国家）承诺何时碳排放开始下降，这就是碳达峰，中国承诺2030年前实现碳达峰，很多发达国家已经碳达峰了。显然，为了顺利实现碳中和，碳达峰的时间越早越好，峰值越低越好。三是世界每个国家的碳排放都对全球气候变化产生影响，每个国家基于其现阶段基础上进行的碳减排，都是对整个人类应对气候变化的真实贡献，国家之间国情不同，发展阶段不同，碳减排的现状和起点肯定有差异，这就是基准线，我们之所以承认这种基准线的差异，是因为这种差异并不会产生各国应对气候变化的贡献差异，发展中国家在其现状基础上减少一吨碳排放与发达国家在其现状基础上减少一吨碳排放，对气候贡献的效果是一样的。

谈及减污降碳的协同，可以拿垃圾焚烧发电项目来进行解读。现阶段很多发展中国家的电力以煤电为主，垃圾以填埋为主，这就是发展中国家碳排放核算的基准线。在此基准线上，垃圾发电项目的碳排放同时关联着三个方面，一是焚烧过程会产生碳排放，主要是垃圾中有化石碳组分塑料，占焚烧过程碳排放的大部分；二是垃圾焚烧发的电可以替代煤电，间接减少了碳排放；三是垃圾焚烧避免了填埋，由此间接减少了垃圾填埋产生的甲烷等温室气体。

于是，一个垃圾焚烧发电项目碳排放的结果，就应该是垃圾焚烧过程的碳排放减去等量垃圾填埋产生的甲烷等温室气体，再减去煤电生产等量电力的碳排放量，即垃圾焚烧碳排放量（A）–煤电碳排放抵消量（B）–垃圾填埋碳排放抵消量（C）。这个结果有可能是正的，也有可能是负的。光大环境通过国际权威咨询机构，按照这个基本方法学并基于中国具体垃圾和煤电国情，测算出光大环境2020年以垃圾发电为主，同时计算生物质发电、污水处理等的碳排放为负400万吨。所以，光大环境不仅是碳中和企业，而且是中国最大的负碳环境企业。

当然，上述A、B、C三个量值不是一成不变的，因为垃圾组分存在时空差异，比如南北方有差异，年度之间有差异，垃圾是否分类也有差异，如果把塑料从垃圾中分离出来，焚烧过程的碳排放会大幅减少，但没有塑料的垃圾热值会不会下降？焚烧发电量会不会下降？如果发电量下降，煤电碳排放抵消量也会下降。国内外实践证明，垃圾分类后总体热值是提高的。其实，塑料垃圾如果填埋而不焚烧，碳排放是下降的，但其环境污染后果严重，并不可取。另外，垃圾填埋后产生的甲烷等温室气体也不是跨年度均衡的，而是随年度产生变化，直至减少为零。特别是，碳排放基准线也不是一成不变的。当煤电被新能源逐步替代，煤电碳排放抵消量也会逐步递减，当煤电基本被新能源替代后，这个抵消量也就不存在了。同样，当垃圾不再填埋时，填埋抵消量也会不存在了，这两个方面是通过抵消因子加以核算的。

当两个抵消量都不存在了，而焚烧过程还会产生真实碳排放，垃圾焚烧发电项目就有可能由负碳排放转为正碳排放。这种情况下，垃圾焚烧发电项目如何维持负碳工厂甚至零碳工厂的状态，就成为一种挑战。当然，两个抵消量趋零是一个持续数十年的漫长过程，在这个过程中，应对挑战的举措包括通过垃圾分类，从垃圾中分离出尽可能多的化石碳组分，同时尽可能多地增加生物碳组分（餐厨、污泥、工业垃圾等），不断提高发电效率，不断降低厂用电率，减少化石燃料原料的使用，在厂区增设光伏发电设施，直至直接应用碳捕捉技术等。

垃圾焚烧发电的环保属性远远大于能源属性，即使由于风能、太阳能等新能源完全替代了化石能源，垃圾焚烧发的电可有可无，垃圾处理依然是必须的，而能源化焚烧处理可能还会是主流方式。作为垃圾处理必不可少的设施，垃圾能源化处理需要做好减污降碳、协同增效。中国废弃物处理的温室气体排放量所占比重约为

2%，虽然远低于能源工业、制造业、建筑业和交通运输业，但2%所对应的碳排放绝对值是不可忽略的，它比荷兰、菲律宾等国家一年的碳排放量还要多近30%。所以，在不断减污的同时，不断追求降碳乃至零碳效果，就成为垃圾焚烧发电行业崇高的追求，也是责任与实力的体现。

五、光大环境的情怀

企业要有核心价值观，没有核心价值观的企业如同没有灵魂的躯体。企业核心价值观因企而异，把诸如"情系""生态""筑梦""美丽"等美好词汇，集中融入核心价值观的企业没有太多，光大环境就是其中独具特色的一员。光大环境的核心价值观是"情系生态环境，筑梦美丽中国"，如果是海外投资运营，则会扩大为"筑梦美丽世界"。难能可贵的是，光大环境自转型环保领域以来，深耕细作、笃定前行，用18年的心无旁骛，忠实践行着自己的初心使命和核心价值，以创造更高投资价值，承担更多社会责任。

光大环境的前身为光大国际，成立于1993年，是香港主板上市公司，2020年更名为光大环境，也是情系生态环境使然。光大环境2003年转型为环保产业，从污水处理和垃圾发电两大领域切入，从山东和江苏两大区域起步，像一颗在泥土中蓄势的种子，吸收养分，生根发芽，渐渐破土而出，成长为参天大树。光大环境用18年的坚守和执着，在绿色事业中铸就了金色品牌。在《每日经济新闻》和清华大学经管学院联合出品的《2021中国上市公司品牌价值蓝皮书》中，光大环境以146亿元的品牌价值，高居环保行业榜首，而且是中国品牌价值唯一过百亿元的环保企业。

如今的光大环境已经发展成为中国最大的环境企业、全球最大的固废能源化投资运营商，其规模效益和综合实力已经位居世界环保业前列。2003年年底，光大环境总资产、收入和盈利分别只有20.7亿港元、0.84亿港元和0.57亿港元；2020年年底，光大环境总资产、收入和盈利分别为1582亿港元、429亿港元和60亿港元；18年时间，光大环境总资产增长76倍，收入增长510倍，盈利增长105倍！如今，光大环境的业务遍及全国25个省（市）、自治区，200多个城市，以及越南、波兰、德国等国家，落实环保项目超过500个。公司位列《财富》中国500强第283位，是位次最靠前的环境企业，连续三年稳居中国环境企业50强榜首，连续十年荣登中国固废处理行业十大影响力企业榜首，2020年荣获中国政府生态环保领域最高奖"中国生态文明奖"。

作为中国最大的环境企业，光大环境的绿色产业不断完善，形成环保能源、绿色环保、环保水务、生态资源、装备制造、光大照明、绿色科创和环境规划八大业务板块。光大环境的主营业务几乎囊括了环保行业全产业链，包括垃圾焚烧发电及协同处理、生物质综合利用、危废及固废处置、环境修复、污水处理、水环境综合治理、装备制造、垃圾分类、环卫一体化、资源循环利用、"无废城市"建设、节能照明、绿色技术研发、生态环境规划设计等。在巩固提升环境治理传统优势的基础上，光大环境正在打造"环境、资源、能源、气候"四位一体的发展新格局。

作为全球最大的固废能源化投资运营商，光大环境现在每天焚烧处理垃圾12万吨，相当于全国1.5亿城镇居民一天产生的生活垃圾，全国行业占比高达1/4。2022年，光大环境生活垃圾及农林废弃物产生的绿色电力将超过200亿千瓦·时，可供1000万家庭一年的生活用电。光大环境在国内外建设运营着上百座垃圾发电厂，三次荣获中国建筑界最高奖——鲁班奖，公司投资建设的雄安垃圾发电项目是中国第一座、全球第二座地下垃圾发电厂。

光大环境作为央企中的外企，呈现出更高的效率和活力；外企中的央企，拥有更强的责任与实力。

光大环境是有格局和有情怀的企业。

光大环境的情怀，不仅体现在用不长的18年，成就了两个"最大"，即中国最大的环境企业，世界最大的垃圾发电投资运营商，也体现在邻避效应的成功化解和绿色开放的引领推动上。光大环境总结提炼出垃圾发电项目等环保设施建设运营管理的基准，即"四个经得起"：经得起看（花园式环境）、经得起闻（没有异味）、经得起听（没有噪声）、经得起测（严格检测，达标排放）。光大环境自2018年下半年起，推动以"企业整体"名义面向社会公众开放垃圾焚烧、污水处理等上百座环保设施，成为中国环保设施向公众开放时间最早、开放规模最大、开放效果最好的企业，入选"美丽中国，我是行动者"十佳公众参与案例。光大环境常州垃垃圾焚烧发电项目，是中国第一个建在社区里、无围墙、全开放且建有图书馆、健身广场、儿童乐园、咖啡屋等便民惠民设施的"邻利型"垃圾发电厂，真正完成了由"闲人免进"到"城市客厅"的转变，被中央精神文明建设指导委员会（简称"中央文明委"）确定为首批15家"中央文明委重点工作项目基层联系点"之一，也是其中唯一来自生态环境系统的单位。

光大环境的情怀，体现在对绿色技术创新的追求上。公司已拥有专利超过1500项，是全球在垃圾焚烧发电领域获得知识产权数量最多的企业。其自主研发的系列垃圾焚烧炉，获得生态环境部科技进步奖，其中自主制造的全球最大的1000吨/日的大型焚烧炉，填补了国内空白；光大水务参与完成的课题获得国家科技进步二等奖。公司在香港设立中国光大绿色技术创新研究院，并形成香港、深圳、南京、青岛的"一院四城"科技创新研发体系。在中国科学院、中国社会科学院权威机构共同发布的"2021中国新科技100强"中，光大环境作为环境治理领域唯一代表登榜。

光大环境的情怀，体现在"三碳"（Negative Carbon、Zero Carbon、Low Carbon）行动计划（发展"负碳企业"、打造"零碳工厂"、追求"低碳生活"）的推进上。2018年光大环境就实现了碳中和，2020年碳排放为-400万吨二氧化碳当量，因而光大环境成为中国最大的负碳环保企业。围绕"双碳"目标，光大环境提出了自己的"三碳"行动计划。2021年年初，光大环境成立了"碳中和技术研发中心"，自主优化垃圾发电碳排放核算模型，承担生态环境部温室气体排放实地监测试点课题，创建了典型排放源温室气体监测技术体系。2020年光大环境获得全球环境信息研究中心（CDP）"应对气候变化企业优秀奖"，气候变化评估体系为最优级别。

光大环境的情怀，体现在绿色"一带一路"的投资上。光大环境是"一带一路"绿色发展国际联盟全球战略合作伙伴与绿色技术创新和企业社会责任专题全球牵头单位。光大环境投资建设运营的越南芹苴垃圾发电项目，是越南第一座现代化垃圾焚烧发电厂，为地方经济社会发展既解决了垃圾问题，又提供了绿色电力，推进了当地经济社会高质量发展，成为湄公河三角洲的"绿色标杆项目"，获得越南政府"都市环境质量杰出成就奖"，中央电视台《新闻联播》节目曾进行专题报道，光大环境在越南的另外两个垃圾发电项目也在建设中。

光大环境的情怀，体现在可持续发展与ESG的实践上。光大环境系统性ESG工作起步于十年前，光大环境可持续发展得到了投资者的高度认可，光大环境的大股东中有多个位居全球前列并专注ESG投资的资产管理公司，这也保证了2018年光大环境百亿供股计划的顺利完成，通过增资扩股一次性募集资本金100亿港元，成为香港和内地资本市场有史以来在环保领域最大的股权融资。光大环境连续六年入选"道琼斯可持续发展指数"，而每年入选该指数的中资企业不超过三家。连续五年入选标普全球发布的《可持续发展年鉴》，是中国内地和香港唯一入选企业。光大环境2020年被香港董事学会评定为"香港十大企业管治最佳上市公司"，连续多年获评"亚洲最受尊崇企业"。

光大环境的情怀，体现在"大我"与"无我"的追求上。一方面，作为中国最大的垃圾发电企业，在广大发展中国家仍在采用落后的填埋方式时，面对中国每天产生的上百万吨生活垃圾，光大环境有责任把能源化焚烧业务继续做大做强做优，减污、产能、降碳，造福人类，成就"大我"。另一方面，我们又要正视"无废城市"建设追求的三个零：零丢弃、零填埋、零焚烧。末端处置、循环利用（Recycle）、重复使用（Reuse）、源头减量（Reduce），形成文明递进过程，"一烧了之"肯定不是人类处理垃圾的技术终点，垃圾减量化、资源化是大势所趋。光大环境将以"无我"的情怀，大力布局垃圾分类、资源再生利用和"无废城市"投资业务，努力实践。光大环境经过反复研究推出的"分、转、拣、用、烧五点一线"垃圾分类商业模式和技术方案，努力在未来垃圾焚烧的"无我"中成就"3R"（Recycle、Reuse、Reduce）和"3C"（"三碳"），即新的"大我"。

碳中和关乎人类的现在和未来。未来已来，但有不少人还在半信半疑、观望等待，我们需要进行启蒙教育、知识普及和能力建设。碳中和的本质是能源转型，其关键是技术创新，实现碳中和是一场广泛而深刻的经济社会系统性变革。

美己之美，美人之美，各美其美，美美与共。

光大环境受惠于时代之大美，必当为和美中国乃至和美世界殚精竭虑。对我个人来说，能够在自己的职业生涯中，在弥足珍贵的光大环境平台上工作12年，与18000多名志同道合的光大环境人，助力生态环境保护和绿色低碳发展，并为人与自然关系的再平衡贡献微薄之力，这不仅是在践行央企的使命担当，更是人生之一大幸事！

减污降碳、协同增效，"碳"及未来、逐"碳"而行。这部由光大环境团队独立完成的《环境保护与碳中和：详解环境气候演变与减污降碳协同》，正是我们努力的阶段性成果，请教于专家，交流于同行。

王天义

中国光大环境（集团）有限公司董事会主席

清华大学PPP中心共同主任、教授

2022年3月于香港

目　录

第二章

全球气候变化

第五章

水污染治理与降碳协同

第六章

海洋污染治理与降碳协同

第七章

大气污染治理与降碳协同

第八章

绿色金融与碳中和

第九章

ESG投资与企业绿色发展

第一章

全球生态环境

　　自18世纪50年代开始，人类对自然资源展开了前所未有的大规模开发利用，由此对生态环境也造成了前所未有的影响。自1972年联合国人类环境会议以来，环境治理已逐步从全球治理体系的边缘转移到中心。目前，全球环境治理体系呈现出议题多样化、参与主体多元化、参与方式多样化等特征。国际社会亟须在包容性理念的指导下，构建由更广泛主体参与的公平合理、合作共赢的多边环境治理体系，并将环境因素纳入社会和经济发展的主流决策中，积极探索实现环境治理与经济社会协同共赢的有效路径，以推动可持续发展的转型变革。

　　那么，人类生态环境经历了怎样的发展变化历程？当下的人类又是在什么样的生态环境中生活？全球环境治理的成效如何？中国在生态环境治理的实践有哪些？全球生态环境治理之路应该怎样走？本章通过梳理全球生态环境的发展变化进程，介绍当下生态环境治理面临的基础与现状，提出生态环境保护的发展方向与治理目标。

第一节　全球生态环境发展与演变

　　人类文明历史发展至今，依次经历了四个阶段：第一阶段为旧石器时代（约260万年前至约1万年前）；第二阶段为新石器时代（约1万年前至6000年前）；第三阶段为工业文明时期，包括蒸汽时代（18世纪60年代至19世纪50年代）、电气时代（19世纪60年代至20世纪初）、原子时代（20世纪40年代至20世纪70年代）、信息时代（20世纪70年代至今）；第四阶段是已在推进的生态气候文明时代。本章重点聚焦第三阶段，即工业文明（或工业革命）时期。

大约在170万年前，以人类开始利用火这一体外能源为转折点，人类结束了作为自然奴隶的历史，由被动适应环境向主动改造环境转变，开始了征服自然、驾驭自然的艰难而漫长的历程。

一、原始社会时期的人类与环境

在原始社会时期，人口很少，人类活动的范围仅占地球表面的极小部分，人类对自然的影响力很低，完全依赖自然环境赐予，对自然的开发和支配能力极其有限，以采集和猎取天然动植物为主。伴随着火的利用和工具的制造，人类征服自然的能力有所提高，人类对环境的破坏也开始显现。一些学者认为，旧石器时代晚期许多大型哺乳动物的灭绝可能与人类的过度狩猎有关，如美洲野牛绝迹，猛犸象和披毛犀的消失等。虽然此时已经出现了环境问题，但是并不突出，地球生态系统还有足够的能力进行自我修复。总体上讲，原始社会时期，环境基本上按照自然规律运动变化，人类在很大程度上依附于自然环境。

二、农业革命时期的人类与环境

农业革命以后，人类让植物、动物在不同程度上受制于人，竞争性物种（寄生者和捕食者）衰减或被消灭，资源和人口以越来越大的密度集中起来，人口出现第一次爆发性增长，人类与环境的关系发生了重大变化。农业文明时期人类通过创造适当的条件，使自己所需要的物种得到生长和繁衍，很大程度上不再依赖自然界提供的现成食物，出现了系列科技成果：青铜器、铁器、陶器、文字、造纸、印刷术等，主要的生产活动是农耕和畜牧，人类对自然的利用已经扩大到若干可再生能源（畜力、水力等）。随着耕种作业的发展，人类利用和改造环境的力量越来越大，铁器农具使人类劳动的产品由"赐予接受"变成"主动索取"。

与此同时也产生了相应的环境问题。由于生产力水平低，人类运用刀耕火种等生产方式，大面积砍伐森林、开垦草原以扩大耕种面积，增加粮食收成，但因此导致水土流失，大片肥沃的土地逐渐变成了不毛之地，土壤向盐渍化和沼泽化发展。生态环境的不断恶化，不仅直接影响到人们的生活，也在很大程度上影响到人类文明的进程。历史上，由于农业文明发展不当带来生态环境的恶化，从而使文明衰落的例子屡见不鲜。在农业革命时期，生态破坏已经达到了相当的规模，并产生了严重的社会后果。

　　恩格斯在考察古代文明的衰落之后，针对人类破坏环境的恶果，指出："美索不达米亚、希腊、小亚细亚以及其他各地的居民，为了得到耕地，把森林都砍完了，但是他们想不到，今天这些地方竟因此成为荒芜的不毛之地，因为他们使这些地方失去了森林，也失去了积聚和贮存水分的中心。阿尔卑斯山的意大利人，砍光了松林，同时也把他们区域里的高山牧畜业的基础给摧毁了，使山泉在一年中的大部分时间内枯竭了，使雨季时更加凶猛的洪水倾泻到平原上。"因此，恩格斯告诫人类："我们不要过分陶醉于我们对自然界的胜利，对于每一次这样的胜利，自然界都报复了我们。每一次胜利，在第一步都确实取得了我们预期的结果，但是在第二步和第三步却有了完全不同的、出乎预料的影响，常常把第一个结果又取消了"，这说的就是低层次的"人定胜天"。因此我们必须时时记住："我们统治自然界，决不像征服者统治异民族一样，决不像站在自然界以外的人一样，——相反地，我们连同我们的肉、血和头脑都是属于自然界，存在于自然界的；我们对自然界的整个统治，是在于我们比其他一切动物强，能够认识和正确运用自然规律"，这是高层次的"人定胜天"。

三、工业革命时期的人类与环境

　　18世纪兴起的第一次工业革命给人类带来希望和欣喜，使人类的生活水平大大提高，人口的死亡率不断下降，平均预期寿命不断提高，更多的人享受到城市生活的便利，更多的儿童能够进入学校接受更好的教育，等等。诚然，人类发展摆脱了"黑暗中世纪"的阴影，人类文明进入前所未有的高度。然而，工业革命以来给人类带来的不仅仅是欣喜，还有诸多意想不到的后果，甚至为人类生存和发展埋下了潜在威胁。北美洲、欧洲等国家经过200多年高能耗、高污染的工业化发展，全球贸易自由化不仅导致了国际间财富分配的南北失衡，更加速了南方世界的环境恶化。由于缺乏有效的管理和控制，从20世纪30年代开始，西方发达国家相继发生了震惊世界的"八大公害事件"，引起了国际社会对环境污染问题的关注。20世纪60年代，人类对日益严重的环境问题开始反思。到了20世纪70年代，情况更加严重，危险废弃物的越境转移、全球木材贸易与发展中国家的森林滥伐、野生动物贸易与生物多样性的丧失、有毒化学品的国际扩散以及污染密集型产业向南方转移等环境污染问题集中爆发。后发资本主义国家一样难逃厄运，例如日本资本主义初期的工业化带来了惨重的社会与环境代价，空气污染曾引起近1000万人口的健康问题，水污染也非常严重。

（一）18世纪末至20世纪初，环境污染的发生

从18世纪下半叶起，经过整个19世纪到20世纪初，英国以及欧洲其他国家、美国、日本相继经历和实现了工业革命，最终建立了以改良的蒸汽机及其广泛应用为基本动力，以煤炭、冶金、化工等为基础的工业生产体系。

随着工业革命的推进，地底蕴藏的煤炭资源被"挖地三尺"，引入到人类的生产、生活中，体现了其空前的价值，煤炭产量大幅度上升。据统计，截至1900年，英、美、德、法、日五大当时世界先进国家的煤炭产量总和已达6.641亿吨。煤炭的大规模开采与使用，在提供动力以推动工厂运转的同时，也带来了大量的烟尘、二氧化硫、二氧化碳、一氧化碳和其他有害污染物质释放这一伴生现象。与此同时，伴随着一些工业先进国家的矿冶工业、化学工业、水泥工业以及造纸工业的发展，环境污染的来源逐渐多样化，相应产生的二氧化硫、重金属（如铅、锌、镉、铜、砷等）、粉尘、造纸废液等污染物质，对大气、土壤和水体环境造成污染。这一时期的环境污染尚处于初发阶段，污染源相对较少，污染范围不广，污染事件只是局部性的，或是某些国家的事情。

（二）20世纪20年代至40年代，环境污染的发展

随着工业化发展和科学技术进步，内燃机的燃料由煤气过渡到了石油制品（汽油和柴油），石油在人类所用能源构成的占比大幅上升，刺激了石油炼制工业的发展。"建立在汽车轮子上"的美国后来居上，成为头号资本主义工业强国，其原油产量在世界遥遥领先。

在人类仍陶醉在工业革命的伟大胜利时，生态破坏和环境污染问题已经加速发展，特别是污染问题。石油工业、有机化工与汽车工业的发展给环境带来了新的污染。煤和石油燃烧所排放的二氧化硫、煤烟、汽车尾气等污染物的污染程度进一步加剧，污染范围逐渐扩大，产生了多起严重的燃煤大气污染公害事件，如被列为八

大公害事件的比利时马斯河谷事件、美国多诺拉事件、英国伦敦烟雾事件、美国洛杉矶光化学烟雾事件等。

随着西方国家的工业发展，污染源增加，更为复杂的环境污染形式逐渐出现，环境公害事故增多，污染范围扩大，危害程度加重，环境进入了"公害发展期"。

（三）20世纪50年代至70年代，环境污染的大爆发

20世纪50年代起，世界经济由战后恢复转入发展时期。大国竞相发展经济，工业化和城市化进程加快，经济高速持续增长。在这种增长的背后，却隐藏着破坏和污染环境的巨大危机。因为工业化与城市化的推进，一方面带来了资源和原料的大量需求和消耗，另一方面使得工业生产和城市生活的大量废弃物排向土壤、河流和大气中，最终造成环境污染的大爆发，使世界环境污染危机进一步加重。

首先，发达国家的环境污染公害事件层出不穷。其次，在沿岸海域发生的海洋污染和海洋生态破坏，成为海洋环境面临的最大问题。靠近工业发达地区的海域，尤其是波罗的海、地中海北部、美国东北部沿岸海域和日本的濑户内海等，污染最为严重。再次，两种新污染源——放射性污染和有机氯化物污染的出现，不仅加重了已有的环境污染危机的程度，而且使环境污染危机向着更加复杂而多样化的方向转化。

总之，环境污染已成为发达国家的重大社会问题，公害事故频繁发生，公害病患者和死亡人数大幅度上升，被称为"公害泛滥期"。此外，海洋污染越来越严重，污染源也愈发呈现多样化。这一切足以表明，在20世纪60年代至70年代，当发达国家经济和物质文化空前繁荣时，对大自然的污染和破坏却在不断加重。

═══════ 专 栏 ═══════

世界八大公害事件是20世纪30年代至60年代因现代化学、冶炼、汽车等工业的兴起和发展，工业"三废"（废渣、废水、废气）排放量不断增加，而频频发生的环境污染和破坏事件。

（1）比利时马斯河谷事件：1930年12月1日至5日，由于气候反常，比利时的重工业区马斯河（Meuse River）谷的工厂排出的二氧化硫等有害气体凝聚在

靠近地表的浓雾中，经久不散，酿成大祸，大批家禽死亡，数千人中毒，60多人丧命。

（2）**美国多诺拉事件**：1948年10月27日清晨，因逆温层的封锁，污染物久久无法扩散，美国宾夕法尼亚州西部山区工业小镇多诺拉（Donora）的上空，烟雾凝聚，犹如一条肮脏的被单，整个城镇被烟雾笼罩，直到第6天，一场降雨才将烟雾驱散。这次事件造成20人死亡，6000人患病，患病者差不多占全镇居民（14000人）的43%。

（3）**伦敦烟雾事件**：1952年12月，伦敦上空受反气旋影响，大量工厂生产和居民燃煤取暖排出的废气难以扩散，积聚在城市上空，浓厚的烟雾笼罩下，交通瘫痪，行人小心翼翼地摸索前进。市民不仅生活被打乱，健康也受到严重侵害。许多市民出现胸闷、窒息等不适感，短短5天内，"烟雾杀手"造成4000多人死亡，之后的两个月内，又因此得病而死亡的多达8000余人。

（4）**美国洛杉矶光化学烟雾事件**：1943年，洛杉矶首次发生光化学烟雾事件，造成人眼痛、头疼、呼吸困难甚至死亡，家畜患病、植物枯萎坏死、橡胶制品老化龟裂以及建筑物被腐蚀损坏等。这一事件第一次显示了汽车内燃机排放的气体造成的污染与危害的严重性。

（5）**日本水俣病事件**：1952—1972年，由于富含甲基汞的工业废水排放，污染水产品，日本水俣湾附近的居民食用被污染的水产品后，出现口齿不清、步履蹒跚、面部痴呆、手足麻痹、感觉障碍、视觉丧失、震颤、手足变形等轻度症状，重者神经紊乱，或酣睡，或兴奋，身体弯曲高叫，直至死亡。此次事件共计死亡50余人，283人因严重受害而致残。

（6）**日本富山骨痛病事件**：1955—1977年，因神冈矿山的含镉工业废水、废渣排入水体、土壤而造成了镉在稻米中的富集。居民食用含镉稻米及饮用含镉水后，逐渐引起镉中毒，患上"痛痛病"，致34人死亡，280余人患病。

（7）**日本四日市气喘病事件**：1961—1970年，因石油化工厂终日排放含二氧化硫的气体和含重金属的粉尘，日本东部海湾四日市昔日晴朗的天空变得污浊，重金属微粒与二氧化硫形成的烟雾被居民吸入肺中，导致居民患上支气管炎、支气管哮喘以及肺气肿等许多呼吸道疾病，受害者达2000余人，死亡和不堪病痛而自杀者达数十人。

（8）**日本米糠油事件：**1968年3—8月，因日本北九州一家食用油加工厂的多氯联苯渗入米糠油中，致数十万只鸡死亡、5000余人患病、16人死亡。

随后，不少发展中国家也出现了与发达国家类似的情况。一方面有许多人连基本的衣食需要也难以满足，每年因为疾病、饥饿而死亡的人数多得难以计数，面临巨大的经济发展压力；另一方面却又面临着严峻的生态和环境压力。

污染问题之所以在工业社会迅速发展，甚至形成公害，与工业社会的生产方式、生活方式等有着直接的关系。首先，工业社会是建立在大量消耗能源，尤其是化石燃料的基础上的。在工业革命初期，工业能源主要是煤，直到19世纪70年代以后，石油作为能源才开始进入工业生产体系中，使工业能源结构发生了变化。到最近几十年，新能源如水能、核能等才不断得到开发利用。但是，一直到今天，工业社会的能源依然以不可再生能源为主，特别是煤和石油。随着工业的发展，能源消耗量急剧增加，并很快带来一系列人类始料不及的问题。例如，英国在19世纪30年代完成了产业革命，建立了包括钢铁、化工、冶金、纺织等在内的工业体系，使煤的生产量、消耗量突飞猛增，从500万～600万吨上升到3000万吨，由此带来的污染问题也随之突出出来。在19世纪末，英国伦敦就曾发生过3次由于燃煤造成的毒雾事件，据称死亡人数共计达到1800多人。

其次，工业产品的原料构成主要是自然资源，特别是矿产资源。工业规模的扩大，伴随着采矿量的直线上升，例如，日本足尾铜矿采掘量在1877年只有不足39吨，10年后，猛增到2515吨，翻了60多倍，如此大规模的开发与生产，引起了一系列环境问题。19世纪末期，足尾引入欧美的冶炼法，以黄铜矿为原料冶炼纯铜，但黄铜矿含硫，而且含有剧毒的砷化物和有色金属粉尘，致使附近整片的山林和庄稼被毁坏，矿山周围24平方千米的地区成为不毛之地，受害中心的一个村庄被迫全部转移。另外，1890年洪水泛滥，由于铜矿排出的废水、废屑中含有毒性物质，排入河流，污染的河水四处漫溢，使附近四个县数万公顷土地受害，造成田园荒芜，鱼虾死亡，沿岸数10万人流离失所。

再者，环境污染还与工业社会的生活方式，尤其是消费方式有直接关系。在工业社会，人们不再仅仅满足于生理上的基本需要——温饱，更高层次的享受成为工业社会发展的动力。于是，汽车等高档消费品进入了社会和家庭，由此引起的环境污染问题日益显著。例如前面提到的洛杉矶光化学事件。

最后，环境污染的产生与发展还与人类对自然的认识水平和技术能力直接相关。在工业社会，特别是工业化社会初期，人们对环境问题缺乏认识，在生产、生活过程中常常忽视环境问题的产生和存在，结果导致环境问题越来越严重，当环境污染发展相当严重并引起人们的重视时，也常常由于技术能力不足而无法解决。

第二节　全球生态环境现状与问题

随着全球环境的不断恶化，环境问题已经与安全、贸易、经济和卫生等议题一样，进入了全球政治议程的中心，成为国际社会关注的重要议题之一。全球环境问题是国际社会所面临的超越国家和区域行政边界，由人类活动引发的，对人类社会可持续发展构成严峻挑战的系列环境问题。全球变暖、臭氧层耗竭、酸雨、地球荒漠化、海洋污染、物种灭绝等全球十大环境问题，引起了新世纪人类的警觉。

一、全球变暖

自1880年以来，全球年平均表面温度以每10年0.07℃的平均速度上升；自1970年以来以每10年0.17℃的平均速度上升。海面温度、海洋空气温度、海平面、对流层温度、海洋热含量和比湿度的趋势相似。造成全球变暖的主要原因是人类活动造成空气中二氧化碳、甲烷等温室气体的含量在逐渐增加。全球变暖的后果是南北极的气温上升，使部分冰山融化（图1-1），加之海水受热膨胀，最终导致海平面上升，许多人口稠密的地区（如孟加拉国、中国沿海地区以及太平洋和印度洋上的多数岛屿）都将被水淹没，全球变暖还将对农业和生态系统带来严重的影响。温室效应及其相关影响严重威胁着整个人类家园，带来了诸多衍生环境事件（图1-2），如地震、海啸、洪涝、龙卷风、极端温度等。

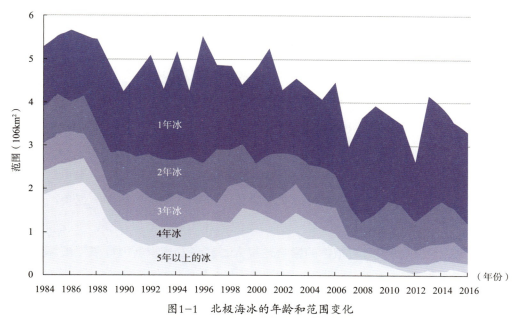

图1-1　北极海冰的年龄和范围变化

资料来源：美国国家冰雪数据中心，2017年。

■ 地球物理事件（地震、海啸、火山活动）　　■ 气象事件（热带龙卷风、温带风暴、对流风暴、局部性风暴）

■ 水文事件（洪涝、地质运动）　　气候学事件（极端温度、干旱、森林火灾）

图1-2　与全球变暖相关的环境事件数量趋势

资料来源：美国国家冰雪数据中心，2017年。

二、臭氧层破坏

20世纪70年代英国科学家首先发现，在地球南极上空的大气层中，臭氧的含量开始逐渐减少，尤其在每年9—10月，减少更为明显，科学家们称之为南极臭氧洞。1989年科学家们赴北极考察研究发现，北极上空的臭氧层也已遭到严重破坏，但破坏程度比南极要轻一些。臭氧相对集中的臭氧层距地面大约25千米，它能把太阳光中大部分有害的紫外线吸收掉，是地球上所有生命的"保护伞"。臭氧层被破坏的后果是"无形杀手"——紫外线长驱直入，皮肤癌发病率增加。据美国科学家研究认为，臭氧含量减少1%，则损害人体的紫外线就会增加2.3%，皮肤癌发病率增加5.5%。臭氧减少后对植物的影响也很大，许多农作物会因臭氧层破坏而减产。消耗臭氧层物质（Ozone-Depleting Substances，ODS），破坏臭氧层，其中罪魁祸首是氟利昂，此外还有甲烷、四氯化碳、三氯甲烷等。

1990—2016年，全球消耗臭氧层物质的生产和消费以及由此产生的消耗臭氧层物质排放下降了99%以上。氯氟烃（CFCs）和哈龙是最强有力的消耗臭氧层物质，它们已经被寿命较短的氢氯氟烃化合物（HCFCs）和氢氟碳化合物（HFCs）所取代。但是最近测量结果表明，新的三氯一氟甲烷（CFC-11）排放可能正在发生。基于实地的现场观测表明，2012年后，三氯一氟甲烷（CFC-11）的下降趋势减缓了约50%。消耗臭氧层较少的氟氯烃现在正在逐步被不消耗臭氧层的化学品淘汰。

有迹象表明，平流层臭氧层正在开始恢复。20世纪80年代和90年代初，全球大部分地区的大气臭氧总量有所下降，但自2000年以来一直保持稳定，2000年至2013年期间全球平均臭氧总量有所增加。自2000年左右以来，平流层上层臭氧的实测浓度呈上升趋势，模拟结果表明，消耗臭氧层物质的减少和通过平流层降温增加平流层臭氧，对平流层上层臭氧增加有同等贡献。在南极洲上空，2001年至2013年南半球夏季平流层下部（约10～20千米）臭氧浓度以及春季和夏季总臭氧柱状体呈现出积极趋势。由于不明原因，中纬度地区（60°S和60°N）没有明确的臭氧恢复迹象。随着消耗臭氧层物质浓度在整个21世纪持续下降，预计平流层臭氧浓度将上升，但这一趋势将日益受到温室气体浓度上升的影响；因此，平流层臭氧恢复到1960年水平的时间框架是不确定的。

三、酸雨和空气污染

随着工业发展和化学燃料的大量使用，排入大气中的二氧化硫、二氧化氮等愈来愈多，造成呈酸性的雨、雪、雾、露等，统称为酸雨。第二次世界大战以后，各国（特别是发达国家和地区）由于城市化、工业化以及交通运输业的迅猛发展，煤炭、天然气、石油的燃烧以及金属冶炼等产生的二氧化硫、二氧化氮大量排入空气中，经过复杂的大气物理和大气化学过程，最终转化为硫酸和硝酸等，与水气或雨雪相遇，形成酸雨降落至地面。现在，全世界每年排入大气中的硫化物和氮氧化物高达3000万吨，这些烟雾经过高烟囱排放，在大气环流的作用下可以漂洋过海，到达数千千米之外，因而酸雨又被称为"跨国界的恶魔"。目前，酸雨已成为世界上最严重的环境问题之一。

酸雨的危害主要是破坏森林生态系统，改变土壤性质与结构，抑制土壤中有机物的分解，使土壤贫瘠，植被破坏，影响植物的发育；其次是破坏水生态系统，酸雨落在江河中，会造成大量水生动植物死亡。由于水源酸化导致金属元素溶出，对饮用者的健康产生有害影响；此外，酸雨还会腐蚀建筑物。

四、土壤破坏与荒漠化

科学家们发现，全球110个国家可耕地的肥沃程度在降低，在非洲、亚洲和拉丁美洲，由于森林植被的消失、耕地的过分开发和牧场的过度放牧，土壤剥蚀情况十分严重，荒漠化进程也在加速。

1975年，英国生态学家休·兰普瑞（Hugh Lamprey）试图测量出苏丹植被带的变化，结论是：1958—1975年，苏丹境内的撒哈拉沙漠推进了90～100千米，年均速度约为5.5千米。20世纪80年代末和90年代初，荷兰国际土壤参比中心（International Soil Reference Center）为联合国环境规划署进行了一次全球土壤退化评估。该中心使用地理信息系统进行了数据分析，提供了"人类活动引发的全球土壤退化评估"（GLASOD）数据库。根据土壤退化评估库估计，在20世纪80年代末和90年代初，约有0.1亿平方千米旱地（相当于已退化旱地的20%）因人类活动（如森林砍伐、过度放牧和犁耕）而发生了土壤退化加快的现象。

1994年，联合国防治荒漠化公约委员会在法国巴黎通过了《联合国防治荒漠化公约》(United Nations Convention to Combat Desertification，UNCCD)，旨在推广和提供人们对沙漠化问题的认识，并将每年的6月17日定为"世界防治荒漠和干旱日"。该公约于1996年12月26日正式生效。

五、海洋污染和过度开发

海洋占地球表面积的70%以上，是地球系统健康的基础，支撑着人类和其他地球生物的生存。海洋提供了氧气生产、食物供给、医药等许多产品，以及娱乐、航运路线、优美环境、稳定的清洁水源、减缓自然灾害（例如风暴潮和洪水）等许多其他现存和尚待发现的诸多裨益。特别需要指出的是，海洋是全球气候的主要调节者。海洋吸收太阳热量，将高温海水从赤道输送到两极，将低温海水从两极输送到热带，通过这样连续不断的热量输送，塑造了世界各地的区域性气候。此外，海洋通过浮游植物的光合作用吸收碳，因而成为全球最大的碳储存库。这意味着海洋在维持整个碳循环平衡，以及保持气候稳定或变化方面起着重要作用。

滨海地区是人类活动最活跃的地区，滨海地区的人口平均密度约为全球平均水平的2倍。沿海地区受到了巨大的人口压力，这种人口拥挤状况正使非常脆弱的海洋生态失去平衡。由于人类不断向大海排放污染物、大量建设海上旅游设施，未收集的废弃物、操作不善或选址不佳的正式和非正式垃圾场回收的废物重新进入海洋系统，造成严重的海洋污染。近年来发生在近海水域的污染事件不断增多，例如，微塑料污染、原油泄漏污染、漂浮物污染、有机化合物污染及赤潮、黑潮等。全世界1/3的沿海地区（欧洲为80%的沿海地区）遭到了破坏。

环境损害和海洋生态系统的恶化可能会产生巨大的社会成本，特别是海洋变暖和酸化，正在改变许多海洋物种的生产力，迫使某些物种的跨境迁徙，加剧国家之间的资源争夺。更加极端的风暴、天气形态的变化、水和营养物质循环的破坏，导致沿海食物生产系统的压力越来越大。

过度捕捞造成海洋渔业资源正在以令人害怕的速度减少。在某些海域，由于大量捕捞，某些特有的鱼种——如大西洋鳕鱼，已达商业灭绝的程度。更为糟糕的是，过度捕捞严重影响海洋生产力和生物多样性，海洋生态系统遭到严重破坏（图1-3）。

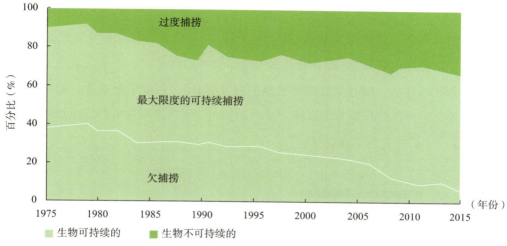

图1-3　1975—2015年世界海洋资源状况的全球趋势

资料来源：联合国粮食及农业组织，2018b。

数十年来，塑料污染一直被视为海洋生物多样性的威胁。最明显的影响是，海洋生物因与废弃渔具和塑料包装缠绕或死亡或受伤。许多动物也会误食垃圾，有时是偶然的，有时是因为误将其视为食物而食用，因此可能由于肠道堵塞或缺乏营养物质而导致饥饿。最近的审查发现，越来越多的海龟、海洋哺乳动物和海鸟因漂浮垃圾而死亡或濒临灭绝。虽然海洋垃圾主要沉积在沿海地区，但塑料（包括微塑料）却分布在世界各地的海洋中，在五个亚热带环流的聚集区均有增加。

六、生物多样性锐减

物种灭绝是自然现象，在过去的两亿年中，每27年有一种植物从地球上消失，每个世纪有90多种脊椎动物灭绝。由于城市化、农业发展、森林减少和环境污染，自然生态区域变得越来越小，这就导致数以千计的物种绝迹，生物多样性正以前所未有的速度丧失：据估计，目前世界上平均每天就有一个物种消失，现在物种灭绝的速度是自然灭绝速度的1000倍！生物多样性已成为人类面临的全球范围内的环境问题。

物种趋势表明，全球生物多样性的丧失令人震惊。许多观察人士认为，我们正在目睹一个新的大规模灭绝事件，尽管目前尚无科学上的共识。世界自然保护联盟（IUCN）《濒危物种红色名录》（http://www.iucnredlist.org/）提供了最全面的全球动物、植物和真菌物种保护状况的清单（图1-4）。世界自然保护联盟已经开始发布《生态系统红色名录》，以补充其基于全球物种的评估。一些生态系统已经进行了全球和区域评估。咸海生态系统被评估为"崩溃"，其他生态系统，如澳大利亚豪勋爵群岛上粗糙的苔藓云雾森林，塞内加尔和毛里塔尼亚共有的塞内加尔河漫滩（Gonakier），都被列为"极度濒危"。

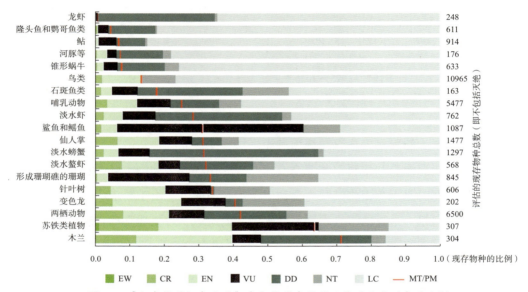

图1-4 《濒危物种红色名录》中各物种在物种灭绝风险类别中的比例

注：每个条形右边的数字代表现有物种总数。EW：野生灭绝；CR：极危；EN：濒危；VU：易危；NT：近危；DD：数据不足；LC：无危（需予关注）。

资料来源：世界自然保护联盟（IUCN）。

专 栏

1968年，在《科学》杂志上，生态学家加勒特·哈丁（Garret Hardin）发表了著名的文章《公地悲剧》（The Tragedy of the Commons）。哈丁以牧羊为例阐述了"公地悲剧"现象——当每个牧民都从私利出发而在公共草场放牧时，虽然牧民明知草场上羊的数量已经饱和了，但为了增加个人收益，仍然选择多养羊，其结果是造成草场退化，直至无法再养羊，最终导致所有牧民破产。"公地悲剧"概念解释了英国"圈地运动"的"羊吃人"现象，它对社会治理领域的讨论至今仍有重要的解释意义。

2019年5月，生物多样性和生态系统服务政府间科学政策平台（IPBES）发布了《全球生物多样性和生态系统服务评估报告》。报告评估了过去50年生物多样性和生态系统服务对人类经济、福祉、粮食安全和生活质量的影响。评估结果显示，过去50年里，全球生物多样性的丧失速度在人类历史上前所未有。土地和海洋的利用、直接开发、气候变化、污染和外来物种入侵，是造成全球生物多样性丧失的主要直接驱动因素，人口和社会文化、经济与技术、机构与治理制度等，是重要的间接驱动因素。迄今为止，75%的陆域环境被人类活动"严重改变"。由此带来的压力，使得《生物多样性公约》和《联合国气候变化框架公约》中的相关目标更加难以实现，亟须采取变革性的行动。同理，按照现在的保护速度和力度，要实现2030年可持续发展议程中的相关目标，必须采取彻底的改变措施。

2021年10月12日，在中国云南召开的《生物多样性公约》第十五次缔约方大会（COP15）高级别会议上通过"《昆明宣言》：迈向生态文明，共建地球生命共同体"，呼吁各方要采取行动，响应共建地球生命共同体号召，遏制生物多样性丧失，增进人类福祉，实现可持续发展。

七、森林面积减少

近几十年来，热带地区国家森林面积减少的情况十分严重。在1980—1990年，世界上有150万平方千米森林（占全球总面积的12%）消失了。据此估计，在2000—2013年，每14个生境中就有10个植被的生产力下降，只有4个生产力有所提高（图1-5）。照此速度，40年以后，一些东南亚国家就再也见不到一棵树了。

热带雨林不断减少的后果是二氧化碳浓度增加、异常气候出现和生物物种减少等。而如洪水肆虐、沙尘暴等灾害的频发都与森林面积的减少有直接关系。

|（a）2001—2012年原始土地覆盖类型的变化 | （b）2000—2004年、2009—2013年以增强型植被指数衡量的植被生产力 |

图1-5 基于卫星图像的各生境类型变化平均百分比

资料来源：英国皇家植物园——邱园（2016年）。

八、有害废物越境转移

工业带给人类的文明曾令很多人陶醉，但同时其带来的数百万种化合物存在于空气、土壤、水、植物、动物和人体中，即使作为地球上最后的大型天然生态系统的冰盖，也受到了污染。那些有机化合物（图1-6）、重金属、有毒产品，都集中存在于整个食物链中，并最终威胁到人类的健康，并导致土壤肥力减弱。有毒有害废弃物使自然环境不断退化，土壤和水域不断被污染，垃圾处置填埋场地越来越少，居民抗议声也越来越大。

─────── 专　栏 ───────

20世纪50年代末，当美国环境问题开始凸显时，美国海洋生物学家蕾切尔·卡逊夫人（Rachel Carson）花费了4年时间，在阅遍美国官方和民间关于使用杀虫剂造成危害情况报告的基础上，发表了《寂静的春天》（Silent Spring），将滥用滴滴涕（DDT）等长效有机杀虫剂所造成的环境污染、生态破坏等大量触

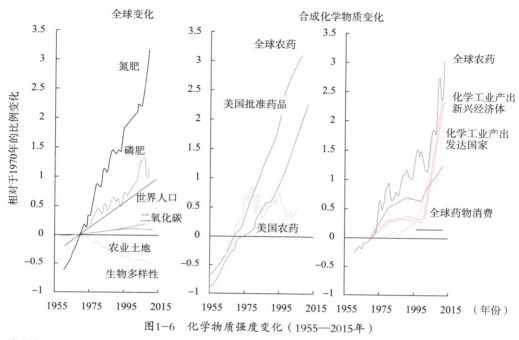

图1-6　化学物质强度变化（1955—2015年）

资料来源：Ceballos, G., Ehrlich, P.R. and Dirzo, R.（2017）. Biological annihilation via the ongoing sixth mass extinction signaled by vertebrate population losses and declines.

目惊心的事实，揭示于美国公众面前，并从污染生态学的角度，阐明了人类同大气、海洋、河流、土壤、动植物之间的密切关系，指出了现代生态学面临的生态污染问题，也掀开了多学科对生态环境问题理论反思的历史。

在这本书中，卡逊夫人发出了"人类走在交叉路口"的警世之言。她说"我们正站在两条路的交叉路口上。这两条道路完全不一样。我们长期以来一直行驶的这条路容易使人错认为是一条舒适、平坦的超级公路，终点却有灾难在等待着。另一条是很少有人走过的路，但为我们提供了最后的保住地球的机会"。

本书在1962年出版，引起美国国内的震动，并引发全世界公众对环境污染问题的深切关注。

九、淡水受到威胁

全球水循环包括淡水数量和质量，人口增长、农业、经济发展、城市化、工业化、毁林和气候变化都对全球水循环产生影响。淡水现在既是一种有益资源，也是一种风险载体，通过污染物和气候变化影响着人类和生态系统的发展。目前，全球气候变化加剧了风暴、洪水、干旱和土地荒漠化。人类迫切需要改善水循环，提高各个方面的治理，以防止、缓解和管控日益增加的风险。

目前，获取和使用清洁的淡水已经被认为是最需要引起重视的环境问题之一。1950年仅有20个国家的2000万人面临缺水问题，而1990年则有26个国家的3亿人受到淡水短缺的困扰。据预测到2025年，将有40多个国家占全球30%的人口受到水资源短缺的影响，到2050年，有65个国家约占全球人口60%的人，将面临淡水危机。

在某些地区，地下水使用量有所减少，而某些地区仍有所增加。例如，亚洲、太平洋和西亚（2/3的淡水用于西亚）。大约75%的欧洲联盟（EU）居民饮用水来自地下水，相对于地表水，北美地下水使用量每年增加1.3万亿立方米。地下水占拉丁美洲取水的30%，约75%的非洲人口用水依赖地下水。但是必须强调，由于地下水开采和使用情况异常复杂，这些数据存在些许偏差。

淡水短缺，将会造成人们对水资源的争夺，必然引起国与国之间甚至是国内各地区之间的冲突与争端。非洲已面临严重的缺水问题。欧洲各大城市，也有一半正在过度挖掘水源。印度、中国这两个人口众多的国家，水位也在日益下降。

第三节　全球生态环境治理

一、全球生态环境治理演进

随着《寂静的春天》和《增长的极限》等里程碑式的著作问世，人类社会的环境意识被有力地唤醒，全球环境治理体系开始生根发芽。从1972年斯德哥尔摩联合国人类环境会议、1992年里约热内卢联合国环境与发展大会、2002年约翰内斯堡可持续发展世界首脑会议到2012年"里约+20"峰会，国际社会对全球环境问题的认识在不断深化，世界各国在联合国体系下，通过国际交流与合作、国际共识与规则、国际环境政策和条约，展开解决全球性环境问题的系列行动。全球环境治理在全球治理体系中的地位呈上升态势，从边缘逐渐转移到中心，已成为全球治理的优先议程。

全球环境治理的演变历程也是人类对生态环境以及人与自然关系认识不断深化的过程，是各国在复杂的利益博弈中艰难完善的过程。根据里程碑式的历次世界环境大会的举办时间，全球环境治理体系的发展经历了五个阶段。

（一）萌芽阶段

1972年以前是全球环境治理的萌芽时期。环境污染的事实和环保思想的传播推动了全球环境保护意识的觉醒。

1962年美国蕾切尔·卡逊夫人的《寂静的春天》，是唤起人类环境保护意识的里程碑式的著作。《寂静的春天》警告了一个任何人都很难看到的危险，批判了工业革命以来人类社会"控制自然"的思想，是人类社会对人与自然关系的早期反思。该书引发了公众对环境问题的关注，直接推动了日后现代环保主义的发展。

20世纪70年代，发达国家出现了一系列大规模的群众性反污染、反公害的环境保护运动。1970年4月22日美国各地大规模的环保示威游行，直接促使每年4月22日成为"世界地球日"。发达国家纷纷成立了环境保护机构并加强环境立法。国际社会也开始开展全球环境治理的合作，陆续出台了一些关于全球环境保护的公约，如1969年的《国际油污损害民事责任公约》等。环境保护开始从局部关注发展到全球共识，整个国际社会对加强全球环境治理的意愿不断增强。

（二）形成阶段

1972年到1992年是全球环境治理的形成阶段。全球环境治理的理念与行动从针对技术层面的环境保护，转向统一考虑环境与发展问题。跨界空气污染问题和全球臭氧层保护问题开始提上国际谈判日程。其中，20世纪80年代进行的全球保护臭氧层谈判，已经成为当时重要的多边外交谈判之一，环境问题成为国际议事日程的重要内容。

在国际环境保护舆论和行动的共同推动下，1972年6月国际社会针对环境问题，在瑞典首都斯德哥尔摩召开了第一次全球政府间环境会议——联合国人类环境会议（United Nations Conference on the Human Environment），将环境问题纳入世界各国政府和国际政治的议程。在"只有一个地球"的主题下，会议通过了《联合国人类环境会议宣言》，呼吁各国政府和人民保护、改善人类环境，联合治理国际环境问题。1973年1月，联合国大会根据人类环境会议的决议，成立联合国环境规划署（United Nations Environment Programme，UNEP），作为联合国专职环境规划的常设机构，负责统一协调国际环境保护行动。联合国人类环境会议后，环境问题日益进入很多国家的政治议程。设立环境保护机构的国家，从人类环境会议前的10个增加到1982年的110多个。联合国人类环境会议开启了全球环境治理的进程，标志着全球环境治理机制正式确立。

1987年，由时任挪威首相的布伦特兰（Gro Harlem Brundtland）夫人担任主席的"世界环境与发展委员会"发表《我们共同的未来》报告，系统分析了人类社会面临的经济、社会和环境问题，指出经济发展和生态系统相互依存，经济发展会给生态环境带来影响，生态环境的压力也会制约经济发展。人类社会需要从保护和发展环境资源、满足当代人和后代人的需求出发，走一条新的发展道路，即可持续发展道路。《我们共同的未来》将环境与发展结合起来，让人们认真思考社会、经济与环境之间的相互依赖关系。

《我们共同的未来》首次提出了"可持续发展"的概念，指出"可持续发展是既满足当代人的需要，又不对后代人满足其需要的能力构成危害的发展"。可持续发展突出发展的主题，体现了发展的持续性、公平性和共同性三大原则。持续性原则是指人类的经济和社会发展不能超过地球资源与环境的承载力，发展应当基于资源的可持续利用和生态环境的可持续性保持。公平性原则包括发展中国家和发达国家之间的代内公平、当代人与后代人之间的代际公平、人与自然以及其他生物之间的公平。共同性原则是指可持续发展是全人类的发展，追求人与人之间、人与自然之间的和谐，是国际社会共同的道义和责任。

（三）发展阶段

1992年到2002年，全球环境治理体系迅速发展，逐渐形成了在全球、区域、国家和地方等层面上，发达国家和发展中国家、政府与企业合作共商解决全球环境问题的新模式。《联合国气候变化框架公约》《生物多样性公约》《鹿特丹公约》《联合国防治荒漠化公约》和《京都议定书》等重要的国际条约相继签署。

1992年6月，联合国在巴西里约热内卢召开联合国环境与发展会议（United Nations Conference on Environment and Development），将可持续发展共识转变为可持续发展行动战略。会议通过了开展全球环境与发展领域合作的框架性文件《里约环境与发展宣言》（又名《地球宪章》，The Earth Charter）和在世界范围内推动可持续发展的行动计划《21世纪议程》（Agenda 21）。在会议的推动下，联合国在经济及社会理事会下成立了"可持续发展委员会"，追踪联合国在实施《21世纪议程》方面取得的进展，增进国际合作，使各国有能力兼顾环境与发展问题。联合国环境与发展会议也开放签署了《气候变化框架公约》和《生物多样性公约》（Convention on Biological Diversity），从国际法方面推动全球环境治理。1992年的联合国环境与发展会议为人类未来指明了发展方向。其后的10年内，80多个国家分别编制了本国的《21世纪议程》，并将可持续发展战略纳入国家发展规划，6000多个城市在《21世纪议程》下制定了可持续发展的远景目标。

2000年，世界各国领导人共聚纽约联合国总部，召开联合国千年首脑会议（United Nations Millennium Summit），提出联合国千年发展目标（Millennium Development Goals，MDGs），弥补国际社会过度关注经济目标、社会和生态发展停滞所带来的不足。MDGs中的第七项目标特别论述了环境问题，旨在确保全球环境的可持续能力。MDGs中的环境目标，包括到2010年显著降低生物多样性丧失的速度、到2015年将无法持续获得安全饮用水和基本卫生设施的人口数量减半、到2020年至少改善1亿贫民窟居民的生活条件。

（四）徘徊分化阶段

2002年到2012年，全球环境治理体系进入了徘徊分化时期。由于发达国家和发展中国家在"共同但有区别的责任"原则中的分歧越来越大，发达国家对改善全球环境方面的表现也越来越消极。2001年美国退出《京都议定书》，极大地挫伤了国际社会参与全球环境治理的信心和努力。由于美国的退出，《京都议定书》一直到2005年2月16日才正式生效。2002—2012年，全球环境治理体系所面临的挑战主要是因为全球环境治理已经从联合国环境与发展会议期间的议程设定时期转变到议程实施时期，全球环境治理进入调整阶段。尽管环境治理中不同国家之间的分歧难以消除，但是全球环境治理体系在复杂的利益博弈中不断完善。

2002年，联合国在南非约翰内斯堡召开了可持续发展世界首脑会议（World Summit on Sustainable Development），商讨1992年联合国环境与发展会议以来各国在环境与发展方面的进展、《21世纪议程》的实施情况以及未来的进一步行动计划，为联合国环境与发展会议提出的可持续发展战略提供具体的执行计划。会议主要针对安全饮用水、生物多样性、人类健康、农业生产和能源这五个领域中被忽视的和未得到解决的最紧迫环境问题设置了时间表。会议通过了《约翰内斯堡可持续发展宣言》和《约翰内斯堡实施计划》。

与斯德哥尔摩会议、里约会议相比，2002年的约翰内斯堡会议被认为是效果最差的一次会议。与1992年的联合国环境与发展会议相比，2002年的可持续发展世界首脑会议的国家参与度不高，参会人员层次也有所下降，只有不到50%的政府首脑参与。约翰内斯堡峰会并没有设立新的联合国机构，而是重点考虑如何加强现有机构的运行能力和提高机构效率等问题。

（五）加速发展阶段

2012年"里约+20"峰会之后，全球可持续发展体系进入加速发展阶段。从MDGs中将"确保环境的可持续性"作为八大目标之一，到SDGs中将"环境可持续性视为与经济增长和社会包容性同样重要的三大可持续发展支柱"，环境问题已经进入世界政治和全球治理的中心。

2012年6月，各国首脑在20年后重聚里约热内卢，召开联合国可持续发展大会（United Nations Conference on Sustainable Development，又称"里约+20"峰会），围绕"绿色经济在可持续发展和消除贫困方面的作用"和"可持续发展的体制框架"两大主题，重拾各国对可持续发展的承诺，就20年来国际可持续发展各领域取得的进展和存在的差距，进行了深入讨论，最终形成了《我们憧憬的未来》宣言文件。"里约+20"峰会还要求联合国设立高级别政治论坛来整合经济、社会和环境三方面的发展政策，设立2015—2030年的可持续发展目标，升级UNEP，并为其增加资源和权限。

2015年10月，150多位国家元首和政府首脑集聚联合国纽约总部，召开联合国可持续发展峰会（United Nations on Sustainable Development Summit），聚焦2015年后全球可持续发展议程。在此次会议上，联合国193个会员国共同达成题为"改变我们的世界——2030年可持续发展议程"的协议，宣布17项可持续发展目标

（Sustainable Development Goals，SDGs）和169个子目标（图1-7），旨在未来15年内系统解决社会、经济和环境三个维度的发展问题，转向可持续发展道路。2013年9月联合国可持续发展高级别政治论坛正式启动，取代可持续发展委员会。联合国可持续发展高级别政治论坛在政治上领导、指导并监督全球可持续发展进程，审核可持续发展目标实施进展。

图1-7 可持续发展目标数据和知识框架

资料来源：联合国，2018年。

在"里约+20"峰会的呼吁下，2013年3月联合国大会通过决议，把由58个成员国参与的联合国环境规划署理事会升级为普遍会员制的联合国环境大会（United Nations Environment Assembly，UNEA），使联合国所有成员国可以在部长级层面共同商讨全球环境治理的优先事项。作为世界最高级别的环境决策机制，联合国环境大会通过共同制定决议和发起全球呼吁，引领全球环境治理新实践，推动各国政府、非政府组织、私营部门和民间社会深度参与全球环境治理。UNEA每两年举办一次，实现环境治理在全球层面上的机制化。目前，已于2014年、2016年、2017年和2019

年召开了四届联合国环境大会，分别重点讨论了UNEA未来的发展方向、如何落实《2030年可持续发展议程》中的环境目标、寻找创新解决办法应对环境挑战并实现可持续消费和生产。环境问题在全球治理体系中也不断强化，在2015—2030年的17项可持续发展目标中，就有7项与环境直接关联，涵盖清洁饮水和卫生设施（SDG6）、廉价和清洁的能源（SDG7）、可持续城市与社区（SDG11）、负责任的消费和生产（SDG12）、气候行动（SDG13）和水下及陆地生物多样性保护（SDG14、SDG15）。此外，全球环境治理的理念还广泛渗透到全球环境治理的其他领域，被整合或主流化到其他可持续发展目标中，例如"消除饥饿"目标（SDG2）中包含"可持续的氮管理指数"子目标。全球环境治理已深入融合到全球可持续发展目标中，成为全球治理的中心议题，并陆续达成了与全球十大环境问题相关的国际环境协议（表1-1）。

表1-1 与全球十大环境问题相关的国际环境协议

环境问题	国际环境协议	签署时间
气候变化	《联合国气候变化框架公约》（United Nations Framework Convention on Climate Change，UNFCCC）	1992年
	《京都议定书》（Kyoto Protocol）	1997年
	《＜京都议定书＞多哈修正案》（Doha Amendment）	2012年
	《巴黎协定》（The Paris Agreement）	2016年
平流层臭氧消耗	《保护臭氧层维也纳公约》（Vienna Convention for the Protection of the Ozone Layer）	1985年
	《蒙特利尔议定书》（Montreal Protocol on Substances that Deplete the Ozone Layer）	1987年
	《伦敦修正案》（London Amendment）	1990年
	《哥本哈根修正案》（The Copenhagen Amendment）	1992年
	《蒙特利尔修正案》（Montreal Amendment）	1997年
	《北京修正案》（Beijing Amendment）	1999年
	《基加利修正案》（Kigali Amendment）	2016年

环境问题	国际环境协议	签署时间
持久性生物累积性有毒化学物	《控制危险废物越境转移及其处置的巴塞尔公约》（Basel Convention on the Control of Transboundary Movements of Hazardous Wastes and Their Disposal）	1989年
	《关于在国际贸易中对某些危险化学品和农药采用事先知情同意程序的鹿特丹公约》（Rotterdam Convention on the Prior Informed Consent Procedure for Certain Hazardous Chemicals and Pesticides in International Trade）	1998年
	《关于持久性有机污染物的斯德哥尔摩公约》（Stockholm Convention on Persistent Organic Pollutants）	2001年
	《关于汞的水俣公约》（the Minamata Convention on Mercury）	2013年
荒漠化	《联合国防治荒漠化公约》（United Nations Convention to Combat Desertification，UNCCD）	1994年

资料来源：中国光大环境（集团）有限公司整理而得。

二、中国生态环境治理成效

近年来，中国以前所未有的力度推进生态文明建设，"生态优先、绿色发展"理念在全社会形成了广泛共识，经济发展正在从"先污染后治理"的传统模式向生态文明导向的高质量发展转型。

2019年，我国GDP比2005年（国家自主贡献目标基准年）增长超4倍、实现全国亿万农村贫困人口基本脱贫的同时，单位GDP二氧化碳排放比2005年下降了48.1%，相当于减少了二氧化碳排放约56.2亿吨，相应减少二氧化硫排放约1192万吨、氮氧化物排放约1130万吨；单位GDP能耗比2005年下降了42.5%，累计节能22.1亿吨标准煤，1991年以来累计节能量约占全球58%；能源结构进一步优化，煤炭占一次能源比重从72%下降到57.7%，淘汰落后火电机组1亿千瓦以上，非化石能源占一次能源比重由7.4%提高到15.3%，可再生能源装机总量约占全球30.4%，新增量约占全球32.2%，连续七年成为全球可再生能源投资第一大国；森林蓄积量超额完成承诺的2020年目标；生态环境质量明显改善，民众健康水平显著提高。

经中华人民共和国生态环境部初步核算，2020年单位国内生产总值二氧化碳排放（碳强度）同比下降1.0%，比2015年下降18.8%，完成"十三五"单位国内生产总值二氧化碳排放下降18%的目标。

（一）保护臭氧层

2020年是中国加入《保护臭氧层维也纳公约》31周年，自加入该公约以来，中国政府制定《中国消耗臭氧层物质逐步淘汰的国家方案》，颁布《消耗臭氧层物质管理条例》等100多项政策法规，先后实施消防、制冷、化工生产等31个行业计划，关闭相关ODS生产线100多条，在上千家企业开展ODS替代转换，如期实现了议定书规定的各阶段履约目标。截至目前，累计淘汰ODS超过28万吨，占发展中国家淘汰总量的一半以上，为臭氧层保护做出了重大贡献。

（二）酸雨和空气污染防护

2020年，在我国465个监测降水的城市（区、县）中，酸雨频率平均为10.3%，同比上升0.1个百分点。全国降水pH年均值范围为4.39～8.43。其中，酸雨（降水pH年均值低于5.6）城市比例为15.7%，同比下降1.2个百分点；较重酸雨（降水pH年均值低于5.0）城市比例为2.8%，同比下降1.7个百分点；重酸雨（降水pH年均值低于4.5）城市比例为0.2%，同比下降0.2个百分点。酸雨类型总体仍为硫酸型。全国出现酸雨的区域面积约为46.6万平方千米，占国土面积的4.8%，同比下降0.2个百分点，主要分布在长江以南、云贵高原以东地区，包括浙江、上海的大部分地区、福建北部、江西中部、湖南中部和东部、广东中部、广西南部和重庆南部。

全国337个地级及以上城市环境空气质量平均优良天数比例为87.0%，同比上升5.0个百分点。202个城市环境空气质量达标，占全部地级及以上城市数量的59.9%，同比增加45个。$PM_{2.5}$年平均浓度为33微克/立方米，同比下降8.3%；PM_{10}年平均浓度为56微克/立方米，同比下降11.1%。

（三）土壤保护与沙漠化防治

2020年，我国农用地土壤污染状况详查结果显示：全国农用地土壤环境状况总体稳定。影响农用地土壤环境质量的主要污染物是重金属，其中镉为首要污染物。受污染耕地安全利用率达到90%左右，污染地块安全利用率达到90%以上。

2019年2月美国国家航空航天局研究结果表明，全球从2000年到2017年新增的绿化面积中，约1/4来自中国，中国的贡献比例居全球首位。2019年9月2日，UNCCD第十四次缔约方大会（Fourteenth Session of the Conference of the Parties,

COP14）在印度首都新德里举行。在近两周的议程中，中国呼吁各国在防治沙漠化与土地退化方面加强合作，并基于本国治沙经验，为全球生态治理贡献了"中国方案"。其中，破解了"沙漠怎么绿，钱从哪里来，利从哪里得，如何可持续"世界治沙难题的"库布齐模式"广受点赞。

═══════════ **专　栏** ═══════════

库布齐沙漠是中国第七大沙漠，总面积达1.86万平方千米。通过30年的整体治理，目前库布齐沙漠的总体绿化面积已达6000多平方千米，植被覆盖率由30年前的3%提高到了53%，生物的多样性得到明显恢复。同时库布齐地区农牧民的人均年收入也从不足400元人民币增长到现在的1万元人民币以上。

（四）海洋生态环境保护

2020年，我国生态环境部共对1350个海洋环境质量国控监测点位、193个入海河流国控断面、442个污水日排量大于100吨的直排海污染源、31个海水浴场开展了水质监测，对540个国控点位开展了海洋沉积物质量监测、对24个典型海洋生态系统开展了健康状况监测。监测结果表明，2020年我国海洋生态环境状况整体稳定。海水环境质量总体有所改善，符合第一类海水水质标准的海域面积占管辖海域的96.8%；近海海域优良（一、二类）水质面积比例为77.4%，同比上升0.8个百分点。劣四类海水主要分布在辽东湾、黄河口、江苏口岸、长江口、杭州湾、浙江沿岸、珠江口等近岸海域，主要超标指标为无机氮和活性磷酸盐。典型海洋生态系统健康状况总体保持稳定。全国入海河流水质状况总体为轻度污染，与上年相比无明显变化。海洋倾倒区、海洋油气区环境质量基本符合海洋功能区环境保护要求。海洋渔业水域环境质量总体良好。赤潮发生次数和累计面积较上年有所下降。管辖海域内未发生100吨以上船舶溢油和化学品泄漏事故。

（五）生物多样性保护

近年，我国生物多样性保护工作机制逐步建立，政府管理能力进一步提升，生物多样性保护法律法规日益完善。2011年，我国成立由国务院分管副总理担任主任的"中国生物多样性保护国家委员会"，统筹协调全国生物多样性保护工作。生物多样性保护机制日益完善。

就地保护成果显著。目前，全国建立了以国家公园为主体，涵盖自然保护区、风景名胜区、森林公园、地质公园、湿地公园、文化自然遗产等的自然保护地体系，并建立了重点生态功能区、生物多样性保护优先区作为其重要补充。国家公园、自然保护区、森林公园、风景名胜区、地质公园、湿地公园、饮用水源地等保护地数量达10000多处，约占陆地国土面积的18%，超过90%的陆地自然生态系统类型、89%的国家重点保护野生动植物都在自然保护地内得到保护，形成了类型比较齐全、布局比较合理、功能比较健全的自然保护地网络。国家公园体制试点工作得到积极推进。

公众参与意识和能力普遍提高。随着生物多样性保护宣传力度的加大，公众参与保护的积极性明显提高，生物多样性保护科技投入机制逐步完善，大专院校、科研院所的创新能力有较大提升。

野生动植物种群数量稳中有升。经过多年努力，一些国家重点保护野生动植物种群数量稳中有升，分布范围逐渐扩大，生态质量持续改善。野生大熊猫、朱鹮、普氏原羚等物种数量和栖息地面积增加，红豆杉、兰科植物、苏铁等保护植物种群不断扩大。

（六）森林保护

据第九次全国森林资源清查（2014—2018年）结果显示：全国森林面积0.022亿平方千米，森林覆盖率22.96%，森林蓄积量175.6亿立方米。全国森林植被总生物量188.02亿吨，总碳储量91.86亿吨。全国天然林面积0.014亿平方千米，天然林蓄积141.08亿立方米；人工林面积80.03万平方千米，人工林蓄积34.52亿立方米。

（七）持久性污染物防治

全面淘汰了19类POPs物质，其在环境和生物样本中的含量水平呈下降趋势。完成了浙江省16个含多氯联苯电力电容器封存点的场地清运、封闭和验收，以热脱附技术处理了清运出的1.1万吨多氯联苯污染土壤，收集了12省地暂存的2600余台含多氯联苯电力电容器，无害化焚烧处置了含多氯联苯电力电容器及其他多氯联苯污染废物共计1200吨。废弃物焚烧、铁矿石烧结、再生有色金属冶炼等三个重点行业二噁英排放强度降低超过15%，二噁英增长趋势基本得到遏制。清理处置了历史遗留的上百个点位的10万余吨POPs废物，在污染场地治理等方面进行了积极探索和实践。2014年3月26日，禁止五氯苯、商用五溴二苯醚等物质的生产和使用，限制磷丹、全氟辛基磺酸及其盐类（PFOS）、全氟辛基磺酰氟（PFOSF）、硫丹的生产和使用。2019年3月26日，全面禁止磷丹、硫丹的生产和使用，禁止PFOS/PFOSF除可接受用途外的生产和使用。

（八）淡水资源保护

2020年，全国地级及以上城市在用集中式生活饮用水水源902个监测断面（点位）中，852个全年均达标，占94.5%。地表水水源监测断面（点位）598个，584个全年均达标，占97.7%；14个超标断面中，10个为部分月份超标，4个为全年均超标，主要超标指标为硫酸盐、高锰酸盐指数和总磷。地下水水源监测点位304个，268个全年均达标，占88.2%；36个超标点位中，5个为部分月份超标，31个为全年均超标，主要超标指标为锰、铁和氨氮。

重点水利工程水体方面，三峡库区水质为优，汇入三峡库区的38条主要河流水质为优。77个断面中，Ⅰ～Ⅲ类水质断面比例为98.7%，Ⅳ类为1.3%，同比均持平。其中，贫营养状态断面占1.3%，同比持平；中营养状态占75.3%，同比下降2.6个百分点；富营养状态占23.4%，同比上升2.6个百分点。南水北调（东线）长江取水口水质为优。输水干线京杭运河里运河段、宝应运河段、宿迁运河段、鲁南运河段、韩庄运河段和梁济运河段水质均为优良；南四湖为中营养状态，东平湖、洪泽湖和骆马湖为轻度富营养状态。南水北调（中线）取水口水质为优。汇入丹江口水库的9条主要河流水质均为优，丹江口水库为中营养状态。

第四节　全球生态环境治理趋势

一、协同治理

在环境治理中，由于气候变化、土地利用、水资源以及生物多样性之间的内在联系，孤立地针对某一类环境问题采取相关治理措施会对其他环境和社会经济领域带来风险。各类环境问题还与人类健康、城市化、全球化等密切相关。面对严峻的环境压力，当前国际社会亟须改变现有不可持续的线性经济发展模式，采取紧急和持续的行动扭转环境恶化的趋势。环境问题的内在关联性和多样性要求国际社会需综合考虑社会和经济的影响，采取综合性措施，将环境治理融入各部门的决策中。放眼未来，在遵循系统论的基础上，通过协同治理，统筹环境治理与应对气候变化工作，坚持走绿色低碳循环发展的道路，致力协同增效，构建全球绿色人类命运共同体，已是大势所趋。

二、绿色低碳循环发展

绿色低碳与经济社会共赢，是实现可持续发展的必由之路。无论作为经济发展的模式，还是作为经济发展的形态，低碳经济都能够在减少环境污染的过程中，促进经济社会发展。低碳经济是以可持续发展为目标，依托技术创新、制度优化、产业升级、清洁能源开发等一系列可行性措施，实现能源流的低碳发展和资源流的循环利用，尽可能地降低高碳能源消耗，减少温室气体排放，从而达到解决全球变暖问题，实现经济增长与环境保护协同发展的目的（图1-8）。

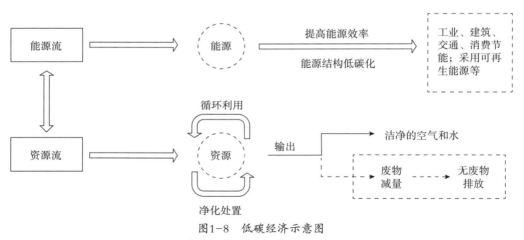

图1-8　低碳经济示意图

资料来源：中国低碳经济发展的协同效应研究，2021年。

低碳发展的实质就是要提高资源和能源的利用效率，从资源流来看，解决资源最有效利用的途径就是发展循环经济，提高资源产出率，保护生物多样性和生态环境等；从能源流来看，关键在于不断推进技术进步，调整优化能源结构，大力发展可再生能源，在节能的基础上提高能源利用效率，降低单位能耗的二氧化碳强度，构建低碳型社会（图1-9）。对经济社会发展的考量有多重指标，包括GDP增速、城市化水平、就业水平、民生改善、环境质量改善等。

图1-9 全球生态环境可持续发展路径

资料来源：联合国环境规划署，全球环境展望6，2019年。

从环境角度看，在资源流推进循环经济，在能源流推进低碳经济，其效果和路径就是低碳发展。在实现能源结构低碳化的过程中，逐步由低碳化向脱碳化、零碳化发展，沿着这样的方向，最终的社会发展也就是低碳的、绿色的。循环发展与绿色、低碳发展有很高的协同效应。

循环经济的核心是提高资源产出率，努力做到最有效地利用资源，尽可能多地减少污染物排放，保护环境，最后达到零排放或者近零排放。循环经济的实质是解决资源永续利用和资源浪费造成的环境污染问题，是社会经济可持续发展的必然选择。循环发展，就是通过发展循环经济，最有效地节约和利用资源，实现"资源-产品-废弃物-资源"的闭合式循环，变废为宝、化害为利，少排放或不排放污染物。

在瑞士、德国等发达国家，循环经济得到高度重视。据瑞士联邦环保部网站的有关数据（图1-10），2018年在瑞士产生的1750万吨建筑垃圾中，有近1200万吨（水泥、碎石、沥青等）被回收再利用，城市垃圾中，有一半以上被循环利用；在德

图1-10　循环经济发展图

资料来源：瑞士联邦环保部。

国，饮料瓶、废纸也可通过专门的渠道进行统一回收。在循环经济的框架下，产品的使用年限得到延长，这不仅保护了环境、节约了资源，在大部分情况下还能为消费者节省费用，同时为资源再利用企业提供新的商机。

中国政府积极推动循环经济的发展，2008年通过了《中华人民共和国循环经济促进法》，"十二五"规划纲要中将提高资源产出率作为指导性指标。"十二五"期间，通过开展专项试点解决循环经济发展面临的突出问题；"十三五"规划中，积极推进建立循环经济评价体系；2017年5月，由国家发展改革委等部门联合发布的《循环发展引领行动》指出，相较2015年，2020年主要资源产出率提高15%，主要废弃物循环利用率达到54.6%。一般工业固体废物和农作物秸秆综合利用率分别达到73%和85%；此外，资源循环利用产业产值达到3万亿元；75%的国家级园区和50%的省级园区开展循环化改造。国家在发展园区循环经济的过程中，倡导在成本最小化的前提下，把资源利用最大化，即一个企业排放的废弃物可能就是另外一个企业的原材料，做到首尾相接，实现整个园区水、气、渣的零排放。只有这样，才能提升环境质量，实现可持续发展。资源利用效率的指导性指标是资源产出率。

2021年7月，国家发展改革委印发《"十四五"循环经济发展规划》（以下简称"《规划》"）。《规划》提出到2025年年底，全国城市生活垃圾资源化利用率达到60%左右，全国生活垃圾分类收运能力达到70万吨/日左右，全国城镇生活垃圾焚烧处理能力达到80万吨/日左右，城市生活垃圾焚烧处理能力占比65%左右。《规划》中首次提出生活垃圾资源化利用率的指标，突出了鲜明的资源化导向。除常规部署垃圾焚烧产能建设规划外，"十四五"亦着重把餐厨、危废、医废等"焚烧+"产业纳入五年发展规划中，未来以垃圾分类为基石的生活垃圾、危废、医废和建筑垃圾一体化固废综合处置基地有望成为主流趋势。而垃圾焚烧企业作为城市循环再生和固废分类处置的承载方，依靠特许经营权模式叠加产业链的高度协同，在"焚烧+"布局上优势明显。

参考文献

［1］马克垚. 世界文明史［M］. 北京：北京大学出版社，2016.

［2］威廉·H. 麦克尼尔，约翰·R. 麦克尼尔. 世界环境史［M］. 王玉山，译. 北京：中信出版社，2020.

［3］克莱夫·庞廷. 绿色世界史［M］. 王毅，译. 北京：中国政法大学出版社，2015.

［4］阿瑟·莫尔，戴维·索南菲尔德. 世界范围的生态现代化：观点和关键争论［M］. 张鲲，译. 北京：商务印书馆，2011.

［5］联合国环境规划署. 全球环境展望6［R］. 北京：联合国环境规划署，2019.

［6］徐建平. 中国环境史（近代卷）［M］. 北京：高等教育出版社，2020.

［7］MONTZKA S A, DUTTON G S, YU P, et al. An unexpected and persistent increase in global emissions of ozone-depleting CFC-11［J］. Nature, 2018, 557（7705）: 413-417.

［8］KUTTIPPURATH J, NAIR P J. The signs of Antarctic ozone hole recovery［J］. Scientific Reports, 2017, 7（585）: 1-7.

［9］CHIPPERRIELD M P, BEKKI S, DHOMSE S, et al. Detecting recovery of the stratospheric ozone layer［J］. Nature, 2017, 549（7671）: 211-218.

［10］VETR, ARTZ R S, CAROU S, et al. A global assessment of precipitation chemistry and deposition of sulfur, nitrogen, sea salt, base cations, organic acids, acidity and pH, and phosphorus［J］. Atmospheric Environment, 2014, 93: 3-100.

［11］GRAY J S. Marine biodiversity: patterns, threats and conservation needs［J］. Biodiversity and Conservation, 1997, 6（01）: 153-175.

［12］THIEL M, LUNA-JORQUERA G, ÁLVAREZ-VARAS R, et al. Impacts of marine plastic pollution from continental coasts to subtropical gyres—fish, seabirds, and other vertebrates in the SE Pacific［J］. Frontiers in Marine Science, 2018, 5（238）: 1-16.

［13］DERRAIK J G B. The pollution of the marine environment by plastic debris: a review［J］. Marine pollution bulletin, 2002, 44（09）: 842-852.

［14］COZAR A, ECHEVARRIA F, GONZALEZ-GORDILLO J I, et al. Plastic debris in the open ocean［J］. Proceedings of the National Academy of Sciences, 2014, 111（28）, 10239-10244.

［15］DIRZO R, YOUNG H S, GALETTI M, et al. Defaunation in the anthropocene［J］. Science, 2014, 345（6195）: 401-406.

［16］CEBALLOS G, EHRLICH P R, DIRZO R., Biological annihilation via the ongoing sixth mass extinction signaled by vertebrate population losses and declines［J］. Proceedings of the National Academy of Sciences, 2017, 114（30）: E6089-E6096.

［17］KEITH D A, RODRIGUEZ J P, BROOKS T M, et al. The IUCN red list of ecosystems: motivations, challenges, and applications［J］. Conservation Letters, 2015, 8（03）: 214−226.

［18］International Union for Conservation of Nature. IUCN Red List of Ecosystems［DB/OL］.（2022−01−12）［2022−01−12］. https://iucnrle.org/.

［19］FAMIGLIETTI J S. The global groundwater crisis［J］. Nature Climate Change, 2014, 4（11）: 945−948.

［20］ALTCHENKO Y , VILLHOLTH K G. Transboundary aquifer mapping and management in Africa: a harmonised approach［J］. Hydrogeology Journal, 2013, 21（07）: 1497−1517.

［21］中华人民共和国生态环境部. 2020年全国生态环境质量简况［R］. 北京: 中华人民共和国生态环境部，2021.

［22］中华人民共和国生态环境部. 2020年中国海洋生态环境公报［R］. 北京: 中华人民共和国生态环境部，2021.

［23］邬彩霞. 中国低碳经济发展的协同效应研究［J］. 管理世界，2021（8）: 105−116.

第二章

全球气候变化

━━ 引　言 ━━

　　自工业革命以来，人类赖以生存的地球在气温、降水、二氧化碳浓度、海平面等指标方面出现了一些令人不安的变化，洪涝及干旱等极端天气频发，生态环境系统快速恶化，全球正在加快变暖。种种迹象表明，全球气候正发生着变化，已经成为21世纪全人类共同面临的挑战。

　　为有效应对气候变化，全球范围内主要国家和经济体纷纷提出国家自主贡献（Nationally Determined Contributions，NDC），各行业企业积极响应，按照《巴黎协定》设定的温度控制目标，到21世纪末较工业革命前，控制全球温度上升不超过2℃，并努力争取不超过1.5℃。联合国政府间气候变化专门委员会（Intergovernmental Panel on Climate Change，IPCC）2021年发布的第六次评估报告第一工作组报告（以下简称"第一工作组报告"）指出，除非未来几十年内大幅减少温室气体排放，否则限制升温在接近2℃甚至1.5℃的目标将无法实现。

　　自"十二五"以来，中国政府控制温室气体排放工作取得了积极进展。2020年9月22日，习近平总书记在第七十五届联合国大会一般性辩论上郑重提出，中国将提高国家自主贡献力度，采取更加有力的政策和措施，二氧化碳排放力争于2030年前达到峰值，努力争取2060年前实现碳中和。这展现了我国积极应对气候变化的决心和信心，展现了我国负责任的大国形象。

　　那么，全球气候变化的科学事实如何？气候变化对人类社会生活、生态环境造成了哪些影响？全球气候治理的政策进程中，形成了哪些共识？中国的行动如何？在当前世界各国纷纷提出碳中和目标后，不同行业的代表性企业又有哪些行动？本章将就气候变化及气候治理相关问题进行全面解析。

第一节　全球气候变化现状

气候是指一个地区大气的多年平均状况，主要的气候要素包括光照、气温、降水和风力等。自然环境是指环绕于人类周围的自然界，包括大气、水、土壤、生物和各种矿物资源等，是人类赖以生存和发展的物质基础。工业文明在给人类带来空前繁荣和物质享受的同时，也造成了资源、能源的过度消耗和生态环境的退化恶化，更糟糕的是导致了频发的极端天气和明显的气候变化。

一、全球平均气温上升

全球平均气温上升是当前气候变化的主要特征。根据《中国气候变化蓝皮书（2021）》，2020年全球平均温度较工业化前水平（1850—1900年的平均值）高出1.2℃。2011—2020年是1850年以来最暖的10年。根据美国国家航空航天局（NASA）分析解读，自1880年以来，全球平均气温起初维持在一个较为稳定的状态，但随着世界范围内主要发达经济体走上工业化道路，全球平均气温持续升高，尤其在20世纪末更是处于一个高速上升的态势，如图2-1所示。中国2020年全国平均气温为10.25℃，较常年偏高0.7℃，略低于2019年，为1951年以来第八高，全年除12月气温偏低0.7℃以外，其余各月气温均偏高。

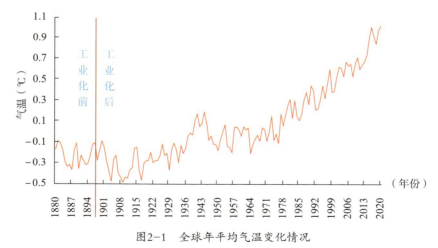

图2-1　全球年平均气温变化情况

资料来源：NASA全球气温数据。

尽管发生了具有降温效应的拉尼娜现象，但2020年仍是有记录以来地球最暖的三个年份之一。第一工作组报告显示，全球升温将至少达到1.5℃，其中在最具雄心的低排放情景下，全球升温预计在21世纪30年代达到1.5℃，随后将超出温度控制目标到1.6℃，并在21世纪末回落到1.4℃。

此外，北卡罗来纳大学研究人员发表在《自然》上的研究结果表明，全球气温每升高1℃，每年的河冰覆盖时间就会减少6天。全球河流冰的范围已在减少，预计全球平均地表气温每升高1℃，季节性冰带持续时间平均减少6.10±0.08天。地球温度升高1℃，全球珊瑚礁将普遍白化，海平面上升将导致沿海城市、湿地被淹没，预计到2080年，20%的湿地将丧失，红树林生态系统将受到较大影响。随着全球温度的上升，高温极端天气发生的强度和频率都在迅速增加，全球升温1.5℃后，热浪将增加，暖季将延长，而冷季将缩短；全球升温2℃时，极端高温将更频繁地达到农业和人类健康的耐受阈值。

二、大气中二氧化碳浓度增加

大气中的二氧化碳浓度在持续上升。第一工作组报告指出，1750年以来，温室气体浓度的增加明确是由人类活动造成的，2019年大气中二氧化碳的浓度处于至少200万年来的最高点，甲烷和氧化亚氮两种关键温室气体的浓度也处于至少80万年来的最高点。世界气象组织（World Meteorological Organization，WMO）2018年11月发布的《温室气体公报》显示，2017—2020年全球主要温室气体年平均浓度达到新高，2017年二氧化碳浓度为工业化前水平的146%，2018年达到407.8±0.1ppm（1ppm=0.0001%），2019年和2020年已超过410ppm。同时，根据中国气象局青海瓦里关站观测的二氧化碳浓度数据显示，二氧化碳浓度自2005年的379.7ppm持续增长至2019年的411.4ppm（图2–2）。

三、全球海平面上升

全球海平面上升是一个缓慢而持续的过程。《中国气候变化蓝皮书（2021）》数据显示，全球平均海平面呈加速上升趋势，上升速率从1901年至1990年的1.4毫米/年，增加至1993年至2020年的3.3毫米/年，其中2020年为有卫星观测记录以来的最高

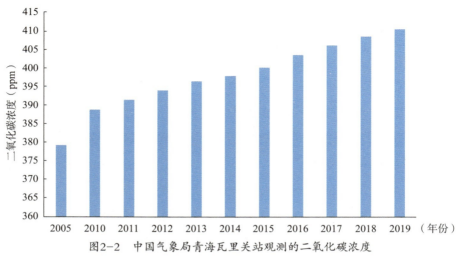

图2-2　中国气象局青海瓦里关站观测的二氧化碳浓度

注：2005年和2010年数据为当年12个月报告数据的平均值，2011—2017年数据源于《中国温室气体公报》，2018—2019年数据源于应对气候变化部门统计报表数据。

值。第一工作组报告称，工业化时代开启以来，全球海平面已经上升了0.3米，预计到2100年，其可能进一步上升0.3米至1.1米，具体结果取决于地球变暖的程度。

中国沿海海平面变化总体呈波动上升趋势。根据《2020年中国海平面公报》，1980—2020年，中国沿海海平面上升速率为3.4毫米/年，高于同时段全球平均水平。过去10年，中国沿海平均海平面持续处于近40年来的高位。2020年，中国沿海海平面较常年高73毫米，为1980年以来第三高。

四、降水量特征改变

全球气候变化直接影响空中水汽含量。气温的上升使得空气中能够容纳更多的水汽，温度每升高1℃，空气中将能多容纳7%的水汽。大量研究结果表明，气候变化正在加剧水循环，带来更强的降雨；气候变化正在影响降水特征，中高纬度地区和热带地区一般呈现出降水增加的趋势，而副热带地区一般呈现出降水量下降的趋势，这样就出现了干的地方愈干、湿的地方愈湿的极端天气。

2020年中国平均降水量694.8毫米，较常年偏多10.3%，较2019年偏多7.6%，为1951年以来第四多。1—3月和6—9月降水量较多，其中1月偏多76%；4—5月和10—12月降水量偏少，其中12月偏少45%。年降水量最多和次多的是安徽黄山（3314毫米）和祁门（2975.8毫米），最少和次少的是新疆塔中（4.1毫米）和若羌（5.8毫米）。与常年相比，东北中北部、黄淮中东部、江汉大部、江淮大部、江南北部、内蒙古东北部、甘肃东南部等地偏多20%～50%。

第二节　全球气候变化产生的影响

近百年来的气候变化问题已经给全球的自然生态系统、社会经济系统及人类的生存带来了不可逆转的影响，接连发生的热浪、干旱、洪水、强降雨等极端气候与极端天气，显示了生态系统和人类社会在气候变化面前的脆弱性。

一、影响人类健康

全球变暖不仅会导致冰川融化、物种灭绝，也会导致人的健康状况持续下降。研究发现，气候变化可能会导致新生儿早产率增加，甚至让其智商变低。当气温超过32.2℃时，出生率会增加5%，妊娠期会平均缩减6.1天，有些婴儿甚至会提前两周出生；空气中的二氧化碳浓度升高会让人变笨，如果任由空气中和室内的二氧化碳浓度持续增加，到2100年，人类将变迟钝。

根据俄罗斯《科学信息》杂志报道，全球变暖会导致人的居住环境发生变化。科研人员发现，在降水比较多的部分陆地地区，由于水位上升，人们饮用最多的是靠近地表的水，而地表水的水质也会因地表物质污染而下降，人们饮用了这样的水，就会患上诸如皮肤病、心血管疾病、肠胃病等各类疾病。随着居住环境的变化，人的机体抵抗力和适应能力都会下降，肠伤寒、痢疾、疟疾、兔热病等传染性疾病就会成为常见疾病。而在另外一些气候变得更加干旱、逐渐荒漠化的地区，由于缺水，化学污染和生物污染程度会更加严重，人们被迫饮用水质不好的水而引发诸多疾病。

同时，全球变暖可能加大人患病的危险和死亡率，使传染病传播加快。高温会给人类的循环系统增加负担，热浪会引起死亡率的增加。由昆虫传播的疟疾及其他传染病与温度有很大的关系，随着温度升高，可能使许多国家疟疾、淋巴丝虫病、血吸虫病、黑热病、登革热、脑炎的传播增加。在高纬度地区，这些疾病传播的危害性可能会更大。

══════ **专　栏** ══════

　　世界银行于2021年9月13日发布的更新版风潮（Groundswell）报告发现，气候变化日益成为移民的强大驱动因素，在2050年之前可能迫使全球六大地区2.16亿人在本国国内迁移。国内气候移民的热点地区最早可能出现在2030年，2050年之前将持续扩大。报告还发现，立即采取一致行动减少全球排放量并支持绿色、包容和韧性发展，可使气候移民规模缩小达80%。

　　由于对生计的影响和高风险地区宜居性的丧失，气候变化成为国内移民的强大驱动因素。预计到2050年，撒哈拉以南非洲地区国内气候移民有可能达到8600万，东亚太平洋地区4900万人，南亚地区4000万人，北非地区1900万人，拉丁美洲地区1700万人，东欧及中亚地区500万人。

二、引发气候灾害

　　全球变暖导致了洪涝和干旱等气候灾害频繁发生。全球平均气温略有上升，就可能带来频繁的气候灾害，如过多降雨、大范围干旱和持续高温，引发经济和社会的损失。一方面，全球变暖导致全球水循环加快，陆地及海洋蒸发量增加引起有效可用水量减少，导致极端干旱事件频发；另一方面，随着温度的增加，大气的持水能力增强，意味着需要更多的水汽才能达到饱和进而形成有效降水。近年来对极端降水和全球变暖的响应机制的研究，也验证了这一观点，即全球降水总量虽然有所增加，但与此同时降水强度呈现出更为显著的增加，意味着极端降水频次的增加和极端降水事件的增多。高强度的降水过程为水资源的合理分配带来了更为巨大的压力。在干旱方面，据美国气候与能源解决方案中心报告称，全球变暖增加了某些地区发生干旱的概率，特别是在美国西南部等干旱多发地区，降水量少和热量增加是全球变暖造成的"并发症"。2021年7月，美国俄勒冈州出现49℃的高温，导致超过107人死亡。在洪水方面，2021年7月，西欧发生严重洪涝灾害，中国河南出现"7·20"特大暴雨，这些都是极端强降水事件频发的具体表现，与全球变暖有密切关系。

专　栏

2021年7月，河南省郑州、漯河等多市发生特大暴雨灾情。截至2021年8月2日，河南省共有150个县（市、区）、1663个乡镇、1453.16万人受灾。据国家气候中心专家介绍，河南省近期极端强降水事件发生在全球变暖背景下的北方降水集中期，是东亚大气环流异常协同作用的直接结果。具体认为：一是全球变暖加剧了气候系统的不稳定，也是造成极端天气气候事件频发、强度增强的根本原因。二是太行山和伏牛山是造成此次极端强降水的地形因素。太行山和伏牛山的特殊地形对偏东气流起到抬升辐合效应，强降水区在河南省西部、西北部沿山地区稳定少动，地形迎风坡前降水增幅明显。三是每年的7月下旬至8月上旬，正是中国北方地区降水集中期，历史上许多极端暴雨事件都发生在该时段，如河南"75·8"水灾、2012年"7·21"北京特大暴雨等。四是东亚大气环流异常协同作用是造成本次极端强降水的直接原因。西太平洋副热带高压持续偏强偏北，西伸到中国华北东部和黄淮东部地区，河南处于副高西边缘，对流不稳定能量充足。同时热带地区台风活动进入频发期，加强了来自西北太平洋、南海和孟加拉湾的水汽输送，为河南强降雨提供了充沛的水汽来源。同时，偏强的西太平洋副热带高压和中亚的大陆高压使得大气环流形势稳定，进一步延长了河南等地强降水持续时间。

三、破坏海洋生态系统

由气候变化引起的海洋变化（包括变暖、更频繁的海洋热浪、海洋酸化和氧气含量降低等现象）既会影响到海洋生态系统，也会影响到依赖海洋生态系统的人们。全球变暖导致的海水体积变大和两极冰雪融化，直接引起海平面上升，使沿海地区洪水泛滥，居住地势较低地区的数百万人将沦为环境难民，发生大规模的迁移、社会骚乱和饥荒，像马尔代夫这样的岛国将因此而彻底消失。例如，海洋吸收二氧化碳也会产生负面影响，导致海水pH值持续降低，引发海洋酸化。科学研究表明，目前全球表层海水pH值较工业革命前下降约0.1。联合国教科文组织政府间海洋学委员会指出，海洋酸化和含氧量下降在持续，影响着海洋生态系统、海洋生物和渔业。2020年，超过80%的海域至少经历了一次海洋热浪。自2013年东北太平洋发生海洋热浪以来，造成多起海鸟死亡事件。2015年至2016年，在美国加利福尼亚州中北部到阿拉斯加州的海滩上，人类发现了约6.2万具崖海鸦尸体，科学家预计其死亡数量在100万只左右。

全球变暖影响着作为全球海岸带地区应对全球气候变化最为重要的生态屏障之一的红树林的生存。一些研究结果表明，温度升高会导致红树林死亡，但自然条件下全球变暖对红树林生态系统的影响究竟如何，仍需进一步研究；全球海平面上升会造成红树林土壤酸化，且细质土的酸化比粗质土严重。若海平面上升速度大于沉积物堆积速度，海水将会淹没红树林，使其向陆地迁移，反之则向海洋延伸。目前，主流观点认为二氧化碳增加会刺激植物生长，就红树植物而言，不同红树植物对二氧化碳增加的响应不同，即使是同一种红树植物，在不同生长条件下对二氧化碳增加的响应也不同。

专 栏

2021年，中国青岛等地再次暴发浒苔，这已是黄海海域连续第15年遭受浒苔灾害了。据生态环境部卫星遥感监测结果，2021年黄海浒苔最大分布范围约6万平方千米，是上一年的2.3倍左右。黄海浒苔的发生及发展是一个复杂的系统性过程。多年研究表明，浒苔暴发可能与海区水文动力基础环境条件、浒苔藻种种源、海水富营养化等多种因素有关。黄海浒苔连续多年暴发且年际间出现反复，反映我国近海生态环境长期受到高强度人为活动、气候变化等多重因素影响，海洋生态环境改善还未从“量变”转为“质变”，近海生态环境安全形势依然严峻。

四、生物多样性锐减

气候变化对生物多样性的影响是全方位的，包括对基因多样性、物种多样性和生态系统多样性的影响。首先，基因多样性方面。气候变化对植物物种的丰富度、分布格局、种间关系、物候、光合作用等会产生深刻影响，并增加外来物种入侵、本地物种灭绝的风险。例如，在20世纪最后10年，随着气温的升高，荷兰的维管束植物中喜热植物的种类增加。其次，物种多样性方面。例如，对某些海龟来说，当孵化温度大于29℃时，孵化出的多数幼龟为雌性，当孵化温度小于27℃时，孵化出的多数幼龟为雄性；对扬子鳄来说，孵化温度为28.5℃时，孵出的幼鳄皆为雌性，孵化温度为33.5～35℃时，孵出的幼鳄皆为雄性。再次，生态系统多样性方面。降水格局的变化，使得20世纪70年代奇瓦瓦沙漠木本灌丛密度增加了3倍，以前常见动物数量减少，稀有动物数量增加。另外，气温升高使高纬度陆地生态系统植物的生产力增加，生态系统碳氮循环过程改变。根据联合国粮食及农业组织2020年《全球森林资源评估》报告，2015—2020年，全球去森林化速率每年约10万平方千米。相比之下，2000年以后的10年里，每年去森林化速率为15万平方千米，2010—2015年为12万平方千米。此外，自然条件交错带是对气候变化最为敏感的区域之一，如中国长白山脉半苔原过渡带变宽，五台山高山草甸和林线过渡带中一些植物向高海拔迁移。北方森林以每升温1℃按100～150千米速度向北扩展，全球变暖使生态系统整体向两极和高海拔区域移动。

五、农作物产量减少

全球变暖和二氧化碳浓度升高不仅影响着农作物的生长、产量及品质等，同时也对农业生产结构和生产制度有着不同程度的影响。二氧化碳浓度升高对作物的生长发育和生理生化有显著的促进作用，因此气候变暖使农作物生长速率提高而缩短其生育期，但全球变暖促使植物呼吸增加、蒸腾作用增强而降低光合作用速率，最终导致农作物减产。科学研究结果显示，气候变暖，特别是更高的春季平均气温，对冬小麦的抽穗期和开花期有显著影响，如气温升高会使澳大利亚、美国、阿根廷和德国等地的冬小麦的抽穗期和开花期提前。同时，美国华盛顿大学教授柯蒂斯·多伊奇（Curtis Deutsch）在《科学》杂志刊文，认为全球变暖可能会提高昆虫消化食物的速度，导致它们以更快的速度摧毁作物。同时，在温带地区，气温升高可能导致昆虫变得更加活跃，从而更能繁殖。因此，全球变暖可能增加害虫的数量和食欲，将对全球作物生产构成严重威胁。该研究显示，全球变暖可能使小麦、水稻和玉米因有害生物增加而导致的产量损失分别增加46%、

19%、31%。研究结果认为，中国、美国和法国是三个可能因虫害损失产量最大的粮食生产国。

第三节　全球气候治理进程

近百年来，全球气候正在经历以全球变暖为主要特征的显著变化，严重威胁着人类生存与社会经济的可持续发展，气候变化已经引发全球科学界、政府和社会公众的强烈关注和关切。

国际社会从科学认识气候变化到建立全球应对气候变化机制，经历了很长的阶段。早在17世纪，科学家们就开始注意到温室效应。1824年，傅里叶（Fourier）提出了地球大气具有温室效应的论点。1839年，廷德尔（Tyndall）阐明了大气中微量的温室气体对地球温度变化的特殊作用。1938年，阿伦尼乌斯（Arrhenius）和卡伦德（Callendar）等科学家通过一系列实验和研究指出，大气中的二氧化碳浓度加倍将导致全球平均地面温度升高2~3℃。1958年，美国夏威夷莫纳克亚天文台开始进行二氧化碳浓度观测，从而正式揭开人类研究温室气体的序幕。

20世纪中叶，伴随着《寂静的春天》等刊物的出版，可持续发展问题引起了国际社会的高度关注。从1859年爱尔兰科学家廷德尔发现温室效应以及影响温室效应的因素以来，人们经过了两百多年的不断思索，形成了从温室效应到气候变化的科学认知，逐步走向共同应对气候变化，为制定政治决策打下了坚实的基础。

一、全球气候治理相关公约与协议

1972年在斯德哥尔摩召开的联合国人类环境会议，正式将应对气候变化作为重要的议题。随后，1979年2月在日内瓦召开的第一次世界气候大会，首次将应对气候变化纳入国际政治议程。此次会议发表的联合声明号召各国政府"预见和防止可能对人类福利不利的潜在的人为气候变化"。也正是这次会议后，气候变化问题逐渐成为国际社会关注的焦点。

（一）《联合国气候变化框架公约》

1992年5月22日，联合国政府间谈判委员会达成了一个针对气候变化问题的名为《联合国气候变化框架公约》（United Nations Framework Convention on Climate Change，UNFCCC）的公约。该公约于1992年6月4日在联合国环发大会上通过。这是世界上第一个为全面控制二氧化碳等温室气体排放，以应对全球变暖给人类社会和经济带来不利影响的国际公约。同时也是国际社会在应对全球气候变化问题上，进行国际合作的一个基本框架。UNFCCC的首要目标在于，通过协商谈判将一个科学理念转化为政治共识，即人类活动引起大气中温室气体浓度上升，导致了全球气候的异常变化。UNFCCC规定发达国家为缔约方，应采取措施限制温室气体排放，同时要向发展中国家提供新的额外资金以支付发展中国家履行UNFCCC所需增加的费用，并采取一切可行的措施促进和方便有关技术转让的进行。

（二）《京都议定书》

1997年12月，《联合国气候变化框架公约》参加国在日本京都召开会议，制定并通过了《京都议定书》，作为《联合国气候变化框架公约》的补充条款。其目标是"将大气中的温室气体含量稳定在一个适当的水平，进而防止剧烈的气候改变对人类造成伤害"。《京都议定书》于2005年开始强制生效，是人类历史上首次以法规形式限制温室气体的排放，并对需要减少的温室气体的种类、主要发达国家的减排时间表和额度等作出了具体规定。《京都议定书》建立了三个灵活合作机制，以减少温室气体排放，分别是国际排放贸易机制、联合履行机制和清洁发展机制。2011年12月，加拿大宣布退出《京都议定书》，成为继美国之后第二个签署后但又退出的国家。

（三）《气候变化评估报告》

IPCC于1988年由联合国环境规划署及世界气象组织共同组建，其任务是为政府决策者提供气候变化的科学依据，以使决策者认识到人类对气候系统造成的危害并采取对策。自1990年起，IPCC先后分别于1990年、1995年、2001年、2007年和2014年完成了5次综合评估报告，于2021年发布了第一工作组报告。如图2-3所示。

从IPCC第一次评估报告到第一工作组报告，越来越强调并证实人类活动对全球变暖的影响。IPCC第一次评估报告（1990年）："人类活动导致的温室气体排放，增加了大气中温室气体浓度，并增强了温室效应，使全球平均温度上升"。IPCC第二次评估报告（1995）："自19世纪末以来，全球平均地面温度上升了0.3～0.6℃，这一变化不可能完全是自然产生的"，"各种证据的对比分析表明了人类对全球气候有可辨别的影响"。IPCC第三次评估报告（2001）："最近50年观测到的大部分变暖可能（66%）是由于温室气体浓度的增加。人类活动造成的温室气体和气溶胶排放继续以预期影响气候的方式改变着大气"。IPCC第四次评估报告（2007）："观测到的20世纪中叶以来大部分的全球平均温度的升高很可能（90%）是由于观测到的人为温室气体浓度增加所导致的"。IPCC第五次评估报告（2014）："人类对气候系统的影响是明确的。极有可能（95%）的是，观测到的1951—2010年全球平均地表温度升高的一半以上是由温室气体浓度的人为增加和其他人为强迫共同导致的"。这一结论的信度达92.3%以上，即高信度。IPCC第一工作组报告（2021）：科学家认为"人类活动导致了气候变化"这一结论已非常明确。人类活动已造成全球变

图2-3 气候变化问题的科学认知过程

资料来源：樊星等．马德里气候大会盘点及全球气候治理展望，2020。

暖，气候系统发生了广泛而快速的变化。人类活动的影响导致全球气温加速变暖，升温的速度至少是2000年以来前所未有的。同时，建立在IPCC往年评估的确定性上，本次报告同样指出，1750年以来，温室气体浓度的增加明确是由人类活动造成的。

（四）《巴厘岛路线图》

2007年12月，联合国气候变化大会制定了《巴厘岛路线图》（Bali Road Map）。其中包括一些前瞻性的决定，分别代表未来达到安全气候必不可少的路线。《巴厘岛路线图》包括《巴厘岛行动计划》（Bali Action Plan）以及一些其他决定的解决方案。其中《巴厘岛行动计划》绘制了应对气候变化的新谈判进程，旨在于2009年前完成该路线。与《联合国气候变化框架公约》和《京都议定书》相比，《巴厘岛路线图》确定了世界各国今后加强落实《联合国气候变化框架公约》的具体领域；确认了"共同但有区别的责任"原则，其核心就是进一步加强《联合国气候变化框架公约》和《京都议定书》的全面、有效和持续实施，重点解决减缓、适应、技术、资金问题，并要求发达国家在2020年前实现温室气体减排25%～40%的发展目标。将为进一步落实《联合国气候变化框架公约》指明方向。

（五）《哥本哈根协议》

2009年12月世界气候大会在哥本哈根召开，经过各方努力，会议针对未来应对气候变化全球行动，达成了一项无约束力协议——《哥本哈根协议》。《哥本哈根协议》维护了《联合国气候变化框架公约》及其《京都议定书》确立的"共同但有区别的责任"原则，就发达国家实行强制减排和发展中国家采取自主减缓行动作出了安排。即在2050年前全球排放量减到1990年（209亿吨碳当量）的一半。发达国家应当在这个时间内减少至少80%的排放量，发展中国家的温室气体排放量应当比"通常情况下"低15%～30%，即要考虑能源消耗与经济产出的比例。同时，协议就全球长期目标、资金和技术支持、透明度等焦点问题达成广泛共识。

（六）德班世界气候大会

2011年11月，《联合国气候变化框架公约》第十七次缔约方大会在南非东部港口城市德班开幕。2011年12月，德班世界气候大会结束。会议决定实施《京都议定书》第二承诺期并启动绿色气候基金，德国和丹麦分别注资4000万和1500万欧元作为其运营经费和首笔资助资金。会议取得的五项主要成果分别是：坚持了《联合国气候变化框架公约》《京都议定书》和《巴厘岛路线图》授权，坚持了双轨谈判机制，坚持了"共同但有区别的责任"原则；就发展中国家最为关心的《京都议定书》第二承诺期问题作出了安排；在资金问题上取得了重要进展，启动了绿色气候基金；在《坎昆协议》基础上进一步明确和细化了适应、技术、能力建设和透明度的机制安排；深入讨论了2020年后进一步加强公约实施的安排，并明确了相关进程，向国际社会发出积极信号。

（七）《巴黎协定》

2015年，《联合国气候变化框架公约》第二十一次缔约方会议暨《京都议定书》第十一次缔约方会议在巴黎圆满闭幕。来自195个国家的代表就共同应对气候变化一致通过了《巴黎协定》，这将成为2020年后取代《京都议定书》的全球气候协议。作为这次气候大会最重要成果的《巴黎协定》，在许多方面都体现出了气候谈判过程中历史转折点的意义。该协定共29条，包括目标、减缓、适应、损失损害、资金、技术、能力建设、透明度、全球盘点等内容。在总体目标方面，把全球平均气温较工业化前水平升高控制在2℃之内，并为把升温控制在1.5℃之内而努力。在资金技术方面，协定规定发达国家应协助发展中国家，在减缓和适应两方面提供资金资源。在责任区分方面，发达国家继续带头减排，并加强对发展中国家的资金、技术和能力建设支持，以帮助它们减缓和适应气候变化。此外，协定还要求各方在适应气候变化、损失和损害、各国可持续发展和消除贫困等方面进一步加强合作。与6年前的哥本哈根会议相比，巴黎会议最大的不同在于，气候谈判模式已发生根本性转变：自上而下"摊牌式"的强制减排，已被自下而上的"国家自主贡献"所取代。

通过近20年的对话和努力，各国已普遍认识到，应对气候变化的行动和能力与各国发展水平密切相关，《巴黎协定》处处体现了要尊重各国国情和能力的差异。虽然各国在低碳化进程中的起跑线不同，但是只要加入到这场"马拉松"比赛中，根据自身的国情和能力，向着低碳的终点迈进，气候变化问题最终一定能够妥善解决。

二、中国气候治理成效

习近平总书记多次强调，应对气候变化不是别人要我们做，而是我们自己要做，是中国可持续发展的内在要求，也是推动构建人类命运共同体的责任担当。

（一）中国温室气体排放现状

能源活动和二氧化碳分别是我国温室气体主要排放来源和主要构成。根据《中华人民共和国气候变化第三次国家信息通报》和《中华人民共和国气候变化第二次两年更新报告》，我国温室气体来源主要包括以能源活动、工业生产过程、农业活动以及废弃物处置为主的排放源，另外还包括以土地利用、土地利用变化与林业为主的吸收汇。如图2-4及图2-5所示，从1994年至2014年间的五次温室气体排放源统计中可以看出，能源活动始终占据我国所有排放来源的"绝对主力"位置，维持在78%左右，工业生产过程次之，占比约为10%，农业活动、废弃物处理等产生的温室气体排放较小，均低于10%；从温室气体排放构成方面来看，二氧化碳排放占所有温室气体排放总量的比重由1994年的75.8%增长至2014年的83.5%。正是因为二氧化碳含量的增加，导致甲烷和氯化亚氮排放占比出现下降，分别由1994年的17.7%、6.5%降低至2014年的9.1%、5%。以2014年为例，2014年我国温室气体排放总量为123亿吨二氧化碳当量，其中二氧化碳排放103亿吨。若考虑土地利用、土地利用变化与林业（Land Use, Land-Use Change and Forestry，LULUCF）带来的吸收

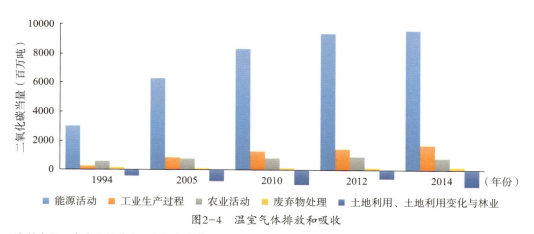

图2-4　温室气体排放和吸收

资料来源：中华人民共和国气候变化第一次两年更新报告，2016。

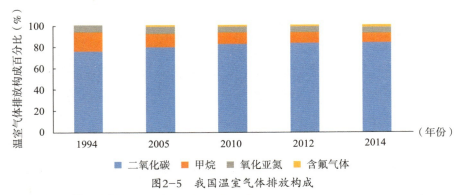

图2-5 我国温室气体排放构成

资料来源：中华人民共和国气候变化第一次两年更新报告，2016。

量，则二氧化碳排放占比为81.6%。

工业生产过程的二氧化碳主要集中于非金属矿物制品、金属冶炼、化工，占比分别约为70%、20%、10%。2014年我国工业生产过程排放13.3亿吨二氧化碳，其中非金属矿物制品排放9.15亿吨（主要为水泥），占68.8%；金属冶炼排放2.73亿吨，占20.5%；化学工业排放1.42亿吨，占10.7%。

能源相关的二氧化碳排放中，可分为供给端和需求端来拆解其结构。供给端，煤炭、石油、天然气排放占比分别为76.6%、17%、6.4%。根据全球碳计划（Global Carbon Project）初步测算，2020年中国煤炭、石油、天然气二氧化碳排放量分别约为72亿吨、16亿吨、6亿吨，总计94亿吨，与清华大学气候变化与可持续发展研究院（以下简称清华气候院）发布的总量数据（100.3亿吨）相近。需求端，电力、工业、建筑、交通排放占比大致为"4-4-1-1"关系。根据清华气候院发布的《中国长期低碳发展战略与转型路径研究》综合报告，2020年电力、工业、建筑、交通四部门二氧化碳排放占比分别为40.5%、37.6%、10.0%、9.9%（图2-6）。

（二）中国控制温室气体排放的行动与成效

我国在2009年12月，首次向国际社会宣布到2020年单位国内生产总值二氧化碳排放比2005年下降40%～45%，该目标一般被业内简称为碳强度，随后被纳入《"十二五"控制温室气体排放工作方案》《"十二五"节能减排综合性工作方案》《节能减排"十二五"规划》《2014—2015年节能减排低碳发展行动方案》《国家应对气候变化规划（2014—2020年）》和《"十三五"控制温室气体排放工作方案》等重要政策

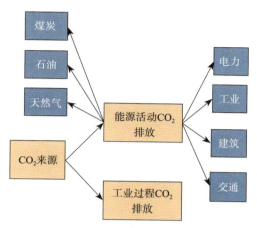

图2-6　我国二氧化碳排放构成

资料来源：中国长期低碳发展战略与转型路径研究，2020年。

文件。碳强度成为"十二五""十三五"国民经济和社会发展规划纲要中重要的约束性目标，成为绿色低碳发展和生态文明建设中的重要内容。2016年6月，中国再次根据自身国情、发展阶段、可持续发展战略和国际责任担当，提出了到2030年单位国内生产总值（GDP）二氧化碳排放比2005年下降60%～65%，将碳强度目标正式作为第一次国家自主贡献的重要目标之一。碳强度目标的提出充分体现了"共同但有区别"的责任原则，既体现了与发达国家全经济范围绝对减排目标的差异，又体现了我国作为发展中大国的积极姿态，一度成为国际社会衡量中国低碳发展成效最为显著的标志。

"十三五"期间，中国应对气候变化工作取得显著成效，并于2018年提前完成2020年的目标。一是温室气体排放得到有效控制，如图2-7所示。全国单位GDP的二氧化碳排放量持续下降，基本扭转了二氧化碳排放总量快速增长的局面，截至2019年年底，碳排放强度比2015年下降18.2%，提前完成了"十三五"约束性目标。碳强度比2005年降低48.1%，非化石能源占能源消费比重达到15.3%，都已经提前完成了中国向国际社会承诺的2020年目标。二是重点领域节能工作进展顺利。2019年中国规模以上企业单位工业增加值能耗比2015年累计下降超过15%，相当于节能4.8亿吨标准煤，节约能源的成本大约为4000亿元。中国绿色建筑占城镇新建民用建筑的比例达到60%，通过城镇既有居民居住建筑的节能改造，提升建筑运行效率，有效地改善了人居环境，惠及2100多万户居民。2010年以来，中国新能源汽车快速增长，销量占全球

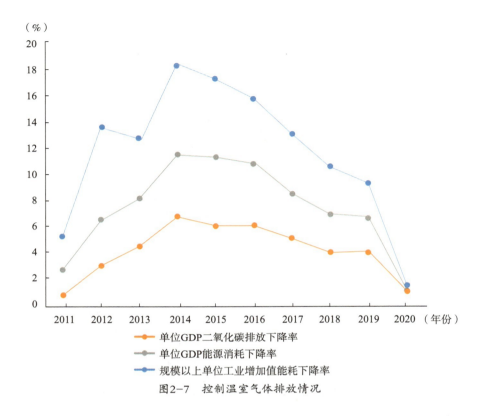

图2-7 控制温室气体排放情况

新能源汽车的55%，目前中国也是全球新能源汽车保有量最多的国家。三是可再生能源快速发展。"十三五"以来，可再生能源装机年均增长大约为12%，新增装机年度占比超过50%，总装机占比稳步提升，成为能源转型的重要组成和未来电力增量的主体，其中风电和太阳能发电等新能源发展迅速，成为可再生能源发展主体。

第四节　全球气候治理趋势

一、碳中和共识

（一）科学内涵

经过多年的努力，公约缔约方达成《巴黎协定》，提出在21世纪末将全球的温升与工业化之前相比较控制在2℃，并为控制在1.5℃以内而努力。实现这一目标的措施就是在全球范围内使人为活动排放的温室气体总量与大自然吸收总量相平衡，即"碳中和"（Carbon Neutrality）。为了实现这一目标，缔约方各国已向联合国更新了提高力度的2030年减排目标报告，提交了面向21世纪中叶的国家低排放战略。

　　作为应对气候变化的主要目标，碳中和的本质是发展方式的转型，即告别资源依赖，走向技术依赖，因为资源依赖型的发展模式不可持续。而技术是不断进步的，可以产生叠加和累积效应，使发展成本不断下降，因此技术依赖型的发展模式可以被学习、模仿、共享，并且是可持续的发展模式。

　　（二）碳中和共识与全球气候治理新格局

　　全球二氧化碳排放总量总体呈现上升趋势。根据英国石油公司（British Petroleum，BP）于2021年7月发布的《BP世界能源统计年鉴》第70版，全球二氧化碳排放总量持续增加，由1965年的11189.7百万吨增加至2020年的31983.6百万吨，其中2020年因受到全球经济大形势和新冠肺炎疫情等因素的影响而出现负增长，同比下降6.3%。以经济合作与发展组织（Organization for Economic Co-operation and Development，OECD）国家作为对比对象，纳入经济合作与发展组织国家的二氧化碳排放占全球的比重持续下降，从1965年的68.82%下降至2020年的33.55%；反之，非经济合作与发展组织国家的二氧化碳排放占全球的比重持续上升，从1965年的31.18%增加至66.45%（图2-8、图2-9）。

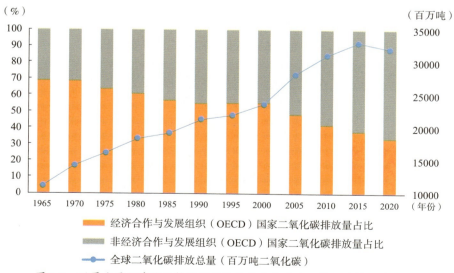

图2-8　世界主要经济体二氧化碳排放量占比及全球二氧化碳排放总量

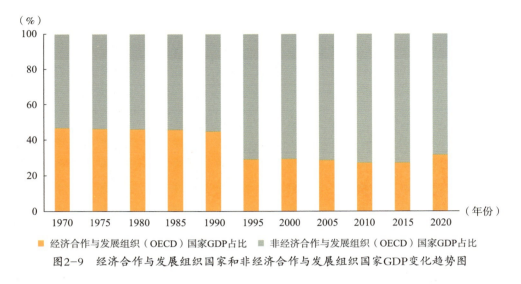

图2-9　经济合作与发展组织国家和非经济合作与发展组织国家GDP变化趋势图

世界主要国家及集团自主贡献减缓目标。要避免全球进一步变暖，各国必须推行"净零计划"：二氧化碳去除技术是帮助实现净零排放的重要工具，但只有在实现快速、深度减排的前提下，这类技术的应用才会有效。根据国家应对气候变化战略研究和国际合作中心编制的《2020中国应对气候变化数据手册》，世界主要国家及集团自主贡献减缓目标总体分为"总量下降""碳强度下降""碳排放达峰""相对减排"四种类型，并确定2030年为目标年，提出各自温室气体减排目标，具体如表2-1所示。

表2-1　世界主要国家及集团自主贡献减缓目标

国家/集团	目标类型	目标
美国	总量下降	2030年净温室气体排放比2005年下降50%～52%
日本		2030年净温室气体排放比2013年下降26%
德国		2030年净温室气体排放比1990年下降至少55%
法国		2030年净温室气体排放比1990年下降至少55%
英国		2030年净温室气体排放比1990年下降至少68%
意大利		2030年净温室气体排放比1990年下降至少55%
加拿大		2030年净温室气体排放比2005年下降30%
俄罗斯		2030年净温室气体排放比1990年下降30%

续表

国家/集团	目标类型	目标
欧盟	总量下降	2030年净温室气体排放比1990年下降至少55%
澳大利亚		2030年净温室气体排放比2005年下降26%~28%
巴西		2025年净温室气体排放比2005年下降37%；2030年净温室气体排放比2005年下降43%
新西兰		2050年温室气体（不包括生物甲烷）净排放量减少至0，生物甲烷相比2017年下降24%~47%
中国	碳强度下降	2030年净温室气体排放比2005年下降60%~65%
印度		2030年净温室气体排放比2005年下降33%~35%
新加坡		2030年左右温室气体排放量达到65MtCO₂e的峰值
南非	碳排放达峰	398~614MtCO₂e
阿根廷	相对减排	2030年净排放量不超过359MtCO₂e
印度尼西亚		无条件下29%；有条件下41%
墨西哥		无条件下22%；有条件下36%
土耳其		21%
韩国		2030年净温室气体排放比2017年下降24.4%

　　《巴黎协定》批约情况。截至2021年2月23日，全球已有191个缔约方（国家和地区）批约《巴黎协定》，累计温室气体排放占比达到97.11%，其中温室气体排放占比排名前五的缔约方分别是中国（20.09%）、美国（17.89%）、欧盟（12.08%）、俄罗斯（7.53%）、日本（3.79%）。美国于2016年9月首次加入《巴黎协定》，并于2020年11月正式退出。2021年1月，约瑟夫·拜登就任总统首日签署行政令，宣布美国将重新加入应对气候变化的《巴黎协定》。

　　目前，全球越来越多的经济体正在将碳减排行动转化为战略，通过法律规定、立法草案或议案、政策宣示、提交联合国的长期战略、执政党协议或政府工作计划以及行政命令等多种承诺方式，做出碳中和目标承诺，已有包括美国、欧盟、英国、日本等在内的超过130多个经济体做出碳中和承诺，其中欧盟最先制定长期减排目标，已有多个成员国提出碳中和目标年。比如①美国：制定了《美国2050年深度脱碳战略》。到2050年，温室气体排放相比2005年至少减少80%。优先支持清洁能源创新，并提出了电力、建筑、交通、工业等领域的减排措施和愿景。②欧盟：制定了《欧盟及其成员国长期温室气体低排放发展战略》和《欧洲气候法》，提出2050年前实现碳中和。③英国：2050年相比1990年水平，减少温室气体80%，并提出了清洁增长战略以及低碳交通、清洁智能化灵活电力等措施；④日本：发布了《2050年碳中和绿色增长战略》，多途径促进能源供应清洁化，应用新技术加快重点行业减排脱碳，发展绿色产业，推动生活方式低碳化，面向碳中和设立投资促进税。此外，还有州政府（美国加利福尼亚州）、城市（芬兰赫尔辛基）等自发加入低碳发展战略，提出碳中和目标，并制定相应的实施举措。

专　栏

2017年6月1日，美国时任总统特朗普宣布退出《巴黎协定》，在世界范围内掀起轩然大波。他认为，第一，《巴黎协定》会削弱美国的竞争力，并导致工作岗位流失。第二，《巴黎协定》会造成美国经济损失，他援引美国国家经济研究协会经济咨询公司发布的报告称，预计到2040年，美国经济损失近3万亿美元，损失650万个工业部门岗位。第三，《巴黎协定》条款对美国不公平，是其他国家试图令美国处于劣势的方法。在他看来，中国可以被允许新建上百个煤炭厂，可以继续增加排放，印度可以翻番其煤炭产量，甚至连欧洲都被允许继续建设煤炭厂，但美国却不行，这是"将美国的财富，重新分配到其他国家"。

二、碳中和目标与企业行动

一些国际大型企业纷纷宣布开始提出自己应对气候变化的目标。在全球范围内，已有超过800家企业提出了相应目标和举措。

（一）油气领域

挪威石油、BP、荷兰皇家壳牌集团、道达尔、雷普索尔等欧洲油气公司2020年以来相继提出了到2050年实现"净零碳排放"的目标，其中挪威石油提出力争在

2050年实现其陆上炼油厂与海上油田绝对碳排放为零；BP提出在所有集团业务与油气生产项目上，以绝对减排为基础实现净零排放，并将销售产品的碳强度降低50%；荷兰皇家壳牌集团计划最迟在2050年实现生产与电力消费净零排放，且能源产品碳强度下降65%；道达尔的净零排放范围除全球业务层面以外，还包括欧洲地区生产与能源产品及世界其他地区的能源产品碳强度也将下降60%；埃克森美孚公司提出2025年实现净零排放。

（二）钢铁领域

从全球钢铁来看，2019年国际能源署发布了钢铁低碳技术路线图，从短期来看，还需依靠改进传统工艺流程，特别是提高工艺效率；从中长期来看，必须通过碳捕集、利用与封存（Carbon Capture，Utilization and Storage，CCUS）的运用，实现钢铁行业的技术革命。美国通过大量应用废钢和CCUS技术来实现钢铁行业的低碳发展，特别是到2050年美国的电炉钢比例将从现在的70%提高到90%以上；瑞典钢铁行业提出到2045年完全按照无化石能源的路线，主要是通过直接还原铁、制氢、储氢等途径来实现低碳发展；韩国浦项制铁公司（Pohang Iron and Steel Co. Ltd，POSCO）提出通过智能化、部分氢还原、废钢利用、CCUS、氢基冶炼实现低碳发展；日本钢铁联盟通过焦炉煤气氢分离技术还原铁矿石和高炉煤气胺净化技术吸附分离捕集高炉二氧化碳，以实现低碳发展；印度塔塔钢铁公司提出未来十年内将碳排放降低到30%~40%，也是通过直接利用煤粉和粉矿的熔融还原技术和CCUS技术来实现低碳发展。

（三）环境领域

威立雅环境集团在能源管理、生物质、资源回收等许多领域提供低碳解决方案，包括工业和建筑的能效提升、生物质能、废弃物能源再生、余热回收及材料回收等综合利用。美国废物管理公司当前将减少温室气体排放作为首要目标，主要通过使用清洁能源、回收废弃物、优化垃圾处理工艺过程、生产可再生能源（如沼气发电）、帮助工业客户减少资源浪费等途径减少温室气体排放。中国光大环境（集团）有限公司作为中国最大环境企业和全球最大垃圾投资运营商，同时也是中国最大的负碳环保企业，2020年碳排放为-400万吨，公司正在积极推进"三碳"行动计划，即发展"负碳"企业，打造"零碳"工厂，倡导"低碳"生活。

（四）民用航空领域

波音公司明确表示，到2030年，其商用飞机将使用100%的可持续航空生物燃料，减少飞机碳排放，用纯生物燃料取代石油燃料。劳斯莱斯公司通过给民用和商务航空公司供应全电动或混合动力飞机、给城市安装小型模块化核反应堆的方式，助力实现碳中和目标；承诺到2025年，用于低碳技术的研发资金从当前的50%提高到75%，到2030年提高到100%，21世纪末实现只销售"净零兼容"产品的目标。大众汽车公司计划2033年至2035年，在欧洲的生产线上逐步淘汰燃油汽车，其在美国和中国的市场稍后也将采取类似举措。

参考文献

［1］王仁宏.《中国气候变化蓝皮书（2021）》［EB/OL］.（2021-12-05）［2022-05-09］.
http://env.people.com.cn/n1/2021/0805/c1010-32182359.html.

［2］张凤春. 气候变化从哪些方面影响生物多样性？［N］. 中国环境报社，2021-07-
21（5）.

［3］中华人民共和国自然资源部海洋预警监测司. 2020中国海平面公报［R］. 北京：
中华人民共和国自然资源部海洋预警监测司，2021：31-32.

［4］中华人民共和国生态环境部. 2020年中国生态环境状况公报［R］. 中华人民共和
国生态环境部，2021：18-19.

［5］章杰，鱼京善，来文立. 全球变暖背景下极端降水变化率与气温的响应关系［J］.
北京师范大学学报：自然科学版，2017，053（006）：722-726.

［6］IPCC. 气候变化中的海洋和冰冻圈特别报告［R］. 摩纳哥：IPCC，2019：4-10.

［7］秦大河. 应对气候变化加强冰冻圈灾害综合风险管理［J］. 中国减灾，2017（01）：
12-13.

［8］中华人民共和国自然资源部海洋预警监测司. 2020中国海洋灾害公报［R］. 北京：
中华人民共和国自然资源部海洋预警监测司，2021：13-14.

［9］王友绍. 全球气候变化对红树林生态系统的影响、挑战与机遇［J］. 热带海洋学
报，2021，40（03）：1-14.

［10］赵彦茜，肖登攀，柏会子，等. 中国作物物候对气候变化的响应与适应研究进展
［J］. 地理科学进展，2019，38（02）：224-235.

［11］马晓惠. 从《寂静的春天》到《我们共同的未来》——可持续发展概念的形成与
发展［J］. 海洋世界，2012，（06）：22-24.

［12］陈其针，王文涛，卫新锋，等. IPCC的成立、机制、影响及争议［J］. 中国人
口·资源与环境，2020，30（05）：3-4.

［13］IPCCAR5.Inter government alpanelon climate change climate change 2013 fifth assessment
report（AR5）［R］. UK: Cambridge University Press, 2013: 23-25.

［14］樊星，王际杰，王田，等. 马德里气候大会盘点及全球气候治理展望［J］. 气候
变化研究进展，2020，16（03）：1-6.

［15］解振华. 坚持积极应对气候变化战略定力继续做全球生态文明建设的重要参与
者、贡献者和引领者——纪念《巴黎协定》达成五周年［R］. 环境与可持续发
展，2021，46（01）：3-10.

［16］高翔，樊星.《巴黎协定》国家自主贡献信息、核算规则及评估［J］. 中国人
口·资源与环境，2020，30（05）：1-7.

［17］夏云峰. 2020年全球可再生能源累计装机接近2800GW［J］. 风能，2021（4）：1-10.

［18］巢清尘，张永香，高翔，等. 巴黎协定：全球气候治理的新起点［J］. 气候变化研究进展，2016，12（01）：3-7.

［19］王田，李俊峰.《巴黎协定》后的全球低碳"马拉松"进程［J］. 国际问题研究，2016（01）：0120-01210.

［20］巢清尘. 碳达峰和碳中和的科学内涵及我国的政策措施［J］. 环境与可持续发展，2021，46（02）：1-6.

［21］中华人民共和国生态环境部. 中华人民共和国气候变化第二次两年更新报告［R］. 中华人民共和国生态环境部，2018：23-24.

第三章

减污降碳协同

■ 引 言 ■

　　生态环境与气候变化息息相关，因此，应对气候变化与生态环境保护必须考虑二者的协同关系，在制定相关治理政策的过程中，强化源头治理、整体治理、系统治理和协同治理，最大限度地发挥应对气候治理与环境保护的协同作用。

　　2021年4月，习近平总书记在主持中共中央政治局第二十九次集体学习时强调："'十四五'时期，我国生态文明建设进入了以降碳为重点战略方向、推动减污降碳协同增效、促进经济社会发展全面绿色转型、实现生态环境质量改善由量变到质变的关键时期；要把实现减污降碳协同增效作为促进经济社会发展全面绿色转型的总抓手。"减污降碳协同增效已成为国家意志，"十四五"时期，我国生态环境保护将进入减污降碳协同增效的新阶段。如何理解减污降碳协同治理的基本内涵？在全球达成碳中和共识的背景下，如何实现环境保护与气候治理的协同？本章将从应对气候变化与生态环境保护的协同效应、环境保护与碳中和、减污降碳协同增效三个层次予以阐述。在此基础上，从国家层面、企业角度，梳理介绍近二十年来中国政府减污降碳协同增效的政策演变，以及国际知名环保企业在减污降碳协同增效方面的典型实践。

第一节　生态环境与气候变化

一、生态环境治理与应对气候变化的协同效应

（一）气候变化与环境问题的联系

气候变化问题最初是作为环境问题，被科学家研究和讨论。直到20世纪90年代

以后，气候变化才逐渐被国际社会重视，与能源和环境成为当今世界关联密切的三大焦点、热点和难点问题。环境问题和气候变化是伴随着工业文明的进步而共同发展的，在人类进入工业化社会的数百年里，各种能源和资源被大量开发利用，不仅产生了诸如酸雨、大气污染等传统的生态环境问题，同时还造成了大气中温室气体浓度的增加，导致气候变化，使人类赖以生存的地球大气、水体和土壤系统面临重大灾害的威胁。

气候变化与大气污染的同根同源性。1990年，联合国政府间气候变化专门委员会（IPCC）在发布的《第一次气候变化科学评估报告》中指出，空气污染物，例如颗粒物、二氧化硫等会间接和直接地影响气候变化，而这些空气污染物往往和二氧化碳、甲烷、卤化物等温室气体同根同源并混合在一起，这些污染物被排放后，会以复杂的方式相互作用，从而影响气候系统并污染空气。另据国际能源署2016年报告，效率低下的能源生产和利用过程产生了85%的颗粒物和几乎所有的硫氧化物和氮氧化物。这些都印证了气候变化与大气污染的同根同源性。

大气污染对温室效应的抵消作用。作为大气污染物的主要成分，大气气溶胶是$PM_{2.5}$、PM_{10}等颗粒物和二氧化硫、氮氧化物、臭氧等各类有害气体组成的混合物。气溶胶的气候效应要比温室气体复杂得多。例如，像硫酸盐等散射型气溶胶可以增加行星反射率，对整层大气起到降温作用，而像黑碳等吸收型气溶胶可以吸收太阳辐射，使得气溶胶所在大气增暖，到达地面的太阳辐射减少，地面降温。因此，气溶胶的环境和气候效应可能是一把双刃剑：改善气溶胶污染，有利于环境和人类健康，但气溶胶减少导致其冷却效应衰减，可能会加速全球变暖。当然，气溶胶种类复杂，其对气候的影响机制也很复杂，仍然需要科学家的深入探索。

环境空气质量除了受局地大气污染物排放的影响之外，也与区域乃至全球的气候环境息息相关。一方面，气候变化会影响各类大气污染物的排放及其在大气中的二次反应环境，进而影响二次污染物的生成，例如，臭氧浓度与温度的强烈相关性在污染地区普遍存在，这类大气污染对全球变暖存在着潜在敏感性，由此气温升高会导致臭氧浓度上升。另一方面，气候变化会干扰温度、湿度、降雨等气象因素，进而影响大气污染物的环境容量。有研究指出，全球变暖会改变区域大气环流结构，进而导致冬季大量来自工业与机动车排放的空气污染物不能通过水平扩散或垂直混合来有效清除，从而使污染物大量累积并导致雾霾天气产生。

IPCC《全球升温1.5℃特别报告》强调气候变化、空气污染和可持续发展密切相关。空气污染和气候变化的内在联系意味着，为应对气候变化或减少空气污染而采取的许多措施对于可持续发展和减缓气候变化来说，可能会在短期内带来多重效益。然而，有些措施可能会在取得某些减排效果和环境效益的同时，导致新的环境问题或社会问题产生，从而对其他可持续发展目标产生负面影响。例如，发展核电可以大幅度降低火电产生的温室气体排放，减少大气污染，但是过快发展核电也将导致核废料的处置等一系列环境问题；生物质能源是一种清洁低碳能源，但是盲目快速发展也会引发其与粮食争地等矛盾。如果在制定政策时没有考虑到这些内在联系，可能会在无意中增加环境治理成本。了解这些因素之间的关系非常关键，它可以帮助决策者筛选应对气候变化和生态环境保护政策，最大限度地发挥应对气候变化与环境保护的协同作用。

（二）应对气候变化与环境的协同效应

伴生效应（Ancillary Benefits）、次生效应（Secondary Benefits）、协同效应（Co-Benefits）都是在国际社会共同应对气候变化过程中应运而生的概念，是指在实施温室气体减排时附带产生了传统大气污染物减排及人群健康等效益，或者在实施传统污染物减排过程中同时产生了温室气体减排效益。IPCC第二次评估报告中使用了伴生效应和次生效应概念，描述了在控制温室气体的同时所产生的传统大气污染物减排效益。IPCC第三次评估报告首次明确提出了协同效应的概念，即温室气体减排政策的非气候效益，这些效益需要在政策设计之初就被明确纳入目标，而伴生效应则是指随着主要政策实施而附加产生的一些其他效应。IPCC第五次评估报告将协同效应区分为积极的协同效应和消极的协同效应。IPCC《全球升温1.5℃特别报告》则将协同效应的概念进一步聚焦在积极影响方面："协同效应是指实现某一目标的政策或措施对其他目标可能产生的积极影响，从而增加社会或环境的总效益"。

近期的许多研究表明，温室气体减排行动可以通过改善公众健康和生态系统的可持续性，对经济和社会福利产生积极影响。例如，一项模型分析发现，若实现《巴黎协定》下各国提交的自主减排目标，印度将是全球健康收益最大的国家。由于其人口众多，空气污染严重，温室气体减排将带来巨大的空气质量改善和健康收益，后者的大小可以完全抵消其减排成本，并最终获得3.28万亿～8.4万亿美元的净收益。根据世界卫生组织（WHO）的研究成果，如果《巴黎协定》下2℃以内的升温目标得以实现，到2050年，全球仅通过温室气体减排协同减少空气污染，就可以每年避免100多万人早逝，其健康收益将是减排成本的两倍。

反之，大气污染物减排政策措施对于温室气体减排同样具有协同效益。例如，由联合国环境规划署（UNEP）实施的一项对亚太地区空气污染和减缓气候变化的综合评估发现，通过在东亚和南亚实施25项大气污染控制措施，不仅能够提高大气环境质量水平，还能够保证食品、水体、土壤等的安全，提高生物多样性，并可实现到2050年全球减少近20%的二氧化碳排放。有学者研究了旨在降低伦敦交通拥堵程度和改善空气质量的收费方案的碳减排效益，结果表明，交通拥堵收费方案实施后，不仅降低了氮氧化物、PM_{10}的污染物水平，还减少了私家车辆的行驶里程，增加了公交车的使用量，实现了二氧化碳减排20%。

需要指出的是，大多数关于气候政策和环保政策的协同效应研究，目前主要包括如公众健康改善等易于计算的协同效应，而由于一些环境和气候效益难以货币化，例如生态系统、水资源和自然环境恢复力的改善，由于避免气候引发的灾害和极端天气事件所增加的经济效益等，这些在模型中很难得以量化体现。因此，环境和气候协同效应的实际经济价值可能高于这些研究中所估计的价值。

二、环境治理与碳中和

应对气候变化与生态环境保护的协同关系，要求在生态环境保护过程中，以碳中和目标为导向，强化源头治理、整体治理、系统治理和协同治理。

（一）环境治理强调各生产要素的协同治理

中国在推进生态环境保护中，坚持从生态系统整体性出发，强化山水林田湖草等各种生态要素的协同治理。其总体思路是"提气、降碳、强生态，增水、固土、防风险"。"提气"就是以细颗粒物（$PM_{2.5}$）和臭氧协同控制为主线，进一步降低$PM_{2.5}$和臭氧浓度，提升空气质量。"降碳"就是降低碳排放，制定二氧化碳排放达峰行动方案，支持有条件的地方率先达峰。"强生态"就是统筹山水林田湖草系统修复和治理，强化生态监管体系，坚决守住自然生态安全边界。"增水"就是以水生态改善为核心，统筹水资源、水生态、水环境治理，继续增加好水，增加生态水，提升水生态，大力推进美丽河湖、美丽海湾建设。"固土"就是以土壤安全利用、强化危险废物监管与利用处置为重点，持续实施土壤污染防治行动计划。"防风险"就是牢固树立底线意识、风险意识，紧盯"一废一库一品"（危险废物、尾矿库、化学品）等领域，有效防范和化解生态环境风险。

（二）环境治理助力实现碳中和目标

应对气候变化、降低碳排放是全球可持续发展的内在要求，与当下世界各国碳中和共识协同共进。环境保护工作是推动经济结构绿色转型，加快形成绿色生产方式和生活方式，助推高质量发展的重要路径；解决生态环境问题的根本在于调整高碳的能源结构，解决高碳重化工产业结构问题，降碳可以与环境质量改善产生显著的协同效应；同时，环境保护有利于保护生物多样性，提升生态系统服务功能；生态环境保护工作最终会减缓气候变化带来的不利影响，降低对经济社会造成的损失，向着零碳、碳中和的目标迈进。

三、减污降碳协同治理

对实现协同效应必要性认识的提升，对于综合治理气候问题和环境问题具有重要意义，由此产生了"协同治理"的概念。其本质是多目标下的系统成本效益最优，即在推动应对气候变化与环境污染治理协同效应过程中，寻找成本最小而系统效益最优的路径，通过控制温室气体排放措施与主要污染物减排措施的优化组合，实现既定的应对气候变化与环境质量改善目标。

气候与环境协同治理可以协调全球温升目标与国家或地方层面的政策议题，在应对气候变化框架下减少温室气体排放、控制环境污染、实现可持续发展。协同治理应该基于对这些环境和气候议题特点的充分理解，尤其是要充分考虑到两者的不协同性。例如，环境问题和气候变化有不同的时空范围。空气污染对人类健康和生态系统的影响是局部的、短期的，但气候变化的影响是全球的、中长期的，并且是具有累积效应的，因此在制定政策的早期阶段应该考虑短期和长期行动。再例如，污染物减排和温室气体减排的末端治理措施明显不同，甚至在实现两类减排目标的过程中存在"跷跷板"效应。

鉴于此，必须选择适当的减排路径，制定有效的规划目标，才能达到协同治理目的。一是需要考虑优先排序。在追求多目标下系统成本效益最优的过程中，要坚持先易后难、先协同措施后额外措施等原则。同时也要注意，协同是手段，不是目标，能协同则协同，不能协同也不用刻意追求，要抓主要矛盾。一般来说，谁的约束性更强，谁的目标更高，谁就将占据主导地位。二是要注重多维度协同。要加强全局性谋划，统筹考虑气候、环境发展目标与其他经济社会发展目标之间的协同关系，实现发展质量、结构、规模、速度、效益和安全等方面的协同。

自20世纪90年代初开始，由于综合评估、工具和良好实践越来越多，国际社会对协同治理措施解决气候、环境和发展的关注度大大增加。目前部分国家已经开展了协同治理气候和空气污染的行动。近年来，我国对于温室气体减排和空气污染控制也采取了系列措施，并已经成为我国应对气候变化、向更清洁的能源和绿色经济结构转型、实现可持续发展目标的重要驱动力。

第二节　中国减污降碳协同治理行动

中国具备较好的减污降碳协同基础。2015年修订的《中华人民共和国大气污染防治法》增设专门条款，要求实施大气污染物和温室气体协同控制。2018年党和国家机构改革，把应对气候变化职能调整至新组建的生态环境部，在体制机制上打通了大气污染物和温室气体的管控。近年来实施的《大气污染防治行动计划》《打赢蓝天保卫战三年行动计划》，大力推进污染物减排和环境质量改善，协同推动能耗强度和碳排放强度下降，积累了不少经验。近二十年来，我国政府在推动气候和环境问题的协同治理政策方面，做了很多工作。

一、协同治理政策法规

（一）国家五年规划要求

中华人民共和国国民经济和社会发展五年规划纲要（简称"五年规划"）是中国最重要的国家战略规划。五年规划会明确未来五年的经济社会发展目标、主要任务和重大举措。自"十五"（2001—2005年）以来，历次五年规划目标都在不同程度上体现出气候与环境协同治理的理念，采用命令控制型政策来推动治污和减碳协同治理措施的目标协同。如表3-1所示。

表3-1　中国五年规划中对温室气体和大气污染物的控制指标

指标	"十一五"规划	"十二五"规划	"十三五"规划	"十四五"规划
非化石能源占一次能源消费比重	—	11.4%	15.0%	20%左右
单位GDP能源消耗降低	20.0%	16.0%	15.0%	13.5%
单位GDP二氧化碳排放降低	—	17.0%	18.0%	18.0%
二氧化硫排放总量减少	10.0%	8.0%	15.0%	—
氮氧化物排放总量减少	—	10.0%	15.0%	—
细颗粒物（$PM_{2.5}$）未达标地级及以上城市浓度下降	—	—	18.0%	
地级及以上城市空气质量优良天数比率	—	—	>80.0%	87.5%
重点地区重点行业VOCs排放总量减少			10.0%	

　　"十五"规划制定了与环境和气候相关的目标，包括主要污染物排放总量减少（主要是二氧化硫）和森林覆盖率提高等。森林覆盖率目标在"十五"期间顺利完成，但是二氧化硫排放量不降反升，2005年比2000年上升了27.8%。这在很大程度上促使中国实行更加严格的节能减排措施，也促进了环境约束性目标的出现。

　　从"十一五"规划开始，我国将经济和社会发展量化指标划分为"预期性指标"和"约束性指标"两大类，约束性指标是政府对人民的承诺，是在预期性基础上进一步强化政府责任的指标。"十一五"规划规定了"单位国内生产总值能源消耗降低比例"和二氧化硫总量目标，并首次将二氧化硫排放量纳入国家约束性总量控制目标。"十一五"之后，五年规划中的大多数环境和气候目标都被列为"约束性指标"。

　　2009年，在哥本哈根世界气候大会（COP15）之前，我国政府承诺，到2020年我国单位国内生产总值二氧化碳排放比2005年下降40%～45%。由此，该目标作为约束性指标被纳入了"十二五"规划，体现为两个新增指标："单位国内生产总值二氧化碳排放降低比例"和"非化石能源占一次能源消费比重"，另外主要污染物的控制目标中还新增了对氮氧化物总量的控制。"十二五"规划中同时体现了温室气体和大气污染物两方面的治理目标。

考虑到改善空气质量的迫切需求，我国政府在"十三五"规划中又增加了两个新的指标："地级及以上城市空气质量优良天数比率"和"细颗粒物（$PM_{2.5}$）未达标地级及以上城市浓度下降"，这反映了我国环境治理模式从以量控制为核心向以环境质量改善为核心的转变。"单位国内生产总值二氧化碳排放降低比例"和"非化石能源占一次能源消费比重"两个指标在"十三五"规划中仍然作为约束性指标。

在"十四五"规划中，"绿色生态"类取代"十三五"规划中的"资源环境"类，此类指标全部为约束性指标，虽然指标数由原来的10项减到5项，但个个分量十足，充分彰显经济发展的"绿色低碳"底蕴。在指标设置上，碳达峰导向性更强，更有针对性，在目标值设置上，充分考虑到了"十三五"时期生态环境明显改善的实际情况，均包含了气候和环境两方面的治理目标。

（二）行政规制政策

在我国生态环境政策体系中，行政规制政策手段发挥着主要作用。从政策手段来看，我国政府通过压减过剩产能、实施清洁取暖替代、淘汰燃煤小锅炉、实施煤炭消费总量控制、淘汰黄标车与老旧车辆等政策措施，大力推进大气污染物减排。这些初期政策虽然没有明确将温室气体减排作为直接政策目标，但是具有间接降碳效果，协同推动了碳排放强度下降，为气候和环境协同治理提供了较好基础。随着生态环境保护工作的深入开展，相关政策开始将协同温室气体减排纳入政策目标范围。

2018年修正的《中华人民共和国大气污染防治法》第二条中明确规定"对颗粒物、二氧化硫、氮氧化物、挥发性有机物、氨等大气污染物和温室气体实施协同控制"。2018年国务院印发的《打赢蓝天保卫战三年行动计划》在目标指标中明确"经过三年努力，大幅减少主要大气污染物排放总量，协同减少温室气体排放"。2019年生态环境部发布《中国应对气候变化的政策与行动2019年度报告》，首次以独立章节对"加强温室气体与大气污染物协同控制"加以阐述。

随着法律法规的不断完善，我国的管理机构与管理机制建设也在不断调整完善。2018年以前，我国大气污染防治和应对气候变化工作分别由原环境保护部和国家发展改革委两个部门牵头负责，监管部门职责分散化、行政管理条块化的特征对协同治理政策的制定、实施和监管带来了不利影响。2018年，原环境保护部改组为生态环境部，国家发展改革委应对气候变化司转隶到生态环境部，强化了应对气候变化工作与生态环境保护工作的统筹协调，这是进一步增强应对气候变化与环境污染防治工作的协同性，增强生态环境保护整体性的重大制度安排，我国生态环境工作进入"统一负责"和"大生态监管"阶段。

二、协同治理市场手段

（一）市场化政策支撑

市场手段可以为气候和环境协同治理提供动力机制和长效激励的经济政策，主要包括财政补贴、税收和金融等政策，交易型政策尚未全面展开，生态补偿政策力度较弱。近年来，我国在产业结构调整、环境污染治理、应对气候变化、生态保护等领域均有相关政策出台。

在财政补贴方面，财政逐年加大对生态环境保护的投入。2016—2018年，全国财政生态环境保护相关支出累计安排24510亿元，年均增长14.8%。工业企业结构调整专项奖补资金支持力度不断提升，2016—2018年中央财政累计安排近580亿元。对于可再生能源、新能源汽车、清洁取暖、绿色建筑、生态保护方面的资金补助政策导向性强，推动污染物和温室气体减排的效果明显。在税收方面，节能企业所得税优惠、煤炭高效利用税收优惠等税收减免政策刺激了能源节约、节能环保产业发展。在绿色金融方面，以信贷政策为主，通过加大对循环经济、可再生能源、绿色交通等绿色环保项目的支持，为气候与环境协同治理提供了重要支撑。

在生态环境权益交易政策方面，从2013年起，我国在北京、上海、天津、重庆、湖北、广东、深圳等省市开展了碳排放权交易试点工作，2016年，福建省因建设生态文明示范区而启动区域碳交易。截至2020年年底，8个试点地方碳市场配额现货累计成交4.45亿吨二氧化碳当量，成交额104.31亿元。2021年年初，生态环境部公布《碳排放权交易管理办法（试行）》和《2019—2020年全国碳排放权交易配额总量设定与分配实施方案（发电行业）》，并宣布全国碳市场首个履约周期正式启动，将2200多家发电企业纳入配额管理。2021年7月16日，全国碳排放权交易市场正式开始上线交易。同时，国家主管部门也在深入探索用能权、排污权等资源环境权益市场，虽然在政策目标和手段措施上尚未实现协同，但是部分达到了气候与环境协同治理效果。

（二）减污降碳协同增效的明确提出

我国政府宣布"双碳"战略目标之后，"减污降碳协同增效"在党中央重要会议中被频频提起。2021年4月30日，习近平总书记在主持中共中央政治局第二十九次集体学习时强调："'十四五'时期，我国生态文明建设进入了以降碳为重点战略方向、推动减污降碳协同增效、促进经济社会发展全面绿色转型、实现生态环境质量改善由量变到质变的关键时期；要把实现减污降碳协同增效作为促进经济社会发展全面绿色转型的总抓手。"

这是继2020年12月中央经济工作会议提出"要继续打好污染防治攻坚战，实现减污降碳协同效应"，"十四五"规划纲要提出"协同推进减污降碳"以及2021年3月15日中央财经委员会第九次会议强调"要实施重点行业领域减污降碳行动"后，对"减污降碳协同增效"的再次强调。可以看出，减污降碳协同增效已成为国家意志，"十四五"时期，我国生态环境保护将进入减污降碳协同增效的新阶段。

为落实党中央的重要决策，2021年年初，生态环境部发布《关于统筹和加强应对气候变化与生态环境保护相关工作的指导意见》，明确了统筹加强应对气候变化与生态环境保护的主要领域和重点任务，推进生态环境治理体系和治理能力稳步提升，为实现二氧化碳排放达峰目标与碳中和愿景提供支撑，助力美丽中国建设。

第三节　企业减污降碳实践

企业是市场经济的主体，是物质财富和GDP的主要创造者，但又是资源能源的主要消耗者，也是环境污染和碳排放的主要制造者。所以，企业就自然成为减污降碳、改善环境和气候的主力军。国内外部分优秀企业在这方面率先垂范，开始积累可借鉴的经验做法。这里重点介绍四家国外公司，包括以手机闻名于世界的苹果公司和以电动车打动世界的特斯拉，另外两家公司——美国废物管理公司和威立雅环境集团是全球环保领域的头部企业，它们都在治理和减少环境污染的同时，努力追求节能降碳协同增效。

一、美国废物管理公司（Waste Management，WM）

WM的主营业务即废物管理，包括居民家庭和商业、社区等垃圾及固废的收集、运输、分类、资源再生利用以及填埋等。在减污的同时，WM的另一个重要目标就是减少温室气体排放。目前WM提供的服务避免的温室气体排放量是WM运营过程中产生温室气体的3倍，WM的目标是到2038年将其增加到4倍，即要减少6000万吨的二氧化碳排放量。WM将通过运营车队，使用清洁能源、资源回收、生产可再生能源三种主要方式来实现这一目标。

（一）使用清洁能源减少车辆排放

WM正在通过将运输车辆从柴油过渡到天然气的方式来减少车辆的温室气体排放量。与2010年的基准相比，截至2019年公司已经减少了36%的车辆排放；截至2019年，40%以上的车辆使用可再生天然气，50%的车辆使用清洁的替代燃料。WM的目标是到2038年，与2010年的基准相比，减少45%的车辆二氧化碳排放。到2025年实现70%的车辆使用清洁的可替代燃料，50%的车辆使用可再生天然气（图3-1、图3-2）。不断减少每千米的温室气体排放量。到2019年年底，每行驶1600千米，WM收集车辆的温室气体排放量就减少了32%，降至2.4吨。

温室气体排放总量减少了36%，2019年降至121万吨。WM通过提高物流效率、

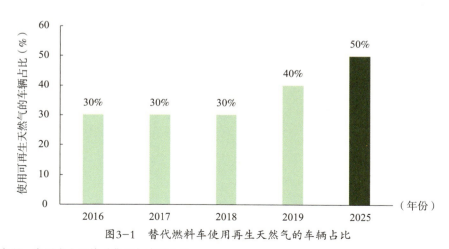

图3-1　替代燃料车使用再生天然气的车辆占比

资料来源：中国光大环境（集团）有限公司。

图3-2　车辆中使用清洁替代燃料的车辆占比

资料来源：中国光大环境（集团）有限公司。

向天然气汽车过渡以及增加可再生燃料的使用，实现了减排。其预计到2038年将二氧化碳排放降至100万吨左右，比2010年减少45%（图3-3、图3-4）。

（二）通过回收废弃物减少温室气体的排放

在过去的十年中，WM已成为业界的领导者，WM致力于投资回收基础设施。2018年和2019年，WM在回收基础设施方面的投资均超过1亿美元，并在2019年创造了新的纪录，回收了超过1550万吨的可再生材料。通过回收废弃物中的塑料、纸

图3-3　所有车辆每行驶1600千米排放的温室气体总量

资料来源：中国光大环境（集团）有限公司。

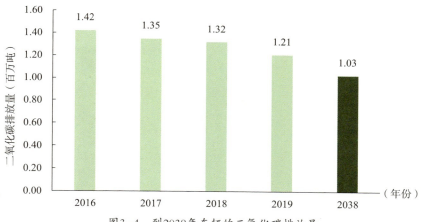

图3-4　到2038年车辆的二氧化碳排放量

资料来源：中国光大环境（集团）有限公司。

张、铁制品等可再生材料，可以有效减少初次生产过程中的碳排放。2019年WM资源回收避免的温室气体排放量为3000万吨，到2038年，预计实现的减排目标为3900万吨（图3-5、图3-6）。

（三）生产可再生能源避免温室气体的排放

WM拥有124个垃圾填埋场，WM将垃圾填埋气体转化为能源，从而创造经济和环境价值。有机物质分解后，自然会产生填埋气体，WM将其转化为沼气发电，或将其转化为天然气。

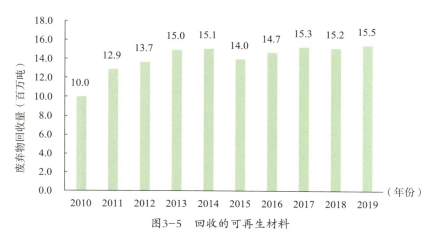

图3-5　回收的可再生材料

资料来源：中国光大环境（集团）有限公司。

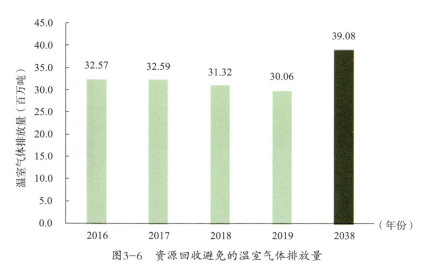

图3-6　资源回收避免的温室气体排放量

资料来源：中国光大环境（集团）有限公司。

2019年，WM有124个填埋场从事填埋气体转化为能源的生产，其中97个项目将经过处理的天然气用来发电，然后将电力对外出售。其中15个项目的填埋气被加工成管道级天然气，然后出售给天然气供应商，12个项目的天然气用于自身使用或通过管道输送给工业客户，用来直接替代化石燃料。2019年，WM通过生产可再生能源避免了210万吨二氧化碳的排放。WM计划在2038年通过可再生能源的生产避免250万吨二氧化碳的排放（图3-7）。

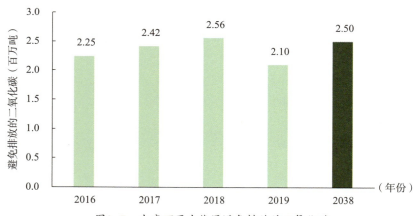

图3-7　生产可再生能源避免排放的二氧化碳

资料来源：中国光大环境（集团）有限公司。

二、威立雅环境集团（Veolia）

威立雅环境集团（以下简称"威立雅"）的主营业务包括水资源管理、废弃物管理、公共交通以及能源服务。在全球碳减排背景下，威立雅将应对气候变化作为业务发展的重点，设定了明确的减排目标及针对不同业务的关键行动方案。到2023年威立雅计划实现每年减排1500万吨二氧化碳的目标。主要采用如下举措：不断进行技术创新，提升填埋气的回收；使用可再生能源替代化石燃料；针对楼宇、工业园区的能效提升，提供综合解决方案。

（一）创新填埋气回收技术，减少二氧化碳排放

在能源替代方面，威立雅在全球兴建了多个填埋气、垃圾衍生燃料发电设施，服务于区域的减污降碳发展目标。

沼气发电减少填埋场的温室气体排放。传统垃圾填埋是收集和处理城市废弃物最常见的解决方案，但是此种解决方案会产生大量甲烷。威立雅研发的填埋气回收新技术，可将垃圾填埋场转变成可持续的绿色资产，生产新能源并减少填埋场的温室气体排放。

上海老港垃圾填埋气发电项目是亚洲最大的垃圾填埋气发电项目。威立雅在上海老港成功开展了填埋垃圾废气回收和利用项目，通过甲烷产生电能，减少填埋场的温室气体排放。项目建有11台15兆瓦发电机，年生产电力10万兆瓦，可满足10万个家庭的能源需求，每年实现66万吨二氧化碳的减排。

（二）提升可再生能源利用率

垃圾衍生燃料发电，加强垃圾回收使用，提高可再生能源产量。威立雅在欧洲重点发展垃圾衍生燃料的生产和发电，通过破碎、分选、干燥、添加药剂、压缩成型等处理，将回收的工业和生活垃圾制成品用于产生热能和电力的可再生燃料RDF（Refuse Derived Fuel，垃圾衍生燃料），有效替代了对化石燃料的使用。

法国栋巴勒（Dombasle）地区的索尔维纯碱厂原本通过燃烧煤炭来生产蒸汽，而威立雅帮助索尔维纯碱厂实现"淘汰化石燃料"的能源转型，将3台燃煤锅炉更换为以RDF为燃料的热电厂：每年消耗35万吨RDF，可生产180兆瓦蒸汽，与燃烧煤炭相比，每年减排二氧化碳达50%以上。

（三）为客户提供减排解决方案

1. 沙特阿拉伯标准局政府大楼能源减耗项目

协助客户减排，主要通过循环经济和能源回收，即为工业、商业、政府等客户提供能效提升服务，通过降低能源消耗和材料的循环利用实现碳减排。

沙特阿拉伯标准局位于利雅得的综合大楼，由11栋建筑组成，设有多个办公室和实验室，总建筑面积为193000平方米。该设施通过威立雅的能效服务，整体能源使用量减少了30%，每年节电超过6吉瓦，每年二氧化碳减排量超过5000吨。具体能效措施包括：通过安装建筑和冷却器管理系统，优化泵系统，用LED照明替换14000多个传统灯泡以节省能源；通过优化建筑结构，如安装冷冻水管线绝缘材料，以减少冷却损失。利用数字化手段节能减排，优化客户体验：通过Hubgrade绩效监测智能中心实时监控、控制和优化资源消耗，帮助识别节能场景。采用物联网技术帮助改善空气质量，提高居住的舒适度。

2. 芬兰波尔沃Kilpiahti工业园区的工业生态建设

Kilpiahti工业园区是北欧最大的石油化工中心，为满足园区中耐思特（Neste）炼油厂和北欧化工（Borealis）石油化工厂对于蒸汽装置和其他工艺设施的现代化需求，威立雅提供了解决方案，实现了多能互补和副产品再利用的循环经济模式，促进了园区内的工业生态建设。威立雅负责公用设施工厂的设计、投资建造和运营，为能源密集型工厂（如Neste和Borealis）提供蒸汽、热能、电力、淡化水和压缩空气。利用产生的余热新增4套蒸汽发电机组，可提供1800兆瓦热能和120兆瓦电力。

三、苹果公司（Apple）

苹果公司承诺，到2030年实现从供应链到产品使用的碳中和。与2015年相比，苹果公司将通过减少75%碳排放量，实现碳中和目标。自2015年以来，苹果公司已经将碳足迹减少了40%以上，2020年实现碳减排2260万吨（图3-8）。

（一）在全球供应链中使用绿色电力

为了在2030年实现碳中和，苹果公司将100多家供应商纳入苹果公司的碳中和计划。目前，制造业占苹果公司碳足迹的70%左右，苹果公司通过与供应商合作建立更节能的供应链，使其向100%可再生能源过渡。

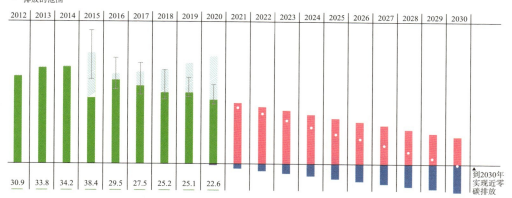

图3-8　苹果公司的碳中和计划

资料来源：苹果公司环境改善报告，2021年。

1. 为供应商提供清洁能源

为实现到2030年碳中和的目标，苹果公司积极投资光伏、风能、储能等新能源项目，截至2020年，苹果公司直接投资了近500兆瓦的可再生能源项目。苹果公司在2015年制定的初始目标，即为苹果公司的供应链提供超过4000兆瓦的可再生能源，2020年总功率接近8000兆瓦，已经投产的可再生能源项目，在2020财年产生了1140万兆瓦的清洁能源，使苹果公司的供应链避免了860万吨的碳排放。苹果公司将在2030年为供应商提供8吉瓦的绿色电力（图3-9）。2020年，由于苹果公司在可再生能源领域做出的贡献，其获得了RE100"最佳绿色催化剂"奖。

2. 与供应商共同投资减碳材料的生产

苹果公司的许多产品使用铝作为标志性材料，但目前全世界铝产品制造商使用的冶炼工艺是碳密集型的。直接采用无碳排放工艺冶炼的铝，首次用于16英寸的苹果MacBook Pro的生产，这项名为Elysis的创新是两家铝制造商合作的结果，其目标是将专利技术商业化，消除传统冶炼过程中的温室气体排放，这与苹果公司的目标一致。苹果公司和加拿大魁北克政府已与Elysis的创始人一道，投资于该技术的进一步研发，其中部分资金用于其在魁北克建造一个新工厂，该工厂一旦建成，将大大提升无碳冶炼技术的商业化水平，使该铝制品材料大量进入市场。

清洁能源供应链计划
正在运营的可再生能源规模和计划建造的规模（吉瓦）
█ 处于运营中的规模
▨ 承诺建造的规模

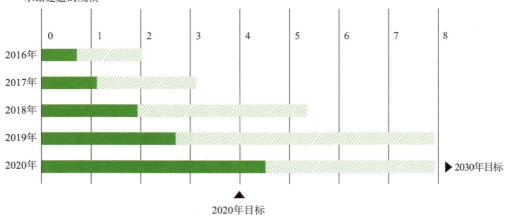

图3-9　为供应商提供清洁能源计划

资料来源：苹果公司环境改善报告，2021年。

（二）提升回收材料使用比例，减少碳排放

通过大量使用回收材料，苹果公司可以减少碳足迹，使其更接近于碳中和目标。

1. 在产品生产中使用回收材料

苹果公司已经成功地将铝转变为可回收材料和低碳工艺产生的材料。苹果公司部分产品的外壳使用100%的回收铝，包括苹果公司最新的苹果MacBook Air、Mac mini和iPad产品。2020年发布的产品，所有由纯铝制成的外壳均采用水电（而非化石燃料）冶炼，以降低碳排放，自2015年以来，苹果公司与铝相关的碳排放量减少了72%。2020年，苹果公司发布了七种产品，使用回收材料超过20%，苹果产品回收或可再生材料的使用量已增加到产品所用全部材料的12%。

为确保回收材料符合苹果公司的要求，苹果公司要求供应商提供第三方认证。2020年，苹果公司供应链中100%的锡、钽、钨、金、钴和锂供应商参与了独立的第三方审计计划。

2. 建立系统的苹果公司产品回收体系

在苹果公司的零售店，苹果公司的客户不仅可以体验和购买苹果公司的最新产品，他们不再使用的设备还可以被回收。通过零售和在线平台（如TradeIn），苹果公司已在99%的产品销售国提供了产品回收渠道，苹果公司于2020财年已在全球范围内回收超过39000吨的电子垃圾。

（三）使用绿色材料替代塑料包装

到2025年消除包装中的塑料。2020年，苹果公司用纸张替代了iPhone 12传统的透明保护塑料薄膜。这只是一个小细节，但也是苹果公司到2025年消除所有塑料包装这个大目标的一部分。

自2015年以来，苹果公司在实现这一目标方面取得了重大进展，其用纤维替代品取代了大型塑料托盘、包装和泡沫缓冲垫（图3-10）。在2020财年，所有新发布的iPhone、iPad、Apple Watch和MacBook设备都采用了90%以上的纸质包装。苹果公司通过与世界自然保护基金会和世界自然基金会的合作，已经在美国和中国保护了2.67万平方千米的人工林，在2020财年，这些森林产生了足够的纤维，以提供苹果公司产品包装中使用的所有纤维。

从2015年至2020年，苹果公司已经减少了65%的塑料包装。自2017年以来，用来制作包装的木材纤维100%来源可靠。

图3-10　包装纤维和塑料足迹

资料来源：苹果环境改善报告，2021年。

（四）推动无废管理

苹果公司正朝着无废的方向努力，依靠可回收或可重复使用的材料，无论是在办公室、数据中心还是在零售店，苹果公司努力减少经营中产生的废物，以实现零填埋。

1. 实现公司运营设施的无废管理

苹果公司在2018年启动了零废计划，在2020财政年度，苹果公司将70%以上的废物用于回收或堆肥，而不是填埋。苹果公司的普赖思维尔（Prineville）数据中心是第一个获得零废认证的苹果公司设施，这意味着其90%以上的废物被回收或用来堆肥。苹果公司使用可重复使用的板条箱、托盘和机架来运送设备，减少了进入现场的废物流，并降低了处置成本。通过多元化的减废手段，苹果公司将在全球业务运营中产生的废物限制在12000吨左右。

2. 致力于供应链的无废制造

苹果公司的供应商在实现零废计划方面发挥着至关重要的作用。2015年，苹果公司启动了供应商零废计划，超过165家供应商参与其中。2020年，供应商削减了40多万吨运往垃圾填埋场的废物。该计划自2015年启动以来削减的废物总量达到165万吨，这相当于减少了20多万开往垃圾填埋场的车次。截至2020年年底，共有70家供应商获得零废认证，比2019年增长了近40%，其中包括苹果公司在越南的歌尔泰克（Goertek）AirPods装配厂。

四、特斯拉（Tesla）

（一）特斯拉能源计划

特斯拉能源计划主要由几个部分组成，分别是太阳能屋顶、Powerwall（特斯拉主打家用的电池）、Powerpack（特斯拉主打公共事业和商业项目的储能系统）。其中太阳能屋顶（Solar Roof）为太阳能发电装置，Powerwall、Powerpack是两种不同级别的储能设备。

太阳能屋顶项目：一种是全覆盖式太阳能屋顶，将整栋房屋的屋顶全部铺设太阳能电池板，并与特斯拉的家用储能设备相连，满足家庭用电需求（图3-11）；另

图3-11　太阳能屋顶

资料来源：特斯拉官网，2021年。

一种是太阳能电池板（Solar Panels），将房屋的部分屋顶使用太阳能电池板覆盖，在降低安装成本的同时实现家用清洁能源供应。

Powerwall：一款小型家用储能电池，与太阳能屋顶产品协同使用。白天Powerwall将太阳能屋顶生产的电能进行存储，在晚上用电高峰或停电时放电使用。同时Powerwall能够检测断电情况，保证发生停电时为住宅及时供电。每个Powerwall的最大容量为13.5千瓦·时，用户最多可购买10个串联使用（图3-12）。

Powerpack：一款大型储能电池，主要为公共建筑物和大型商业项目提供储能和供电，大量Powerpack串联可以实现较大区域的电能供应。单个Powerpack的储能容量高达210千瓦·时，能够充分保障特定区域的错峰用电和应急供电（图3-12）。

图3-12　Powerwall 和 Powerpack

资料来源：特斯拉官网，2021年。

总体来看，特斯拉太阳能电池板和储能电池可以利用屋顶空间直接生产并储存可持续能源，不仅为用户节省用电成本，同时还保证了住宅在停电状况下的供电。此外，在使用特斯拉清洁能源解决方案时，还具有其他方面的显著优势。

1. 减少公共电网依赖，显著降低碳足迹

用户可以用太阳能电池板抵消能源使用量，并减少日常的能源开支。通过安装太阳能电池板系统，可以远程控制能源使用状况并降低用电成本。此外，来自公共电网的电力主要由煤炭、天然气、核能和其他可再生能源混合产生，而安装了太阳能屋顶系统的住宅，用户可以选择使用自家系统生产的清洁能源，确保能源来源更加明确，不仅降低了对公共电网的依赖，同时，比起使用公共电网的混合电能，太阳能供电的碳足迹和对环境的影响也明显得到下降。

2．增加能源组合，形成清洁能源闭环

对于同时购买了特斯拉电动汽车的客户而言，在住宅安装太阳能屋顶和Powerwall等能源存储解决方案，也能够增加可再生能源组合的效果，形成家用清洁能源闭环。即使考虑到各类能源产品在生产制造和上游供应链的碳足迹，特斯拉用户也能够比普通家庭住户实现更低的碳排放。

（二）特斯拉电动汽车碳足迹

据统计，全球范围内的特斯拉汽车用户，在2020年共计减少了500万吨的二氧化碳排放，与燃油汽车相比，特斯拉电动汽车的生命周期碳排放实现了显著降低。

1．特斯拉电动汽车碳排放优势显著

一辆燃油汽车在生命周期内平均排放约69吨二氧化碳，但特斯拉电动汽车的排放量只是燃油汽车排放量的一部分，尤其在考虑使用太阳能屋顶充电的情况下，在生命周期内特斯拉电动汽车的排放量仅是普通中型燃油汽车的1/3。以中国市场为例，中型燃油汽车的生命周期平均碳排放均显著高于各类条件下的特斯拉Model 3车型（图3-13）。考虑到不同市场电网清洁能源的占比在日益提升，可以合理判断，电动汽车与燃油汽车每千米平均碳排放量之间的差距，将随着车辆的使用逐年

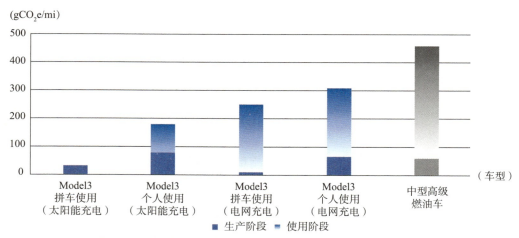

图3-13　中国市场中特斯拉Model 3车型的生命周期平均碳排放

资料来源：特斯拉2020年影响力报告，2020年。

拉大。对比不同市场来看，目前中国市场公共电力系统的能源大多来自煤炭，特斯拉电动汽车已在碳排放方面表现出明显优势；那么在电力系统更清洁的欧洲，特斯拉电动汽车对比燃油车的碳排放，优势会更加突出。

2. 优化电池组设计和新产品研发，实现进一步减排

在美国，一辆电动汽车在行驶约32万千米后就会报废；在欧洲，这一数据约是24万千米。目前特斯拉正在研制一种续航高达160万千米（约4000次充电循环）的电池组，这将大大降低高里程电动车型（如出租车、货车或卡车）每千米的平均碳排放量。

重型卡车电气化和机器人出租车Robotaxi。在美国，尽管重型燃油卡车仅占上路车辆的1.1%，但由于其载重量大、使用频率高、柴油驱动等特点，导致其排放量占美国汽车总排放量的17%左右。特斯拉即将推出的电动卡车Tesla Semi，通过优化空气动力学设计和提升电机效率，不仅在能效上达到0.8千米/（千瓦·时）、里程续航超过800千米，更在有效载重方面与柴油卡车不相上下。此外，特斯拉正在研制无人驾驶产品——机器人出租车Robotaxi，其设计所追求的同样是能效最大化。诸如重型卡车、出租车这类高里程车型，在操控体验、加速度、最高时速等性能方面要求不太高，因而能够最大限度降低成本，同时相较于燃油车，它们在碳排放方面表现得更为出色。

（三）特斯拉工厂减碳举措

1. 本地化生产

在2019年年底以前，特斯拉的电动车生产流程与传统车企相同，都是通过其遍布全球的零部件供应商进行加工制造，然后运至美国的加州工厂进行组装整合，再从加州工厂运往世界各地进行分销。这种模式，造成车辆零部件和成品在长距离运输阶段的碳排放始终居高不下，同时制约了企业周转效率的提高。随着近两年营运状况的大幅改善，特斯拉开始在全球主要国家的市场，布局建设比传统燃油车工厂更低碳高效的生产基地。这在扩大电动车产能的同时，实现了制造、组装和交付的本地化，大幅降低了电动车长途运输产生的碳足迹。为满足亚洲和欧洲市场的消费需求，目前除美国加州、内华达州和得克萨斯州之外，特斯拉在中国上海、德国柏林都分别建造了大型生产基地。

2．供应链本地化

为配合生产基地的全球布局，特斯拉对上游零部件供应商的碳排放实施了严格要求，其中最重要的举措是供应链本地化。如：仪表板和车体大型冲压部件等子部件的生产，特斯拉秉承离工厂越近越好的原则。供应链本地化显著减少了零部件在车辆组装之前的运输距离，以此减少了大量运输过程中的碳足迹。尽管一些重要部件（如半导体）未来仍将由远距离供应商在高度专业化的生产设施中生产，但车辆的重型零部件生产，将逐步布局在特斯拉各生产基地周边，使整体供应链的碳足迹进一步降低。

3．太阳能电池板在工厂屋顶全覆盖

特斯拉已在内华达工厂的设计上，实现了屋顶太阳能电池板全覆盖，目前装机容量已达到3200千瓦。到2021年年底，电池板装机容量将增加至24000千瓦，覆盖整个内华达工厂建筑的屋顶。这将使其成为全美规模最大的屋顶太阳能装置。除此之外，特斯拉也将逐步在加州弗里蒙特工厂、拉斯罗普工厂及纽约超级工厂部署安装太阳能电池板，以进一步降低生产过程中的碳排放。

参考文献

［1］IEA. World Energy Outlook Special Report Workshop: Energy and Air Quality［R］. Paris: IEA, 2016.

［2］毛显强，曾桉，邢有凯，等. 从理念到行动温室气体与局地污染物减排的协同效益与协同控制研究综述［J］，气候变化研究进展，2021，17（3）：255−267.

［3］王灿，邓红梅，郭凯迪，等. 温室气体和空气污染物协同治理研究展望［J］. 中国环境管理，2020，（04）：5−12.

［4］Markandaya. Health co−benefits from air−pollution and mitigation costs of the Paris Agreement: a modeling study［J］. Lancet Planet Health, 2018,（02）: 126−133.

［5］YC Hong. Air pollution in Asia and the Pacific: science−based solutions［R］. UNEP, 2018.

［6］BEEVRS. The impact of congestion charging on vehicle emissions in London［J］. Atmospheric Environment, 2005, 39（01）: 1−5.

［7］HE J.K, QI Y, LI Z. Synergizing action on the environment and climate［M］. DaLian: Dongbei University of Finance & Economics Press, 2020.

［8］熊华文. 从源头推动应对气候变化与大气污染治理协同增效［J］. 环境经济，2021，（01）：22−25.

［9］董战峰，周佳，毕粉粉，等. 应对气候变化与生态环境保护协同政策研究［J］. 中国环境管理，2021，（01）：25−34.

第四章

固废处置与降碳协同

--- 引 言

　　我们正面临一场固体废弃物危机。虽然人类社会化进程加速了固体废弃物的产生，但我们可以采用先进的垃圾处理技术实现固体废弃物的无害化、减量化和资源化管理。

　　那么，不同种类的固体废弃物如何处理？生活垃圾焚烧处置的温室气体排放属于正碳排放还是负碳排放？固体废弃物处置如何实现温室气体的减排？如何实现真正意义上的可持续固体废弃物管理？城市和乡村作为固体废弃物产生的主要区域，如何根据"无废城市"和"美丽乡村"的建设和实践，进一步推动形成绿色发展方式和生活方式？未来如何最大限度地减少固体废弃物对环境产生的影响，实现"双碳"愿景和生态环境的可持续发展？

　　本章着眼于全球固体废弃物产生和处理的历史演变及垃圾焚烧发电技术，深入研究垃圾焚烧碳排放情况并进行案例分析，梳理减污与降碳协同技术，聚焦技术创新，降低减碳成本，以实现固废管理与可持续发展的双赢，朝着"美丽中国"和"双碳"的目标迈进。

第一节　垃圾处理历史演进

　　在地球上，每种生物都会产生废弃物，在大自然中这些废弃物以某种方式实现循环，从而创造出新的生命，这就是生态平衡的规律。比如动物吃植物，也吃其他动物，在吃完后它们把消化不了的废弃物排出体外。这些废弃物又可以用来给土地施肥、滋养植物，而植物又会让动物填饱肚子。

　　但是，若一个物种繁殖得太快，产生的废弃物太多，就会导致生态失衡，这种失衡会让废弃物变成有害甚至威胁物种生存的垃圾。对人类社会而言，随着地球人口数量的日益膨胀，人类利用自然资源的能力越来越强，欲望越来越大，人类开始产生大量的垃圾，而大自然并没有做好消纳这些垃圾的准备。随着时间的流逝，人类社会越"文明"，人类产生的垃圾越多，这种情况也就越恶化。

值得庆幸的是，人类逐渐意识到了"垃圾"引发的环境问题，并不断采取措施解决"垃圾"问题。

一、不同历史时期的垃圾问题

（一）原始部落时期

大量考古研究结果告诉我们，原始人在繁衍生息的过程中会产生少量垃圾，一般都是食物残渣，或是一些动物的皮毛和废弃的工具。其中绝大多数废弃物都会很快消纳于大自然中，当然有些难以被分解，就会一直留在原始人生活过的山洞外。

后来人类开始定居，修建村庄屋舍，开荒种地，产生的垃圾量较少，人畜粪便和动植物残骸占比较大，分别达到50%和40%，剩下的10%主要是旧布和烂衣服等。对于生活中的很多物品，人们修修补补，不断循环利用，比如骨头可以加工成装饰品，有机垃圾用于田地施肥，等等。

（二）工业革命时期

渐渐地，村庄变成了城市。人们就近填埋或者直接向水体倾倒垃圾，城市的开放空间成为垃圾的收纳场所，不但导致城市脏乱，也为疾病的传播创造了条件。工业革命兴起，人口向城市进一步聚集，城市人口和消费的增长，导致了垃圾量的快速增加，同时生产和生活方式的改变，使得垃圾的种类增多，尤其是塑料等垃圾量增加迅猛。对垃圾的习以为常造成了城市的脏乱恶臭和疾病传播，出现了大量与之相关的疾病和死亡，促使人们思考城市环境卫生与人类健康的关系。英国于1848年颁布《公共卫生法案》，其中规定了垃圾处理方面的责任和义务。

（三）后工业革命时期

这时候人们对于垃圾的处理，尝试了3种最基本的方法：农业堆肥、集中倾倒、露天焚烧。随着垃圾中包装纸、报纸、玻璃和金属越来越多，堆肥能力越来越差。人们开始焚烧垃圾，尤其是第二次世界大战以后，焚烧炉迅速增多，一方面处理了垃圾，另一方面可利用焚烧过程中产生的热能发电，但是未能有效控制的毒气排放严重影响了环境。垃圾场对土壤和地下水也有很强的污染，美国弗吉尼亚州于1937年建立了第一个现代卫生填埋场，由环境卫生工程部门负责垃圾管理。直至20世纪末，垃圾处理仍然以末端处置为主。

日益增加的处置成本和稀缺的土地资源，再加上资源节约、环境友好和循环经济理念的深入人心，孕育了垃圾回收的需求。欧盟于2008年通过了《废弃物框架指令》（Directive 2008/98/EC），明确提出了垃圾管理层级（Waste Management Hierarchy），即"源头减量–重复使用–循环利用–其他方式利用–末端处置"的垃圾管理优先顺序原则，认为应当尽量采取优先顺序中更靠前的手段，并根据这个原则制定垃圾管理政策。这预示着生活垃圾从末端治理逐渐转向资源化管理。国际社会在加强制定末端处理设施技术标准，规避处理设施对环境影响的同时，积极推进城市源头生活垃圾的分类与回收，开展废弃物资源化技术和管理的研究。垃圾回收利用逐渐成为一种社会规范，融入现代人类公共生活的方方面面。

可以看出，人类对生活垃圾处理的演变反映了人类与其所处环境的关系及其认知的变化。随着社会管理水平、经济发展水平和生态环境理念的不断提升，人类对生活垃圾处理的认知不断深入。公共卫生、健康安全、资源再生利用和应对气候变化依次成为历史上生活垃圾处理的主要驱动力。

二、垃圾的产生和处理

（一）垃圾产生量

根据《世界银行2018年年度报告》，全球城市生活垃圾产生量为20.1亿吨。其中，如图4-1和图4-2所示，东亚及太平洋地区是目前产生垃圾最多的区域，占世界垃圾总量的23%；尽管高收入人口仅占全球人口的16%，但其产生的垃圾量却是34%，超过世界垃圾总量的三分之一。

人均垃圾产生量与人均GDP、城市化率等因素相关。根据《世界银行2018年年度报告》，全球人均垃圾产生量为0.74千克/日，其中，如图4-3所示，北美地区平均为2.21千克/日，欧洲和中亚地区为1.18千克/日，东亚及太平洋和南亚地区分别

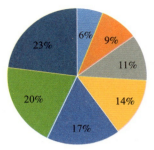

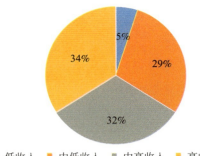

■ 中东和北非地区　■ 撒哈拉以南非洲地区
■ 拉美和加勒比地区　■ 北美地区　■ 南亚地区
■ 欧洲和中亚地区　■ 东亚及太平洋地区

图4-1　全球垃圾产生量分布图（按区域划分）

资料来源：《世界银行2018年年度报告》。

■ 低收入　■ 中低收入　■ 中高收入　■ 高收入

图4-2　全球垃圾产生量（按收入水平划分）

资料来源：《世界银行2018年年度报告》。

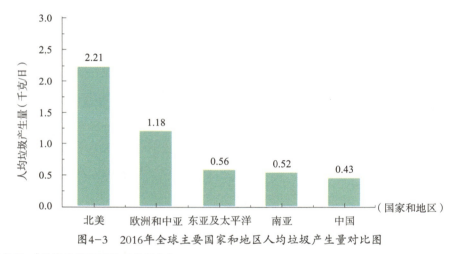

图4-3　2016年全球主要国家和地区人均垃圾产生量对比图

资料来源：《世界银行2018年年度报告》。

只有0.56千克/日、0.52千克/日，中国人均垃圾产生量为0.43千克/日，低于全球水平和区域水平，但香港人均垃圾产生量为1.47千克/日，位居世界城市前列。

（二）垃圾产生量预测与增长率

常见的垃圾产生量预测模型包括平均增长率模型、多元回归分析模型、灰色预测模型、时间序列分析模型等。世界银行报告采用的平均增长率模型，是目前得到最广泛应用的一种分析方法，主要参数为人均垃圾产生量，通过对人均垃圾产生量随人均平价购买力变化的预测，结合人口预测，进而得到城市的垃圾产生量。如图

4-4所示，根据预测，全球垃圾量2030年将达到25.9亿吨，2050年将达到34亿吨，相比2016年增加70%。

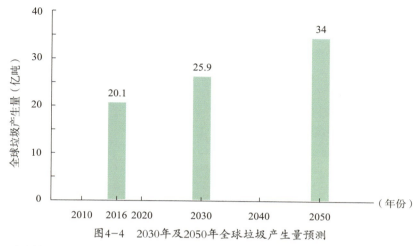

图4-4 2030年及2050年全球垃圾产生量预测

资料来源：《世界银行2018年年度报告》。

垃圾产生量通常会随着经济发展和人口的增长而增加，因此预测低收入和中低收入地区比收入较高地区的总量增幅大。如图4-5所示，报告预测2030年东亚及太平洋、欧洲和中亚、北美地区垃圾产生量将分别为6.02、4.40、3.42亿吨，分别较2016年增加28.6%、12.2%、18.3%，人均垃圾产生量将分别为0.68、1.30和2.37千

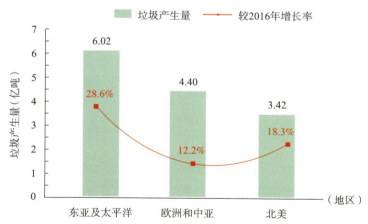

图4-5 2030年全球主要地区垃圾产生量预测及增长率

资料来源：《世界银行2018年年度报告》。

克/日，分别较2016年增加21.4%、10.2%、7.2%。

（三）垃圾的成分

在全球范围内，城市生活垃圾的成分以食物和蔬菜为主，占比44%；可回收垃圾（包括纸张和纸板占比17%、塑料12%、玻璃5%、金属4%）总占比38%，木材占比2%，橡胶和皮革占比2%，其他垃圾占比14%，如图4-6所示。收入水平直接影响当地的垃圾组分。高收入国家的食物和蔬菜、可回收垃圾比例分别为32%、49%，而低收入国家分别为56%、16.4%。随着收入水平的提高，食物和蔬菜占比下降，垃圾中包括更多的纸张、塑料、皮革和木材等。

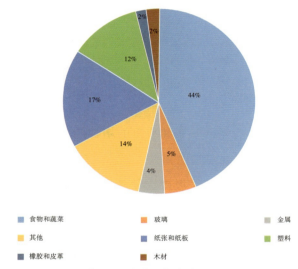

图4-6 全球垃圾成分比例

资料来源：《世界银行2018年年度报告》。

对应上述分类，在我国城市生活垃圾的组分中，食物和蔬菜占绝大部分，普遍超过50%，这一部分垃圾主要是厨余，如表4-1所示。

表4-1 我国典型城市生活垃圾组成成分 （%）

城市	年份	厨余	灰土	竹木	砖瓦	金属	纸	塑料	玻璃	织物	其他
北京	2012	53.96	2.15	3.08	0.57	0.26	17.64	18.67	2.07	1.55	0.05
上海	2016	60.40	0.02	1.95	0.41	1.08	11.88	17.56	3.57	2.85	0.28

续表

城市	年份	厨余	灰土	竹木	砖瓦	金属	纸	塑料	玻璃	织物	其他
杭州	2010	58.15	2.00	2.61	—	0.96	13.27	18.81	2.73	1.47	—
深圳	2010	44.10	—	1.41	1.85	0.47	15.34	21.72	2.53	7.40	5.18
青岛	2009	64.68	6.30	0.30	0.31	0.88	9.48	8.38	2.17	3.03	4.47
重庆	2011	72.97	1.48	1.91	0.92	0.36	9.34	8.40	1.46	3.16	—
洛阳	2012	87.40	—	1.00	—	—	2.80	2.10	—	0.50	6.20
大同	2011	88.74	3.90	0.10	0.56	0.10	4.00	2.00	0.20	0.10	0.30
拉萨	2014	89.88	—	1.31	—	0.08	—	0.59	—	0.12	8.02

（四）垃圾的处理

生活垃圾清运量指收集和运送到各生活垃圾处理厂（场）和生活垃圾最终消纳点的生活垃圾数量。根据世界银行报告，在高收入国家和北美地区，垃圾清运率接近100%，在中低收入国家约为51%，在低收入国家仅为39%左右，如图4-7所示。

对于垃圾的处理，在全球范围内，填埋占比36.7%（包括简易填埋占比25%、卫生填埋占比7.7%、受控填埋占比4%），其中卫生填埋含填埋气体收集设施；仍有占比33%的垃圾是开放式倾倒的；约19%的垃圾通过回收和堆肥方式进行循环利用；11%的垃圾进行现代化焚烧处理；不到1%的垃圾处理采用其他方式，如图4-8所示。像开放式倾倒、简易填埋等方式都会对环境造成直接污染，总共占比超过50%。

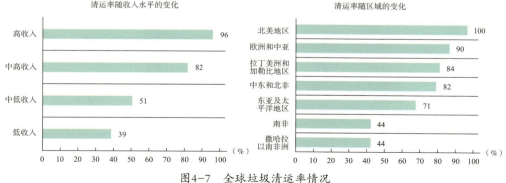

图4-7　全球垃圾清运率情况

资料来源：《世界银行2018年年度报告》。

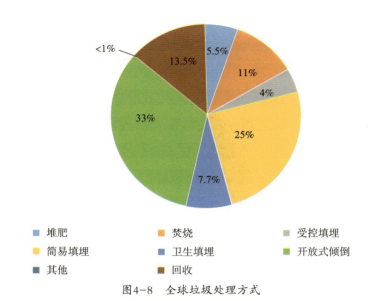

图4-8　全球垃圾处理方式

资料来源：《世界银行2018年年度报告》。

在低收入国家，约93%的垃圾被开放式倾倒，而高收入国家的倾倒比例显著降低，仅占2%。从低收入到中高收入国家，填埋比例逐渐增加，但在高收入国家，填埋比例反而又减小，仅作为一种过渡方式。在高收入国家，回收占比高达29%，垃圾焚烧也较为普遍，占比22%，但在其余国家比例极低，如图4-9所示。

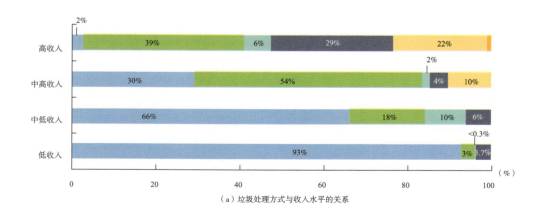

（a）垃圾处理方式与收入水平的关系

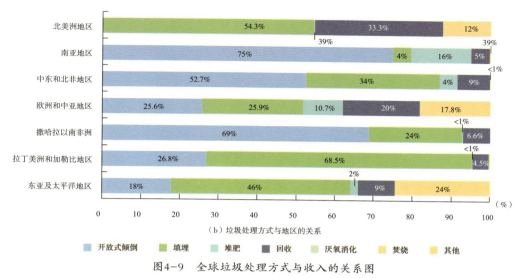

图4-9 全球垃圾处理方式与收入的关系图

资料来源：《世界银行2018年年度报告》。

三、垃圾处理方式

（一）典型国家的垃圾处理方式

从前文可以看出，受到诸多因素的综合影响，不同国家的垃圾处理方式各不相同。很多发展中国家没有修建填埋场，垃圾都被露天焚烧、倾倒在马路上或是河水里，比如南亚和撒哈拉以南非洲地区，露天倾倒比例近70%。与发展中国家相比，经济发达的国家更注重垃圾管理。

欧盟一直是垃圾资源化利用管理的倡导者，其垃圾回收和堆肥的比例较高。德国近十几年来均保持世界领先的城市固体废弃物回收利用率，2018年回收利用率高达67%，产生量则变化波动不大，这表明德国的垃圾分类和循环利用已经进入了较为稳定的阶段。

美国人均垃圾产生量保持高位，但因为拥有宽广的土地和较少的人口，其生活垃圾管理模式相对粗放，2017年仍有50%以上的生活垃圾是以填埋方式处理的。近年来，美国也在加强生活垃圾的源头管理和循环利用，将资源回收和堆肥的利用率提高到35%左右，以降低其环境影响。

日本人均土地资源紧张，不允许其进行大规模的填埋处理，由于焚烧处理的减量化优势加上传统的技术优势，使得焚烧成为垃圾处理的不二之选，日本也成为世界上最早应用垃圾焚烧发电技术的国家。

但是日本的垃圾焚烧也经历了较为曲折的过程。由于日本民众不愿在自己所居住的地区建设焚烧厂，发生了很多"邻避效应"（Not In My Backyard，NIMB）事件。日本于20世纪80年代左右开始实施垃圾分类，以从源头解决垃圾问题，为垃圾焚烧和再利用创造了条件。《二噁英对策特别措施法》以及与各类废弃物回收再利用相关的系列法律陆续出台，使垃圾处置及回收再利用有了更为细致、科学的法律依据；从源头进行精细化分类，可燃性垃圾送到焚烧厂进行焚烧发电，不可燃垃圾、不可回收垃圾等则送到专门的"不可燃垃圾处理中心"进行处理，大件垃圾则先送往"大件垃圾破碎处理点"，经过破碎处理后区分出可燃与不可燃部分，再分别处理；在经过垃圾分类和资源化过程后，焚烧总量其实并不大，日本的垃圾焚烧厂开始大规模减少，剩余大约1300多家；同时日本的垃圾焚烧处理技术不断进步，已处于世界领先行列，垃圾焚烧处理率高达80%。

（二）中国的垃圾处理方式

中华人民共和国成立初期，我国的生活垃圾治理以卫生防疫和垃圾清运为主。生活垃圾分类依托计划经济的供销社体系，通过废旧物资回收，为经济建设提供了大量生产资料，纾解了物资短缺和资金不足的难题。随着社会经济发展，我国垃圾产生量快速增加，作为一种通用的垃圾处理方法，填埋处理方法简单、经济成本低廉，所以很多时候对垃圾采取直接填埋。但土地资源消耗量极大，同时次生污染频发的填埋法显然不能适应垃圾总量的增长速度。

我国垃圾焚烧发电行业起步于20世纪80年代末，通过引进国外先进的焚烧设备和技术，消化吸收再优化，先后经历了产业化研发、装置国产化等阶段。垃圾焚烧减量减容快，并且可以产生经济效益，国家发展和改革委员会于2010年明确提出推广城市生活垃圾焚烧发电技术，于2012年发布《关于完善垃圾焚烧发电价格政策的通知》，确定垃圾焚烧发电执行全国标杆电价每千瓦·时0.65元，明确垃圾焚烧发电可享受可再生能源的电价补贴支持政策。随着相关政策相继落地，生活垃圾焚烧步入高速发展期。

为防止垃圾焚烧发电企业可能带来的环境污染行为，提升环境治理水平，引导行业持续健康发展，生态环境部将垃圾焚烧发电行业列为首批达标整治重点行业，如表4-2所示，经过专项整治，截至2019年年底，"装、树、联"已覆盖了全国405家垃圾焚烧厂。"装、树、联"分别是指生活垃圾焚烧厂要依法安装污染物排放自动监测设备、厂区门口树立显示屏实时公布污染物排放和焚烧炉运行数据、自动监测设备与环保部门联网。

表4-2　我国垃圾焚烧发电行业达标排放专项整治

年份	整治行动
2016年	生态环境部将垃圾焚烧发电行业作为先行实施全面达标排放计划的标志性工程
2017年	生态环境部要求全国所有已投运的278座垃圾焚烧发电厂全部完成"装、树、联"
2018年	垃圾焚烧发电行业达标排放专项整治正式纳入污染防治攻坚战"7+4"行动
2019年	生态环境部发布了《生活垃圾焚烧发电厂自动监测数据应用管理规定》，明确提出颗粒物、二氧化硫、氮氧化物、氯化氢和一氧化碳等5项污染物自动监测数据超标和焚烧炉炉温不达标的判定和处理方法

近十几年我国生活垃圾清运量变化如图4-10所示，总体呈现上升趋势。图4-11给出了我国生活垃圾处理能力和无害化处理率逐年变化情况，可以看出，随着生活垃圾处理能力的提升，生活垃圾无害化处理率得以增加，目前已接近100%。其中垃

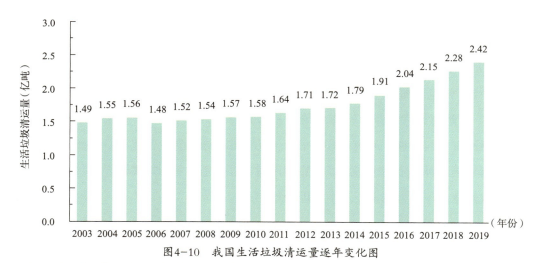

图4-10　我国生活垃圾清运量逐年变化图

资料来源：龚文娟. 城市生活垃圾治理政策变迁，2020年。

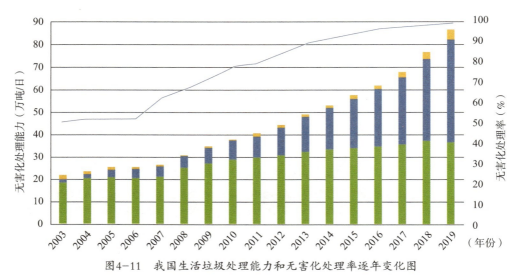

图4-11　我国生活垃圾处理能力和无害化处理率逐年变化图

资料来源：国家统计局发布的《中国统计年鉴》。

圾焚烧处置实现非常快速的发展，尤其是在2010年国家推广垃圾焚烧发电技术至今这段时期。

在我国2019年生活垃圾无害化总处理量中，卫生填埋占比为45.6%，焚烧占比为50.7%，堆肥和其他占比为3.7%，达到国家"十三五"规划提出的"全国城市垃圾焚烧处理能力占总处理能力50%以上"目标。自此，我国已经从以填埋为主，过渡到填埋和焚烧并重的垃圾处理发展格局，并在努力实现"十四五"规划提出的"到2025年，城市生活垃圾焚烧处理能力占比65%左右"的目标。2019年我国196个大、中城市生活垃圾产生量为23560.2万吨，处理量为23487.2万吨，处理率达99.7%。分地区城市生活垃圾清运量如图4-12所示，清运量居前10位的地区见表4-3，清运量最大的是广东省，清运量为3347.3万吨，其后依次是江苏省、山东省、浙江省、四川省、河南省、北京市、辽宁省、湖北省、福建省。前10位地区的总清运量占全国清运量的60.8%，除河南省、辽宁省、湖北省以外，其余7个地区的垃圾焚烧处理能力均大于卫生填埋处理能力。

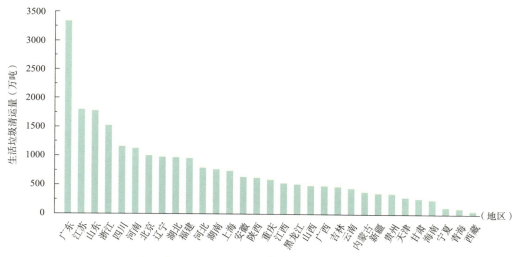

图4-12　我国2019年分地区城市生活垃圾清运量

资料来源：国家统计局发布的《中国统计年鉴》。

表4-3　我国2019年城市生活垃圾清运量排名前10位的地区

地区	无害化处理厂（座）	卫生填埋（座）	焚烧（座）	堆肥及其他（座）	无害化处理能力（吨/日）	卫生填埋（吨/日）	焚烧（吨/日）	堆肥及其他（吨/日）	无害化处理量（万吨）	无害化处理率（%）
广东	111	54	48	9	134543	56367	73376	4800	3345.7	100.0
江苏	72	27	35	10	63951	15155	46810	1986	1809.6	100.0
山东	98	34	46	18	68964	18214	46890	3860	1785.8	99.9
浙江	77	18	39	20	67067	12818	49685	4565	1530.2	100.0
四川	53	26	24	3	32080	9289	21892	900	1166.5	99.8
河南	47	36	10	1	32810	18560	14200	50	1130.7	99.7
北京	43	9	10	23	32711	7491	15950	8130	1010.9	100.0
辽宁	40	32	6	2	32960	23732	8428	800	979.6	99.4
湖北	64	34	12	8	33368	14768	13500	5100	979.8	100.0
福建	33	11	15	7	25516	5866	16950	2700	966.5	99.9

资料来源：国家统计局发布的《中国统计年鉴》。

近年来，我国政策逐渐倾向于垃圾源头控制，分类收集、清运与处理、产业化改革等多元治理。我国约有不到1%的人口从事非正规的垃圾回收工作，这一群体以农村务工人员为主，尽管这种现象在一定程度上可以弥补生活垃圾回收方面的缺失，但是其可能带来二次污染并有可能损害从业者的身体健康。2015年我国政府发布《生态文明体制改革总体方案》，提出加快建立垃圾强制分类制度。2017年国家发展和改革委员会、住房和城乡建设部发布了《生活垃圾分类制度实施方案》。2019年起全国地级及以上城市全面启动生活垃圾分类工作。同年7月1日，被称为"史上最严"垃圾分类措施的《上海市生活垃圾管理条例》正式实施。

我国生活垃圾处理的发展与国家治理政策密不可分，大致如图4-13所示。我国正逐步建立最严格的损害赔偿制度，落实垃圾焚烧厂污染防治主体责任和生态环境部门监管责任，构建垃圾减量化、无害化和资源化的循环，使得垃圾治理更加专业化，鼓励政府、企业、公众共同参与，持续转变社会整体的垃圾治理意识和行为。

图4-13　我国生活垃圾治理政策体系

我国在短期内经历了发达国家近百年的生活垃圾处理历程，目前面临着垃圾产生量快速增长和末端处理转型等多重压力。今后的垃圾管理需因地制宜地设置回收和处理目标，兼顾垃圾的环境和资源双重属性，一方面发展垃圾分类和回收，提高资源化利用率，另一方面应对垃圾产生量和组分的变化，建立与其相适应的处理能力，以社会、经济和环境最优为目标，不断探索适宜国情的垃圾处理管理模式。

━━━━━━━━━━━━━━ **专　栏** ━━━━━━━━━━━━━━

"五点一线"垃圾管理：中国光大环境（集团）有限公司经过前期不断地研究摸索，考虑公司现有的垃圾焚烧发电业务，于2019年提出公司独有的"五点一线"垃圾管理技术路径。从五点的源头看起，居民社区端垃圾分类为第一点；第二点是在城市中布点加设中转站或垃圾屋；对于干垃圾，则通过中转站批量运输至第三点——分拣中心；第四点——再生资源中心；终点就是将分类后不可回收再利用的垃圾进行焚烧发电。公司致力于更加主动地参与中国垃圾分类及资源再生产业的发展，积极引导民众理念的快速改变，探索垃圾处理"分、转、拣、用、烧"全过程，"五点一线"适用的可复制、可推广的技术与商务模式，力求打造垃圾管理全产业链，构建垃圾处理新的价值创造链。

第二节　垃圾焚烧发电

从我国垃圾处理的现实状况来看，堆肥处理由于成本高、工艺复杂并存在使用后的土壤安全等原因，并未得到广泛应用。卫生填埋会占用大量土地资源，并存在污染地下水的危险，很多城市已无地可埋。垃圾焚烧占地面积小并能常年循环使用，通过技术创新和规范管理能够实现达标排放，而且垃圾焚烧产生绿色电力，从而能很好地实现垃圾无害化与资源化，目前已成为生活垃圾处理的优选方式，也是全球生活垃圾处理的主流方式。

一、垃圾焚烧机理

（一）垃圾组分及特性

生活垃圾的组分通常与居民的生活习惯、当地的经济发展水平密切相关，同时也受到国家政策的影响。发达国家和地区的生活垃圾因实行垃圾分类等措施，垃圾特点为高热值、低水分。而我国正处在垃圾分类的初级阶段，生活垃圾大多进行混合收集，具有高水分、高灰分、低热值的特点。具体而言：

一是成分复杂、形态多样。通常进入垃圾焚烧厂的垃圾并不仅仅包含常规意义上的生活垃圾，有时还包含部分工业垃圾及来源于填埋场的陈腐垃圾。从形态上看，原生垃圾有块状、粉末状、带状、条状等，致使垃圾的物理化学性质极为不稳定。

二是高水分，低热值。由于居民的生活习惯，餐厨垃圾依旧是生活垃圾的主要组成部分，餐厨垃圾含水量较高，而水分的蒸发需要吸收大量的热量，致使生活垃圾的热值普遍偏低。

（二）垃圾焚烧机理

焚烧是一种高温化学处理技术。生活垃圾在焚烧炉中，于高温的环境下进行充分燃烧。结合我国垃圾的特性，国内垃圾焚烧行业通过自主研发创新，逐渐形成了适应高水分、高灰分、低热值特性的垃圾焚烧技术体系。

我国垃圾焚烧炉主要有层燃式机械炉排炉、流化床式焚烧炉、回转窑焚烧炉三大类型，其中，机械炉排炉作为发展历史最长、应用最广的炉型，因其形式多样以及技术成熟、运营稳定、对垃圾适应性广、单炉处理量大，逐步成为国内垃圾焚烧行业的首选。根据生态环境部发布的生活垃圾焚烧发电厂自动监测数据公开平台的数据显示，机械炉排炉的应用约占垃圾焚烧市场的80%以上。因此，下面将以机械炉排炉为例，介绍垃圾焚烧机理。

生活垃圾通过给料斗进入倾斜向下的机械炉排炉，堆叠在炉排上，通过炉排片之间的相对运动以及垃圾本身的重力，使垃圾不断翻动、搅拌，逐步向前运动并平铺铺满整个炉排表面，如图4-14所示。炉排下方设有一定数量的灰斗，灰斗可用于收集从炉排间隙掉落的灰渣颗粒，同时一次风也经由灰斗通过炉排片之间的间隙穿透垃圾料层，为垃圾层料的燃烧过程提供足量的氧气。

在炉内辐射热与一次风加热的共同作用下，生活垃圾在机械炉排炉的层料燃烧过程分为干燥区、燃烧区和燃尽区，其中垃圾在焚烧炉内的燃烧过程分为层料燃烧过程与气相燃烧过程，即灰分和固定碳在炉排上燃烧，挥发分的析出在空间的气相自由燃烧。对于燃烧区，由于需要保证料层具有一定的温度，燃烧区的空气供给量不足以提供垃圾完全燃烧所需要的氧量，部分大分子固相可燃物会与空气中的氧气初步发生反应，生成小分子的气相可燃物，如氢气、一氧化碳、甲烷等，在炉排上方二次风的补充下继续进行燃烧过程。其中，碳作为生活垃圾的主要可燃元素，碳完全燃烧时的产物为二氧化碳，当燃烧区缺乏足够的氧量时，将产生一氧化碳，反应方程式如式（4-1）~式（4-3）所示。

$$C+O_2 \rightarrow CO_2 \tag{4-1}$$

$$2C+O_2 \rightarrow 2CO \tag{4-2}$$

$$C+CO_2 \rightarrow 2CO \tag{4-3}$$

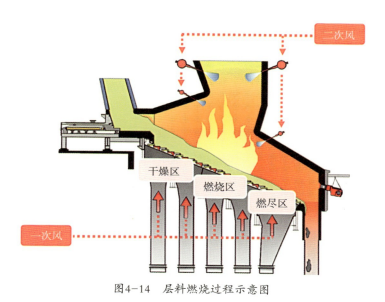

图4-14　层料燃烧过程示意图

二、垃圾焚烧发电技术

（一）垃圾焚烧发电技术介绍

垃圾焚烧发电技术，即通过焚烧垃圾产生的热能进行发电，既能实现垃圾的无害化和资源化，也能缓解城市发展对用电量的需求。通过先进的垃圾焚烧烟气净化技术使污染物达标排放甚至超低排放，大幅度减少大气污染物排放总量，满足人们对环境质量的要求。垃圾经焚烧处理后可以减少体积约90%，减少质量约75%。垃圾焚烧发电能够产生社会、经济、生态综合效益，是实现环境治理协同增效的重要路径。

垃圾焚烧发电的过程可以用"一进七出"来概括，如图4-15所示。"一进"就是垃圾进厂，在垃圾仓内经发酵后，投入焚烧炉中进行焚烧处置。"七出"即垃圾焚烧后产生的绿色电力、蒸汽、渗滤液、臭气、炉渣、飞灰和烟气，绿色电力并网发电，蒸汽用于供热，五种污染物分别被进行达标排放处理。

图4-15　生活垃圾焚烧发电系统"一进七出"

1. 绿色电力

垃圾燃烧产生热量，进入余热锅炉产生蒸汽，通过汽轮机发电机组产生绿色电力。1吨垃圾（约为三口之家一年的垃圾量）的发电量约相当于1户居民（三口之家）4个月的生活用电量，如图4-16所示。按此能效，如果人均每天产生1千克生活垃圾，大致三个人一天产生的生活垃圾通过焚烧所发的电，能够满足一个人一天的生活用电。

图4-16　垃圾焚烧产生的绿色电力供居民用电

2. 蒸汽

燃烧过程中产生的热量，加热余热锅炉中的水，变成蒸汽，可为周边工厂或居民区供热。

3. 渗滤液

垃圾在垃圾仓内储存发酵，在提升热值的同时会产生渗滤液，渗滤液的氨氮含量很高、化学需氧量（Chemical Oxygen Demand，COD）可以达到4万～6万毫克/升。经过生物处理和膜处理可达到工业回用水标准，全部回用到焚烧发电生产系统中，实现"全回用，零排放"。

4. 臭气

垃圾在垃圾仓贮存期间会产生难闻的臭气。为防止臭气外泄，垃圾仓内时刻保持着负压状态，垃圾仓内的臭气通过一次风机被抽到焚烧炉中烧掉，经过高温焚烧，既能消除异味，也能达到助燃效果。

5. 炉渣

垃圾在经过高温焚烧后，所产生的炉渣通过排渣机，排到渣坑中。炉渣经过专门的工艺处理后，可制成用于市政工程的行道砖。

6. 飞灰

飞灰是烟气净化系统捕集物和烟道及烟囱底部沉降的底灰，其处理技术主要有飞灰螯合固化、水泥窑协同处置及等离子高温熔融。

7. 烟气

焚烧产生的烟气中含有大量的有害物质和粉尘，可以采用先进的烟气净化技术和工艺，使烟气达标排放，在重点地区实现超低排放。

（二）垃圾焚烧发电系统组成

生活垃圾被运至垃圾焚烧发电厂，按照严格的工序、相关规定进行处理，其系统组成如图4-17所示。

生活垃圾焚烧产生的烟气中的主要污染物包括酸性气体、氮氧化物、粉尘、重金属和二噁英及呋喃等。目前常规的烟气净化处理工艺为：选择性非催化还原法（Selective Non-Catalytic Reduction，SNCR）+半干法脱酸+干法脱酸+活性炭吸附+布袋除尘。随着烟气排放标准的提高，部分区域要求达到超低排放标准。经过烟气净化工艺的不断优化，超低排放烟气处理的工艺主要为：选择性非催化还原法（SNCR）+半干法脱酸+干法脱酸+活性炭吸附+布袋除尘+中低温选择性催化还原法（Selective Catalytic Reduction，SCR）+湿法。

脱酸工艺用于脱除烟气中的二氧化硫、氯化氢等酸性气体。半干法脱酸一般以旋转雾化半干法为主，由反应剂（氢氧化钙）与水混合形成一定浓度的石灰浆，石在环卫部门的调度下，市政专用垃圾车将生活垃圾统一送至焚烧发电厂，通过自动称重技术记录下每车垃圾的质量，由运输车将垃圾倾倒在垃圾仓中。其中，垃圾仓不仅起到储存垃圾的作用，其更重要的功能是为垃圾提供发酵场所，使垃圾中的水分渗出

发酵过后的垃圾通过垃圾吊抓斗，经过给料斗、水冷溜槽和给料炉排进入机械炉排炉，在炉排上燃烧，产生高温烟气，燃净后以炉渣的形式排出，完成垃圾的进料和燃烧过程

热能利用系统的功能是将垃圾焚烧过程产生的热能进行回收利用，热能利用形式以发电为主，辅以厂内生产用热。高温烟气进入余热锅炉，加热水冷壁管内的水，产生高温高压蒸汽，蒸汽进入汽轮机发电机组。过热蒸汽进入汽轮机带动涡轮叶片做功，将热能转化为机械能；汽轮机带动发动机旋转，将机械能转化为电能

垃圾在焚烧过程中会产生携带有大量细小颗粒和气体污染物的高温烟气。烟气净化系统的功能是对烟气中的氮氧化物、酸性气体、粉尘、二噁英等污染物进行处理后达标排放

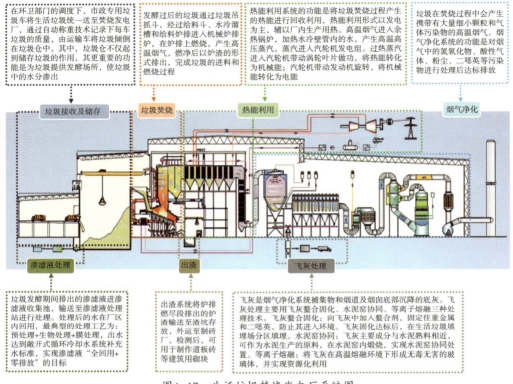

垃圾发酵期间排出的渗滤液进渗滤液收集池，输送至渗滤液处理站进行处理。处理后的水在厂区内回用，最典型的处理工艺为：预处理+生物处理+膜处理，出水达到敞开式循环冷却水系统补充水标准，实现渗滤液"全回用+零排放"的目标

出渣系统将炉排燃尽段排出的炉渣输送至渣坑存放，外运至制砖厂，检测后，可用于制作道板砖等建筑用砌块

飞灰是烟气净化系统捕集物和烟道及烟囱底部沉降的底灰。飞灰处理主要用飞灰螯合固化、水泥窑协同、等离子熔融三种处理技术。飞灰螯合固化：向飞灰中加入螯合剂，固定住重金属和二噁英，防止其进入环境。飞灰固化达标后，在生活垃圾填埋场分区填埋。水泥窑协同：飞灰主要成分与水泥熟料相近，可作为水泥生产的原料，在水泥窑内煅烧，实现水泥窑协同处置。等离子熔融：将飞灰在高温熔融环境下形成无毒无害的玻璃体，并实现资源化利用

图4-17　生活垃圾焚烧发电厂系统图

灰浆经旋转雾化器喷入脱酸反应器中，与烟气中的酸性气体发生化学反应，以脱除酸性气体。干法脱酸是烟气在进入袋式除尘器前，喷入氢氧化钙干粉，使之进一步与酸性气体反应，以提高酸性气体的脱除率。湿法是采用碱性脱酸吸收液与烟气充分接触，发生气液反应，将烟气中的酸性气体吸收至液相实现脱酸，可达到更高的酸性气体脱除效率。

脱硝工艺用于脱除烟气中的氮氧化物。SNCR是在高温（850～1100℃）条件下，还原剂（氨水或尿素）直接与烟气中的氮氧化物反应，生成无毒无害的氮气，以脱除氮氧化物。中低温SCR是在氧气和催化剂条件下150～240℃的温度窗口内，还原剂氨将烟气中的氮氧化物还原为氮气和水，以实现更高效的氮氧化物脱除。

重金属和二噁英及呋喃脱除工艺：为降低重金属、二噁英及呋喃等污染物的排

放浓度，烟气在进入袋式除尘器之前，喷入活性炭吸附汞等重金属及二噁英、呋喃等污染物。其中，二噁英类污染物作为重要的烟气污染物，其控制方式主要通过保证垃圾在焚烧炉内完全燃烧以减少二噁英类污染物的生成，并满足烟气在850℃温度下停留2秒，使二噁英类污染物分解，最后采用物理吸附的方式，使二噁英类污染物完全达标排放。

除尘工艺用于脱除烟气中的粉尘。含尘气体通过布袋除尘器的滤袋时，通过纤维结构的布袋过滤作用，将固体颗粒物从气体中脱除。由于布袋除尘器效率高，滤袋表面同时可作为脱酸以及吸附二噁英的第二反应器。

（三）发展方向

随着垃圾焚烧发电产业的日渐成熟，未来垃圾焚烧技术的创新路在何方？顺应时代发展潮流，垃圾焚烧技术将朝着绿色、低碳、高效的方向不断发展。

1. 大容量和小型化并举

针对大中城市日益增长的垃圾量，土地资源日益紧缺，在同样的建厂规模下，采用大容量焚烧炉能够减少生产线的数量，节约占地，因此大型焚烧炉的市场应用前景非常广阔。以3×1000吨/日焚烧项目为例，相比于4×750吨/日焚烧项目能够节约占地15%。大型焚烧炉具有单炉处置量大、焚烧炉效率高、污染物排放量小的特点。目前国产大型焚烧炉已发展到850吨/日～1000吨/日的规模，单位垃圾发电量相比中小型焚烧炉，可提高10%左右。

另外，针对乡镇生活垃圾集中收运难度大、经济成本高等因素，采用小型焚烧炉对乡镇生活垃圾按照就地、就近原则进行分散处理，具有重要的现实意义和广泛的市场需求。

2. 高效率

当前大多数垃圾焚烧发电项目采用4兆帕/400℃中温中压锅炉，全厂循环热效率为22%左右。但也有大型焚烧炉采用提高效率的垃圾焚烧发电的技术案例，例如荷兰AEB公司垃圾焚烧发电厂、美国卡万塔夏威夷垃圾焚烧发电厂和中国光大环境（集团）有限公司苏州垃圾焚烧发电厂，全厂循环热效率可高达30%。采用高参数、中间再热、高转速等高效率技术是垃圾焚烧发电行业的发展趋势，也是提高垃圾焚烧发电厂经济效益的关键措施。突破高参数技术瓶颈，挖掘工艺潜力，提高能源利用效率，对行业发展具有重要意义。

3. 智能化

随着科技的发展，垃圾焚烧行业亟须解决自动化、智慧化的问题。无人值守智慧工厂集成技术以实现全厂设备数字化，过程控制智能化，生产管理一体化，信息管理网络化、可视化为目的。其不但可以规避重大安全事故，还能大幅度提高生产效率，减少人力成本，使企业获取更高的经济效益。

4. 超低排放

随着我国环保要求的不断提高，近几年多个省份都在国标的基础上提高了排放要求，可以预见未来各省市将根据自身经济与环保状况，设置更高的排放标准，垃圾焚烧实行超低排放是必然趋势。目前采用的超低排放工艺存在工艺链长、能耗高等问题，因此，对低成本、高效率的超低排放新技术市场的需求将越来越大。工艺创新将聚焦在更高效的脱硝和脱硫技术的研发和应用上，如低温SCR脱硝、高效湿法脱酸、烟气再循环+SNCR耦合脱硝、半干法+高效干法脱酸等。

5. 零填埋

探索焚烧发电产生的炉渣和飞灰的资源化利用技术，以减少填埋量。炉渣可通过综合处理，去除杂质，回收贵重金属，并破碎筛分得到各种粒径的建筑骨料，生产制作再生砌块和道路路基填充无机混合料，形成再生资源的同时产生经济效益。飞灰可采用具有减容率高、熔渣性质稳定特点的等离子熔融技术，经高温熔制成玻璃熔体水淬渣，作为建筑骨料，实现资源化利用。

6. 多种废弃物协同处理

一个区域或城市内产生的有机固废除生活垃圾之外，还包括一般工业固废、污泥、陈腐垃圾、医疗废弃物、农林生物质废弃物、禽畜粪便、餐厨沼渣等。若逐一建设不同的处理设施，不仅经济性差，而且难以进行规模化和高效化处置。利用垃圾焚烧发电平台的协同优势，可横向开展多种废弃物综合处置，将符合要求的可进入垃圾焚烧炉中进行处理的废弃物与生活垃圾进行协同处理，创新、一体化地解决当地多种废弃物的处置问题，实现资源化、减量化、无害化。

7. 适应垃圾分类新政策

实施垃圾分类后，垃圾分为可回收垃圾、有害垃圾、厨余垃圾、其他垃圾等。

理论上只有其他垃圾需要进行入炉焚烧处理，使得入炉垃圾量减少。由于要将厨余垃圾从原本进入垃圾焚烧炉的混合垃圾中分离开来，使得入炉垃圾含水率降低，热值提高，垃圾吨发电量提高。同时，垃圾渗滤液将大量减少，降低了相关处置成本。一部分塑料垃圾和有害垃圾也将从混合垃圾中分离出来，会降低烟气污染物浓度，降低烟气污染物控制难度和烟气净化成本。

为应对垃圾热值提高造成的炉膛热负荷提高，需要开发新型耐高温炉排片，应用于水冷炉膛；为应对垃圾热值提高带来的炉膛结焦问题，需要研究炉膛防结焦技术措施；为应对垃圾减少造成的垃圾量达不到炉排设计处理量，需要寻求其他可入炉处理的废弃物来源，进行协同处理；根据当地垃圾分类实施情况，需要因地制宜地调整垃圾焚烧系统设备及工艺路线。

专　栏

1. 常州垃圾焚烧发电项目——"无厂界、全开放"打造"城市客厅"

2020年7月8日，常州垃圾焚烧发电项目（常州项目）厂区正式开放厂界（图4-18），成为中国首座无围墙、全开放、近邻区、超低排放、建有便民惠民设施的"邻利型"垃圾发电厂（图4-20），同时厂区内建设的秋白书院图书馆也正式对外开放（图4-19）。常州项目被中央文明委确定为首批重点工作项目基层联系点，是全国唯一来自生态环境系统的单位。同时也是"中国第一个没有围墙的垃圾发电厂""中国第一个建有便民惠民设施的垃圾发电厂""江苏省第一个实现超低排放的垃圾发电厂"。

常州项目的设计规模为日处理垃圾800吨，是国家AAA级生活垃圾焚烧厂，

图4-18　常州垃圾焚烧发电项目全貌

图4-19　常州垃圾焚烧发电项目内图书馆

亦是中国最近民居的垃圾发电项目，其与周边十万居民和谐为邻，是常州城市管理的一张靓丽名片、全国垃圾发电行业的标杆企业。项目通过提标改造、增设惠民便民设施、持续完善公众开放制度，全面提高环保设施开放水平。投运十三年来，其累计接待

图4-20　常州垃圾焚烧发电项目内儿童游乐场

参观者超8.2万人次，增强了公众对垃圾焚烧科学性的理解，也让大家获得了让垃圾变废为宝的知识。常州项目由原来"闲人免进"的封闭场所变成现在面向市民开放的"城市客厅"，有助于推动环保行业的健康发展。

"围墙拆除后，我们不仅对项目的环保水平更加放心，而且多了休闲健身的好去处，大家都很高兴。"周边居民高度称赞道。

2. 杭州九峰垃圾焚烧发电项目——"超低排放"成功化解"邻避效应"

杭州九峰垃圾焚烧发电项目（杭州九峰项目）设计规模为日处理生活垃圾3000吨，该项目从开山劈石开始，到矗立于眼前的庭院式垃圾发电厂，为将"邻避效应"化解为"邻利效应"的良好实例，作为国内首个实现超低排放的项目，亦是世界级的新标杆（图4-21）。

图4-21　杭州九峰垃圾焚烧发电项目

漫步于花园式的厂区，你也许会问：为什么烟囱"不冒烟"？杭州九峰项目的烟囱常年"不冒烟"，即使在冬天最冷的时候，也是如此。这是因为项目除了净化污染物的七道工艺，还在烟气处理生产线的末端加装了烟气脱白装置，这一工艺为国内首创，消除了"白烟"这一"视觉污染"。

杭州九峰项目是目前国内单次建设规模最大、环保工艺水平最高、环境排放标准最严的垃圾焚烧发电项目。其烟气排放实现了超低排放，在生产中始终坚持精益求精、追求完美、近零排放、追求卓越，真正做到了"经得起看、经得起听、

经得起闻、经得起测"。杭州九峰项目还是国内首个成功破解"邻避效应",并原址重启建成的垃圾焚烧发电项目,项目带来的旅游效应更是拉动了周边的发展,为国内垃圾发电行业与社区共融的发展模式起到了示范作用。

杭州九峰项目自2017年11月投入运营以来,累计接待社会各界访客超4万人次,2021年荣获首届杭州市民日"最具品质体验点"称号,为杭州市生态文明建设做出了积极贡献。该项目荣获中国建筑界最高奖——鲁班奖。

3. 雄安垃圾焚烧发电项目——"隐工业建筑,显蓝绿景观"

雄安垃圾焚烧发电项目(雄安项目)作为固体废弃物综合处理项目,以减量化、资源化、无害化为原则,接纳雄安新区全域、全口径的固体废弃物,将涵盖垃圾焚烧处理、厨余垃圾处理、污泥干化处理、医疗废弃物处置、粪便处理、污水处理、炉渣综合利用、飞灰熔融处置及相关配套基础设施建设。其中垃圾综合处理设施一期工程规模:生活垃圾焚烧处理规模2250吨/日、厨余垃圾处理规模300吨/日、污泥干化处理规模300吨/日、医疗废弃物处置规模10吨/日、粪便处理规模300吨/日、炉渣综合利用570吨/日、飞灰熔融处置50吨/日。雄安项目亦将同时建设垃圾车停车场、室内滑雪场等配套设施(图4-22)。

图4-22　雄安垃圾焚烧发电项目

雄安项目创造性地将垃圾处理设施采用地下/半地下设计,隐藏在景观内,从空中及地面来看,其与郊野公园融为一体,地下实现废弃物无害化处理和资源化利用;地面上只有高耸的烟囱和起伏的山峦,烟囱则作为园区标志景观。

雄安项目坚持以最高标准、最优工艺和最佳管理，将该项目打造成世界一流的生态环保标杆项目，助力雄安新区"绿色生态宜居新城区"建设，当好"千年大计、国家大事"的绿色环保先锋。

三、垃圾焚烧发电与碳减排

（一）垃圾焚烧发电项目的碳减排作用

据《以数据看世界》（2016年）的数据显示，我国废弃物处置的温室气体排放量所占比重约为2%，如图4-23所示，其中废弃物处置主要包括固体废弃物填埋处理、废水处理以及废弃物焚烧处理。

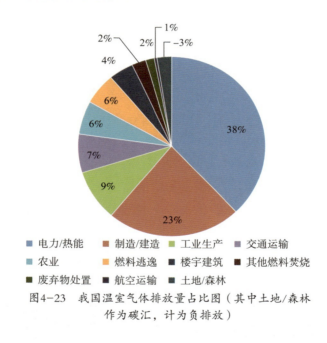

图4-23 我国温室气体排放量占比图（其中土地/森林作为碳汇，计为负排放）

与能源活动覆盖的能源工业、制造业以及建筑业、交通运输业等行业相比，废弃物处置行业温室气体排放占比远低于其他行业，但2%所对应的碳排放量绝对值是不可忽略的，它比荷兰、菲律宾等国家一年的碳排放量还要多近30%。此外，废弃物处置作为刚需行业，如何在减污治污的同时有效降低其温室气体排放，也显得尤为重要。

垃圾焚烧发电项目不仅可以有效处理垃圾，实现资源化利用，而且对温室气体的减排效果显著。《国家重点推广的低碳技术目录》强调，垃圾焚烧发电技术是通过焚烧，对生活垃圾进行减量化和稳定化处理，同时将垃圾的内能转化为高品质的热能，用于发电。与传统的卫生填埋垃圾处理方式相比，生活垃圾焚烧处理方式不仅减少了垃圾填埋缓慢降解过程中甲烷和二氧化碳的排放，而且在焚烧处理过程中通过能源化利用，起到替代化石燃料的作用，能进一步提高碳减排效果。

　　生活垃圾焚烧发电项目通过在避免填埋和替代化石能源两个方面，减少温室气体的排放，但垃圾焚烧处理本身也会增加一部分温室气体排放。如图4-24所示，生活垃圾主要由厨余、塑料、纸、竹木、金属等组分组成，其中由燃烧塑料等化石材料所产生的二氧化碳以及垃圾焚烧发电过程中使用的辅助化石燃料所产生的二氧化碳，计入碳排放，但依据清洁发展机制（Cleaning Development Mechanism，CDM）执行理事会EB（Executive Board）20次会议报告定义，生物质燃烧或分解排放的二氧化碳排放量不计入温室气体排放量。如果一个自愿减排项目活动中生物质分解或燃烧可能引起碳库的减少，那么这种碳库的变化应当被计入减排量中，但垃圾处理项目不属于该种情况，因此不计入由秸秆、竹木等生物质燃烧所产生的二氧化碳排放量。

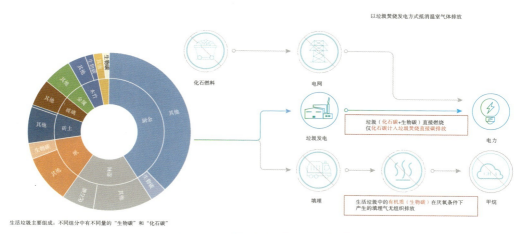

生活垃圾主要组成：不同组分中有不同量的"生物碳"和"化石碳"

图4-24　垃圾焚烧项目的减排方式

（二）垃圾焚烧发电项目碳排放核算

1. 垃圾焚烧发电碳排放核算方法学

根据《京都议定书》规定，在清洁发展机制（CDM）中，发达国家需要提供资金和先进技术，帮助发展中国家开展温室气体减排项目，取得经核证的减排量（Certified Emission Reductions，CERs），用于实现其在《京都议定书》下的部分减排义务。

如何识别、开发、审定以及批准合格的CDM项目，以及如何事先估算和事后核准项目产生的排放量，是CDM各参与方面临的不可回避的问题。《京都议定书》规定，CDM项目必须能够实现长期的、可监测的、额外的温室气体减排量。为此，CDM国际规则要求，应建立一套有效且具操作性的程序和方法来估算、监测、核查CDM项目产生的温室气体减排量，这样的一套程序和方法，即CDM方法学。该方法学用以指导项目基准线情景①的识别、额外性②的论证、基准线温室气体排放量的计算、项目排放量计算、泄漏排放量的计算、检测计划的制定和执行等，可供世界各国用来估算项目的碳减排。

垃圾焚烧发电项目温室气体减排计算适用的CDM方法学是ACM0022："通过可选择的垃圾处理方法避免温室气体排放。"在此方法基础上，国内也开发了《CM-072-V01多选垃圾处理方式》方法学，用于国内垃圾焚烧项目温室气体减排量（即国家核证自愿减排量，Chinese Certified Emission Reduction，CCER）的计算，其减排原理基本与CDM方法学一致，如图4-25所示，主要为通过避免垃圾填埋产生以甲烷为主的温室气体排放以及替代由化石能源占主导的电网产生的同等电量，实现温室气体的减排。

2. 垃圾焚烧发电项目碳排放核算内容

根据垃圾焚烧温室气体减排原理，垃圾焚烧产生热能进行发电可以替代火力发电（视当地情况），从而实现温室气体减排；同时焚烧方式替代填埋方式处理生活垃圾，避免了垃圾填埋产生以甲烷为主的温室气体排放，也实现了减排。因此，抵消量共包括两部分，一是由生活垃圾焚烧替代化石燃料发电所避免产生的二氧化碳排放；二是避免生活垃圾填埋处理产生的温室气体排放。

但垃圾焚烧过程会产生一定量的碳排放，主要是指化石碳的排放，共包括三个范畴：

---

① 基准线情景：合理地代表一种没有CDM项目活动时所出现的认为温室气体排放情景，基准线相当于在同样生产/服务水平下CDM项目的"替身"，是假设情景，而且应当是最可能的情景。

② 额外性：CDM项目活动所产生的减排量相对于基准线是额外的，即这种项目活动在没有外来的CDM支持下，存在诸如财务、技术、融资、风险和人才方面的竞争劣势或障碍因素，难以实现，因为该项目的减排量在没有CDM时就难以产生。反言之，如果某项目活动在没有CDM的情况下能够正常商业运行，那么它自己就成为基准线的组成部分，那么相对该基准线就无减排量可言，也无减排量的额外性可言。

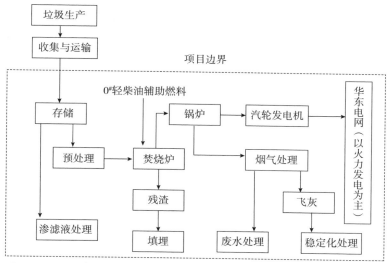

图4-25　垃圾焚烧碳排放计算项目边界《CM-072-V01多选垃圾处理方式》

一是直接排放，即生活垃圾中化石碳焚烧直接产生的排放及使用化石燃料助燃产生的排放。需要注意的是，生活垃圾中既含有化石碳，也含有生物碳，直接燃烧时仅化石碳部分计入垃圾焚烧直接碳排放，生物碳燃烧产生的碳排放不计入；而在填埋情形下，生活垃圾中的有机质（生物碳）在厌氧条件下产生的填埋气无组织排放，则需计入排放。

二是使用能源引起的间接排放，即厂内外购电力消耗产生的碳排放。

三是其他间接排放，包括灰渣运输处置及员工差旅等。

以上范畴的温室气体排放量相加，即为项目排放总量。

3. 垃圾焚烧发电碳排放核算模型

依据上述核算内容，国际机构产生了垃圾焚烧发电碳排放核算模型：

碳减排量=抵消量（替代火电+替代填埋产生的温室气体排放量）-排放量（垃圾化石碳排放量+化石燃料消耗+外购电力+其他间接排放）-泄漏量。

作为中国最大的环境企业和全球最大的垃圾发电投资运营商，光大环境经过深入调研后发现，目前全球广泛使用的垃圾发电碳排放核算模型及边界条件是基于发达国家情况建立的，其不能很好地适应中国现阶段垃圾发电项目碳排放的具体核算，如计算参数的选定、排放因子的选取等。光大环境依据中国垃圾发电实际情况，深度优化了国际常用的碳排放模型，优化后的模型已得到国际知名碳排放测算咨询公司的采纳，并用于核算光大环境2020年度的总体碳排放情况。

本次光大环境优化后的碳排放测算模型具有以下创新点：

垃圾各组分化石碳含量及含水率系数校正，以更准确反映中国垃圾发电项目的实际情况。抵消填埋计算系数校正，即对填埋基准线排放计算模型中各组分可降解有机碳比例、甲烷转化系数、气候影响系数等进行校正。模型与实测互相校核。除优化和开发更符合中国国情的碳排放测算模型之外，光大环境正在对其下辖典型项目进行实际碳排放量检测和统计，检测数据将与模型数据互相校核。

4．垃圾焚烧发电项目碳减排核算案例

基于上述模型，本节以单个投建的500吨/日垃圾焚烧项目为例，计算十年间该项目的减排量。由于垃圾组分具有一定的不确定性，本节以光大环境两个典型垃圾焚烧项目的垃圾组分为例，进行初步测算。

说明：由于每个项目的实际情况不同，为了更直观地对比影响垃圾焚烧减排量的因素，暂未考虑以下4个内容：

垃圾焚烧项目外购化石燃料（燃料油、石油、天然气等）的碳排放；垃圾焚烧项目渗滤液、污水处置过程的碳排放；项目外购电力产生的碳排放；其他间接排放——外购商品和服务、上下游产业链及售出产品的使用过程等更广泛的范围。

选用的两个典型垃圾焚烧厂的垃圾组分，如表4-4所示。

表4-4　两种典型的垃圾组成　　　　　　　　　　　　　　（%）

	纸类	厨余	织物	竹木	橡塑	其他[1]
项目1组分	9.62	16.20	0.00	0.00	32.00	42.18
项目2组分	7.50	40.43	2.63	3.04	22.60	23.80

①主要是指金属、玻璃、砖土以及其他惰性垃圾组分。

在碳核算中，一般来说，由于垃圾组分一定，项目的年化石碳排放和电力基准线排放为固定值，根据碳排放核算的计算原理，影响年碳减排量的主要变量是抵消填埋基准线排放。为了进一步分析垃圾焚烧减排量随年份的变化情况，图4-26中显示了

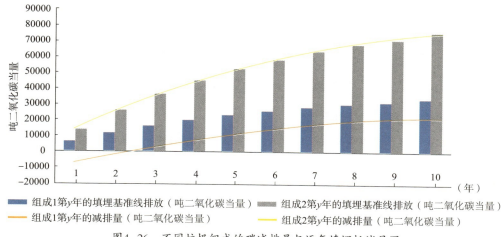

图4-26 不同垃圾组成的碳减排量与逐年填埋抵消量图

填埋基准线排放以及碳减排量随年份变化的趋势。可以看出，不同的垃圾组分对应不同垃圾焚烧厂每年的碳减排量可能会存在有正有负的情况，即对于刚投运的垃圾焚烧厂，在第一年不一定会产生减排效应。由以上两种垃圾焚烧厂减排量的计算结果对比可以发现，由于填埋基准线是与垃圾填埋相比较的，填埋产生的甲烷量会对整个项目的减排量产生较大影响。需要进一步说明的是，对于第一年处理的垃圾，假设没有焚烧，那么在第二年、第三年以后仍会分解产生甲烷，因此对于垃圾焚烧项目，需要将其运行计入期内所处理的所有垃圾都考虑进去，即项目运行时间越长，则可抵消的填埋量越大，参考CDM和CCER的计算方法，一般考虑计算7或10或21年计入期内的填埋抵消量，在本节的案例中计算了两个项目10年内的平均减排量，如表4-5所示。

表4-5 两种情况的年均碳排放情况

	年排放 （吨二氧化碳当量）	年发电基准线 排放（吨二氧化碳当量）	年均填埋抵消量[①] （吨二氧化碳当量）	年均减排量 （吨二氧化碳当量）
项目1	57756	44653	23850	10747
项目2	42459	42411	51871	51822

①计入10年的平均填埋抵消量。

通过表4-5可知，垃圾焚烧发电项目的减排量核算与垃圾焚烧量、垃圾组分、上网电量等参数息息相关，每个项目存在较大差异。在不计入其他工艺或者辅助燃料外购电力使用的情况下，垃圾组分对于垃圾焚烧发电的碳排量具有很大的影响。由于假设垃圾组分不变，垃圾项目化石碳排放以及发电基准线将为固定值。可以发现垃圾组分中，塑料类等含化石原料废弃物的量越高，对应的由于焚烧产生的化石碳的排放量越大。垃圾组分的不同会影响垃圾的热值，从而进一步影响发电量，即会进一步影响垃圾发电的基准线排放。

简单来说，对于单个垃圾焚烧发电项目碳减排量的核算，单个项目的垃圾中生物碳组分越多，化石碳组分越少，发电量越多，运行计入期越久，对应的碳减排量就越多。

四、固废处置碳排放监测

温室气体排放的准确监测是实施碳减排的必要条件，也是实现合理公平碳交易的必要保证。目前国际上有两种检测温室气体排放量的方法，即测量法和核算法。测量法是对温室气体的排放直接进行测量，其结果准确度高，但成本也高。核算法是通过生产生活的数据等，计算温室气体的排放量，它的成本低，但准确度也低，国内温室气体的监测目前基本上都是核算的，其准确性直接影响到"双碳"的量化目标以及具体实施。因此，"检测+核算"的温室气体碳排放监测是校验碳排放核算体系的准确性、合理性的重要技术措施，有利于碳排放交易的开展，从而助力"双碳"碳减排目标的实现。"碳监测"既可以服务于企业的碳排放核算和校核，进而服务碳排放交易，又可以促进行业的绿色低碳转型升级、提升国际竞争力，也可以对国家的排放清单编制起到推动作用。

生态环境部于2021年5月开始筹划对重点碳排放行业进行实际碳排放监测校准的试点工作。生态环境部高度重视，集结了各行业的领军企业来承担相关行业典型项目的碳排放检测工作。这些行业包括火电、钢铁、天然气、石油开采、煤炭开采以及废弃物处置处理。光大环境作为固废处理领域的龙头企业，被选为承担废弃物处置行业碳检测的试点工作单位之一，涉及垃圾焚烧、垃圾填埋以及污水处理。

固体废弃物部分所产生的温室气体大约占到了总排放量的2%，主要包括甲烷、二氧化碳和氧化亚氮。随着人口增加、经济发展，城市生活垃圾产生量也不断增加，源于垃圾处置的温室气体的排放量也越来越大，因此，基于垃圾处理相关的碳排放问题的研究也日益成为热点。生活垃圾处置主要涉及焚烧项目、填埋项目以及污水处理项目，但目前市场上暂无针对生活垃圾处置及污水处理项目的实测型碳排放监测专业技术应用的整体方案。

填埋场作为典型的有组织排放面源，其温室气体排放量监测一直是难点，一般来讲，填埋场地区域较大，由于垃圾的理化性质、填埋场地特点、覆土特点、微生物种群结构与气候条件等因素存在差异，使得甲烷等温室气体的排放通量监测值与实际值相差较大，达7个数量级。目前国内外垃圾填埋场温室气体排放监测技术主要包括定性监测和定量监测。定性监测就是在定量监测前，对填埋场展开现场全面调查，其目的是了解填埋区表面甲烷或二氧化碳浓度的分布概况，尤其是找出浓度异常高的区域"热点"，以更好地设计监测方案，包括简单的野外观察、热红外调查和网格扫描等。定量监测是获得整个填埋场的日或年温室气体排放通量，其理论基础是基于质量守恒定律的气体对流扩散规律。排放通量是对监测所得的大量数据，运用统计方法计算获得的。定量监测方法主要包括通量箱法、微气象法、质量平衡法/断面法、示踪气体羽流法、气体羽流法，如表4-6所示。

目前针对生活垃圾填埋场的温室气体排放，还没有一种最好的监测方法，其主要困难在于排放通量的时空差异大和监测环境的影响因素多，实际上，监测数据越多，结果越可靠，因此获取监测数据的效率很重要。虽然最常用的是通量箱法，但实践表明，其获取数据的效率低，容易造成实测值显著低于真实值。微气象法、质量平衡法、示踪气体羽流法和气体羽流法等作为新的监测方法，获取数据的效率比通量箱法高，在美国等发达国家得到重视并积极应用，但技术较复杂、操作难度大。

固废及污水处置行业中，碳排放监测研究是行业转型的重要工作，是碳核算技术方法的重要基础和数据支撑。重视温室气体的审计和核算，并及早开始制定相关的减排技术路线，可减少未来的碳减排成本和碳减排政策变化所带来的相关运营风险。无组织排放源的碳排放量监测是废弃物处置企业碳排放监测工作中的重要组成部分，对碳排放量核算和碳排放交易权具有重要意义。碳排放监测可以促进碳减排的推进，碳减排在带来挑战的同时也带来了机遇。企业能通过资源能源回收利用实现碳减排，多余的减排量还可以通过碳市场进行交易，为企业拓展新的融资渠道。

表4-6 各种监测方法对比

	通量箱法	垂直径向羽流测绘方法	差分吸收激光雷达技术	质量平衡法	微气象法	示踪气体羽流法	气体羽流法
监测尺度	1~500m²	<5hm²	≈10hm²	>2000m², <10hm²	<10hm²	全场	全场
单个通量数据获取时间	25min	1min	10~20min	1h	15min	10min	30min
单个场地通量监测所需时间	2d	连续3h	3h	可连续3~6week	连续监测>1d	连续羽流监测3h	至少12h
费用	监测点越多越高	中等	中等	中等	中等	高	改进后较低
主要气体检测仪器	GC-FID, IRGA	TDLAS, OP-FTIR	差分吸收激光雷达	气体检测仪	气体检测仪	动态: TDLAS, OP-FTIR; 静态: GC-MS	动态: TDLAS,QCL, OFCEAS; 静态: FID
使用次数	最多	少	少	少	少	少	较多
风速精确度（m/s）	—	0.5	1	1	0.15	0.5	0.15
风向精确度（°）	—	5	1	3	3	5	3
结果类型	表面排放因子	表面排放因子	单位面积的排放量	表面排放因子	表面排放因子	全场排放量	全场排放量
单位	g·m⁻²·d⁻¹	g·m⁻²·d⁻¹	g·s⁻¹	g·m⁻²·d⁻¹	g·m⁻²·d⁻¹	g·s⁻¹	g·s⁻¹

注：GC-FID为气相色谱仪-火焰离子化检测器；IRGA为红外气体分析仪；TDLAS为可调谐二极管激光吸收光谱仪；OP-FTIR为开放光程傅里叶变换红外光谱仪；QCL为量子级联激光器；OFCEAS为光反馈腔增强吸收光谱仪；GC-MS为气相色谱-质谱联用仪。

五、企业实践——光大环境

（一）光大环境碳排放现状

光大环境拥有国内最大的废弃物处置体量，通过分析光大环境的碳排放，可以为环保行业的碳排放提供一定的参考。光大环境的温室气体排放[①]主要由垃圾焚烧发电项目、生物质发电/供热项目、危废项目及污水处理项目四类项目产生，其中垃圾焚烧发电项目的体量最大，对公司整体温室气体排放具有决定性的作用。垃圾焚烧项目的碳减排量主要影响因素为原生垃圾中化石碳的含量、上网电量、替代填埋抵消量等。

光大环境优化后的碳排放模型得到了国际权威咨询机构的认可，据此模型对光大环境2020年的温室气体排放进行了核算，结果显示，光大环境2020年温室气体的总排放量低于总抵消量，两者的差值即为减排量，约为406万吨二氧化碳当量，光大环境为负碳企业。另外2018年、2019年光大环境的碳排放也得到了重新核算，确认了2018年、2019年光大环境的净排放量也为负值，如图4-27所示。这些校正后的负排放数

图4-27 光大环境2018—2020年碳排放量示意图

[①] 根据ISO14064，温室气体排放包含三个范畴，范畴1为直接排放；范畴2为使用能源引起的间接排放，主要是指使用的外购电力或蒸汽；范畴3为不受企业控制的其他间接排放，主要是指上下游产业链及售出产品、员工差旅等过程中产生的间接的温室气体排放。本文描述的温室气体排放包括范畴1和范畴2。

据，在2021年7月已通过《光大环境2020年可持续发展报告》正式发布。

碳排放量核算结果显示，在目前国际和国内各行各业相关企业都在规划自己的碳中和时间表、路线图时，光大环境在2018年已经达到了碳中和，已是负碳企业。但其碳中和、负碳是在当前的特定条件下取得的，随着双碳愿景下能源结构的调整，垃圾处置方式的改变，这些特定的条件都会发生变化，从而影响负碳企业性质。

（二）光大环境垃圾焚烧发电碳排放趋势分析

光大环境以优化后的核算模型开展垃圾焚烧发电业务"双碳"碳排放预测，预测模型公式如式（4-4）所示。

$$减排量=\frac{电力排放因子×垃圾热值×发电}{效率×上网率+替代填埋抵消量}-\frac{垃圾处理量×单位吨}{垃圾化石碳排放量} \qquad (4-4)$$

公式（4-4）中，垃圾焚烧的排放量主要来自焚烧垃圾中的化石碳成分（如塑料、织物等）产生的二氧化碳，抵消量主要来自两方面，即垃圾焚烧发电的抵消量和避免垃圾填埋产生甲烷的抵消量。

预测中主要关注的影响因素及假设为：业务处理量，2021—2025年的年处理量为光大环境垃圾焚烧业务板块的预测值；2025年以后的年处理量假设逐年递增1%；抵消量，该因素对确保公司负碳企业性质至关重要。

一是替代火电的抵消量。上网电量随处理量增加会不断增加，同时通过技术手段不断提高吨垃圾发电量（由于垃圾焚烧热转化效率最高位为30%，吨垃圾发电量不能无限提高）、降低厂用电量，也可提高上网电量；而电力排放因子随着清洁能源替代率增加而逐步降低，结合国家能源转型规划，2020年电力排放因子的取值为0.62，2060年取值为0.2。

二是替代填埋抵消量。该数值将随着垃圾填埋场管控的日渐严格、填埋场甲烷排放的有组织收集及处理处置越来越规范而逐步减少，甚至趋零；对此，我们做出假设：替代填埋抵消量维持现状不变，替代填埋抵消量在2030—2060年均为零。

采用光大环境碳排放预测模型，基于上述假设，我们研究形成了不同情景下光大环境"双碳"碳排放的两个趋势图，如图4-28、图4-29所示。

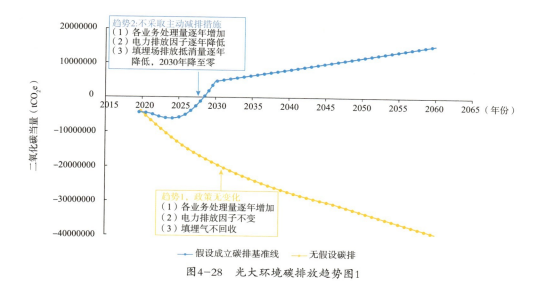

图4-28 光大环境碳排放趋势图1

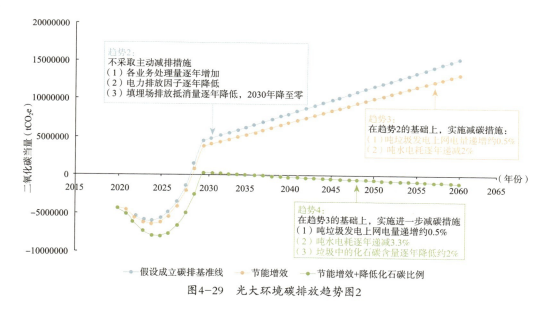

图4-29 光大环境碳排放趋势图2

如图4-28所示，在未来政策不发生变化的情况下，光大环境的碳排放将如黄色曲线所示，黄色曲线显示光大环境将一直保持负排放，减排量由2020年的约406万吨二氧化碳当量不断降低至2060年的约4000万吨二氧化碳当量，虽然此预测结果看上去对光大环境保持负碳企业十分有利，但实际情况是，随着能源结构的调整，化石能源的比重会逐年下降，上网绿色电力所产生的碳排放抵消量也会逐年下降。与此同时，随着对垃圾填埋场管理的逐渐完善，填埋场所产生的温室气体也将会被逐渐回收处置，和垃圾填埋相关的碳排放抵消量也会逐年下降。我们认为未来国家相关政策会越发严格，因此趋势1仅能作为一种极端情况参考。

所以，我们通过比较契合未来相关政策发展实际情况的假设（2）和（3），得到图4-28中的蓝色曲线，蓝色曲线显示光大环境的减排量将由2020年的约406万吨二氧化碳当量递增至2023年的最大值约500万吨二氧化碳当量，然后减排量开始逐年递减并在2028年到2029年减到0，2029年后由负碳企业变为正碳企业，无减排量，而是变成排放量，排放量由2029年的0逐年递增至2060年的约1500万吨二氧化碳当量。

由此结果可见，两个被动变量（电力排放因子和填埋场甲烷气体收集率）的客观发展趋势，使得光大环境保持负碳面临巨大的挑战和压力。但是，这两个被动变量并非光大环境可以控制的。所以，光大环境需要通过主动减碳措施，使得模型中的"主动减碳因子"发生有利变化，以制衡被动变量带来的不利情况，从而使光大环境在2060年前保持负排放。加入主动减碳因子的预测曲线见图4-29。

图4-29中所示的蓝色线等同于图4-28中的蓝色线，为无主动减排措施情况下的光大环境碳排放量，在此不做重复解释。

图4-29中的橙色线为假设光大环境在2021年至2060年，在下属所有垃圾焚烧厂内采取了主动减碳措施，通过对焚烧厂进行节能增效的技术革新的方式使得垃圾焚烧发电效率和上网率均逐年提升，使得模型中的关键参数"吨垃圾上网电量"逐年递增。在这个主动减碳措施的影响下，橙色线显示的碳排放量相比蓝色线有一定程度的降低，但整体趋势还是在2030年左右由负排放转为正排放，且由2030年至2060年正排放量逐年增大。所以，仅通过节能增效技术革新逐年提升吨垃圾发电上网量，不足以高效降碳。

通过进一步尝试，假设采取更为进取的减碳措施，如图4-29绿色线所示，在进行节能增效技术革新的同时，通过将塑料垃圾（垃圾中的化石碳主要由塑料贡献）进行分类和回收再利用，尽量避免塑料垃圾入炉焚烧。在更进一步的主动减碳措施下，绿色线显示的碳排放量比橙色线有了大幅度降低，且在2030年由负排放转变为微正排放后，碳排放量立即呈现逐年递减趋势，在2038年左右碳排放又从正排放转回负排放，且逐年缓慢递减至2060年的约100万吨二氧化碳当量。

预测结果说明，光大环境需要在垃圾焚烧业务中同时采用两种减碳策略，即采用节能增效技术革新使得吨垃圾发电上网量逐年递增，通过塑料垃圾分类回收再利用满足垃圾焚烧业务在不断拓展的同时，助力实现"双碳"目标。

通过对2021年至2060年的年度温室气体减排量的预测，不仅可以科学地预估光大环境在2021年至2060年的年度总温室气体减排量，更重要的是，优化后开发的碳排放模型原创的"减碳情景模拟功能"，可以通过调整模型中的"主动减碳因子"，模拟在实施不同的减碳策略情况下光大环境的碳减排情况，帮助企业科学地制定未来减碳策略。

第三节 垃圾焚烧发电减排路径及技术

垃圾焚烧发电具有减污降碳协同效应，若要进一步提高垃圾发电的碳减排量，可以通过源头碳减排、过程控制减排、末端治理减排及其他减排路径与技术来实现。

一、源头碳减排

生态环境部指出，"十四五"时期，将以"减污降碳协同增效"为总抓手，调整优化环境治理模式，加快推动从末端治理向源头治理转变，通过应对气候变化，降低碳排放，从根本上解决环境污染问题。

（一）垃圾分类与物质循环复用

源头碳减排是通过垃圾分类实现减量化，减少生活垃圾产生及后端处置。垃圾中的化石碳焚烧会产生碳排放，且垃圾中的化石碳80%以上来自塑料，因此可以通过分类处置，对垃圾中的废旧塑料进行分拣、资源化再生利用，从而减少进入燃烧环节的化石碳，增加生物碳（如生物质），使每吨被焚烧垃圾的化石碳含量降低，减少碳排放，同时也减少了由于化石类物质燃烧产生的大气污染物，起到协同减污降碳的作用。

此外，做好城市环卫系统和再生资源系统两个网络的有效衔接，补齐两个网络协同发展不配套的短板，真正实现"两网融合"，从垃圾源头分类投放、收集、清运、中转及终端处置进行统筹规划、专业管理。结合垃圾分类回收体系，合理运用相关回收设备和技术，将生活垃圾通过智能分类回收、分选等手段进行分离，实现垃圾处理的减量化和资源化，对生活垃圾进行最有效的处理，减少资源消耗，减少环境污染。同时，将可回收的玻璃、金属、塑料、纸张等进行循环利用，变废为宝，也能减少对原生料的开采、再制造，从而减少碳排放。

（二）多种生物碳基废弃物协同处置

垃圾发电项目具备较强的协同处置能力，以集约、高效、环保、安全为原则，协同包括厨余、污泥、粪便、医疗废弃物（消毒处置后）、农林垃圾、一般工业固废等废弃物处置，资源能源共享，环境污染共治，节约了投资及运营成本，在提升综合收益的前提下实现多种生物碳基废弃物协同处置效应，降低综合能耗。如垃圾焚烧工艺产生的热量可以作为厨余垃圾预处理和厌氧发酵工艺段需要的热源，也可以利用垃圾发电为厨余垃圾处理项目提供电力；同时，由于厨余垃圾沼液厌氧发酵和渗滤液处理过程产生的沼气单独燃烧，其热能利用效率较低，因此，可以在垃圾发电项目的焚烧炉内设置沼气燃烧器，将此部分沼气引入焚烧炉内进行燃烧利用，可减少投资费用，提高沼气利用效率。

污泥有机质含量较高，易造成二次污染，《"十四五"城镇污水处理及资源化利用发展规划》要求城市污泥无害化处置率达到90%以上。污泥处置能力不能满足需求的城市和县城，要加快补齐缺口，压减污泥填埋规模，积极推进污泥资源化利用。垃圾电厂可将污泥与垃圾进行协同焚烧处置，一方面利用垃圾焚烧产生的蒸汽进行污泥干化，然后一起置入焚烧炉中燃烧发电；另一方面垃圾发电厂将污泥燃烧与垃圾焚烧产生的污染物进行处理，可以实现防治设施共享，节约占地，提高资源利用效率。

二、过程控制减排

（一）推进节能减排增效技术

实施纵向一体化战略，向上下游产业链延伸，开展技术转型的探索。推进节能增效技术，如开展余热回收利用、推动项目热电联产，整合能源资源、集中规划，提升利用效率。通过对焚烧项目进行节能增效的技术创新，使得垃圾焚烧发电效率和上网率逐年提升。

通过回收资源能源并重复利用，可达到节能减排的目的。如利用吸收式热泵制热供暖的方式，具有较大的节能优势。光大环境某垃圾焚烧发电项目通过采用吸收式热泵制热采暖，利用热网水热量将垃圾仓加热至30℃以上，保证垃圾充分发酵，提高入炉热值，比直接抽蒸汽加热垃圾仓节省抽汽量4.5吨/时，相当于每小时多发730度电；厂区采暖也使用热泵循环热网水，可节省蒸汽量11.1吨/时，相当于每小时多发1800度电，全厂经济效益得到显著提高。

推进项目热电联产。热电联产循环同时生产电能和热能，利用做过部分功或全部功的蒸汽余热供给热能，减少了机组冷源损失，提高了能源利用率，也提高了机组的热效率。通过合理组合热电联供方式，焚烧厂热能利用率可达50%，甚至更高。

垃圾焚烧装备技术的提升，炉排炉技术的全面推广，尤其是采用中温次高压蒸汽参数的垃圾焚烧锅炉技术的广泛应用，将带来全厂热效率的进一步提升。在二氧化碳排放量不变的情况下，随着上网电量的进一步提升，可替代的传统能源将会更多。

（二）开发数字化运维技术

数字化运维是通过使用数字化技术和新的技术手段，实现电厂生产数字化、操控自动化、运营精细化、决策智慧化，进一步提升垃圾电厂的监控能力、预警能力、运行能力，以达到节能降耗的目的，同时提高上网电量，产生更多的清洁能源，从而实现更多的碳减排。如自动燃烧控制系统（Automatic Combustion Control，ACC），可提高焚烧炉的过程控制水平，实现垃圾稳定燃烧，使上网电量增多，产生更多绿色电力，达到碳减排目的。无人值守垃圾吊系统通过信息化、数字化手段，实现对电厂垃圾仓的全面优化控制及管理，实现垃圾发酵自动化管理，智能分区，使垃圾得到充分发酵，入炉垃圾热值提升，提高发电量，以达到增加碳减排的目的。智能巡检系统通过完善监控手段，辅助异常检测、图像识别等技术，构建智能巡检系统，可以降低巡检人力成本的30%以上，通过实时监控预警重大运行风险，避免大故障产生，减少焚烧炉的启停次数，从而减少辅助化石燃料的使用量，也就减少了碳排放量。

（三）烟气净化技术

垃圾焚烧过程中产生的烟气污染物主要包括酸性气体、氮氧化物及颗粒污染物等。近年来，烟气污染物的减排技术不断提高，与此同时，这些烟气减排措施对温室气体的协同减排效益，也受到更多关注。

1. 高效除尘工艺

垃圾、生物质等的燃烧都会产生颗粒污染物，炭黑是$PM_{2.5}$的重要组成部分，虽然其不属于温室气体，但其温室效应是二氧化碳的460～1500倍。随着科学技术的发展，除尘技术不断地创新和成熟，固废处理中广泛使用的除尘技术为布袋除尘。布袋除尘是通过纤维结构的布袋过滤作用，将固体颗粒物从气体中脱除。含尘气体通过滤袋时，大颗粒在惯性碰撞和拦截的作用下被挡在布袋表面，烟气和小颗粒透过滤袋。随着滤袋表面截留粉尘量的增加，形成一层滤饼层，加强过滤效果，使得细小颗粒在静电、范德华力等微观力的作用下也被捕捉，从而提高除尘效率。由于布袋除尘器效率高，滤袋表面还可作为脱酸以及吸附二噁英的第二反应器使用，从而达到协同减污降碳的效果。

2. 高效脱酸工艺

垃圾焚烧电厂排放的酸性气体主要包括二氧化硫、氯化氢以及氟化氢等气体，在与氧气等发生化学反应后，会形成酸雨，对自然环境造成严重危害。脱酸工艺主要有湿法、半干法和干法。湿法脱酸工艺是目前应用广泛且脱酸效率最高的一种烟气脱酸技术，采用碱性脱酸吸收剂与烟气充分接触，发生气液反应，将烟气中的酸性气体吸收至液相，实现脱酸。半干法是由氢氧化钙与水混合形成一定浓度的石灰浆，石灰浆经旋转雾化器喷入脱酸反应器中，与热烟气中的酸性气体发生反应，实现脱酸。干法脱酸为直接喷入氢氧化钙干粉，使之与酸性气体反应，如图4-30所示。

酸性气体脱除技术对二氧化碳减排也有一定的效果，其主要是通过碱性药剂与烟气中酸性气体混合接触发生中和反应来实现脱酸效果。在碱性药剂与酸性气体的反应中，呈酸性的二氧化碳会与部分碱性药剂反应形成碳酸盐，被捕集下来，从而

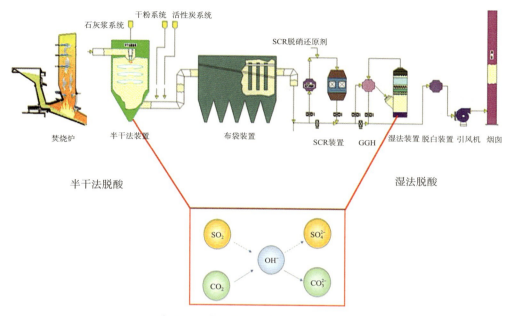

图4-30 酸性气体脱除系统降碳原理图

形成对烟气中二氧化碳捕集的效果。因此，酸性气体脱除过程在一定程度上达到了协同降碳的效果。

3. 高效脱硝工艺

氮氧化物会形成光化学烟雾和酸雨。高温燃烧产生氮氧化物的主要控制技术包括燃烧过程以及燃烧后脱硝。燃烧过程脱硝技术主要为烟气再循环法，其中烟气再循环可以实现减少氮氧化物的原始生成量，减少幅度一般可以达到30%以上。燃烧后脱硝技术是控制大气污染措施中最普遍的方法，其中包括选择性催化还原（SCR）和选择性非催化还原（SNCR），如图4-31所示，采用尿素或者氨（NH_3）在一定条件下将氮氧化物还原成氮气和水，SNCR脱硝效率可达50%以上，SCR脱硝效率可达90%以上。氮氧化物中的氧化亚氮是主要的温室气体之一，占总增温效应的6%左右，其温室效应是二氧化碳的310倍，即1吨氧化亚氮产生的温室效应相当于310吨二氧化碳产生的温室效应。因此，大气污染物中氮氧化物的脱除直接关系到温室气体的排放，高效的脱硝工艺，减少了氮氧化物，实现了减污降碳协同的效果。

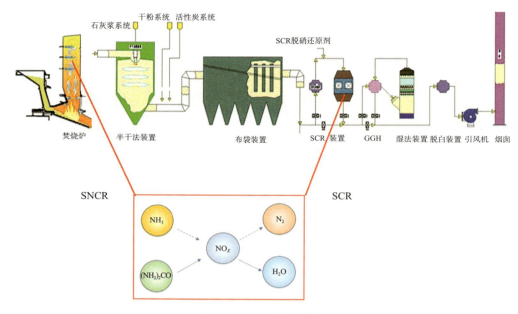

图4-31　SNCR和SCR脱除氮氧化物原理图

目前超低排放烟气净化工艺链复杂、能耗高，通过技术创新，研发新型环保烟气净化工艺，既可满足烟气排放标准，又缩短了工艺链，可以达到降低能耗、减少使用厂用电、减少碳排放量的目的。

三、末端治理减排

（一）开发负碳技术

负碳技术是指结合碳捕捉与储存技术，大大降低二氧化碳的排放量。要实现《巴黎协定》提出的在21世纪末全球2℃温升以内的目标，离不开负碳技术的发展与利用。将负碳技术与其他技术有效融合，可以达到节能减排的目的，且持续有效地修复、保护和改善地球环境。

碳捕集、利用与封存（CCUS）是实现化石能源直接减排的重要技术。按照对燃料、氧化剂和燃烧产物的处理措施划分，碳捕集技术可分为3种，包括燃烧前捕集、纯氧燃烧和燃烧后捕集。碳利用技术包括海藻培育、动力循环、油田驱油、食品级应用、二氧化碳甲烷化重整、二氧化碳加氢制甲醇、二氧化碳制化肥及碳纤维等。碳封存技术主要分为两种，包括将二氧化碳高压液化注入海底和将二氧化碳进行地质封存。然而，受能耗、安全以及经济成本等因素影响，CCUS技术的推广受到各种限制。由此，目前采用生物质发电联合碳捕集封存路线来实现负碳，也会遇到一定的阻力。垃圾焚烧发电项目由于二氧化碳排放浓度低，项目比较分散，捕集、运输成本较高，可待后期产业集群完善、成熟配套后尝试开展。限制性较小的一条可行性路线为生物质发电联合非捕集直接矿化利用，此技术路线的核心是直接吸收低浓度二氧化碳并进行矿化利用，省去捕集二氧化碳的过程，同时联产高附加值的化工产品，可以突破高成本、高能耗碳捕集过程的制约。

增强生态系统碳汇功能也是实现"碳中和"的主要手段之一。碳汇一般是指从空气中清除二氧化碳的过程、活动、机制。森林碳汇是森林植被通过光合作用捕获、封存、固定二氧化碳，从而减少大气中二氧化碳的过程。林业碳汇是通过植树造林、减少毁林、提升森林经营技术增加的森林碳汇。国家林业和草原局测算结果表明，我国幼龄林面积占森林面积的60.94%，中幼龄林处于高生长阶段，因此，固碳速率和碳汇增长潜力会伴随森林质量的提升而不断提高，这对我国"双碳"的实现具有重要作用。

（二）探索清洁能源替代技术

积极探索新能源发电技术，扩大清洁能源（水能、太阳能、风能等）的发电比例，可以实现温室气体的减排。在科技进步和市场需求的双重驱动下，光伏、风电生产及发电成本不断降低，且发电转换效率逐步提升，已具备替代火电、石油等传统能源的条件，是未来国家双碳目标的关键实现路径。通过利用垃圾焚烧发电厂建筑屋面、侧面以及厂区零散空地，可架设光伏板或小型风力发电机，利用风光互补方式替代厂用电，从而实现垃圾发电厂自身耗能绿色低碳化。

四、其他减排路径与技术

（一）垃圾焚烧绿色低碳技术

就垃圾焚烧领域而言，通过梳理典型项目的温室气体排放点，结合原料优化、节能增效、化石燃料替代、能源结构升级、碳捕集和绿色环卫等措施，规划"净零碳排放"路线。通过合理规划布局，以典型项目为突破，不断总结碳减排经验，逐步向各项目推广应用，不断提高垃圾焚烧绿色低碳技术水平，减少碳排放量。

（二）废旧塑料资源化技术

通过从源头对垃圾进行分类处置，并在垃圾焚烧厂对已入厂的垃圾进行废旧塑料分拣，使每吨被焚烧垃圾的化石碳含量降低，可达到减少化石碳排放的目的。同时，对于分拣出的废旧塑料，开发新的化学循环技术，在分子层面上实现塑料的再生重组，从本质上实现塑料的物质循环，达到碳减排的目的。

（三）多能互补转换

目前绝大部分垃圾焚烧发电项目仍依赖单一发电方式，随着"双碳"战略进一步向纵深推进，积极推动生活垃圾发电设施规划布局，在城市附近或工业园区内，发挥其稳定的供能优势，为周边居民或园区内企业供热、供汽、供冷，赋能产业，垃圾发电实现由单一电能到多能互补，由"独奏曲"到"交响乐"，打通城市动、静脉。同时也对小锅炉、小燃机等实现有效替代，助力实现总体的减污降碳。此外，通过协同处置园区臭气、废水、废渣，推动实现清洁生产，还可以进一步提升城市环境容量和承载力。

（四）绿色电力就地使用

垃圾焚烧产生的绿色电力就地使用，能够形成以可再生能源发电为中心的分布式能源供应系统，通过蓄电池、充电桩/站等方式为环卫车辆、城市公交、出租车、家用新能源汽车等提供快速电能补给，提高城市交通及环卫物流领域车辆的电动化比例，这样既消纳了垃圾电厂发电量，还可以为城市提供绿色电力，提高城市综合运营管理水平，降低城市碳排放总量。

（五）市场化交易方式减排

碳市场的建立与发展是推动温室气体减排、应对气候变化和促进绿色低碳可持续发展、建设生态文明的重要手段。碳排放权交易机制在本质上是属于基于"控制总量"为特征的环境经济政策，是运用市场机制激励企业采取减排的有效措施，是近年来国际社会和各国探索解决全球气候问题、控制碳排放的重要经济手段之一。

由于碳排放权交易市场通常只纳入高排放行业，低排放行业、负排放企业或者机构无法直接通过配额参与交易，因此，也是为了鼓励高排放行业外的其他企业或者机构参与减排，《京都议定书》推出核证自愿减排机制，也就是CER，任何企业或个人直接或间接参与减排的项目均可向国际上的CER认证主体机构申请核证自愿减排证书，减排量经备案签发后通过在碳市场上出售减排量获得减排收入补贴，对配额交易是一种补充，也是一种鼓励机制。CDM潜在项目包括改善能源效率、可再生能源、替代燃料、甲烷和氧化亚氮农业减排项目，水泥生产等减排二氧化碳项目，减排氢氟碳化物、全氟化碳或六氟化硫的工业减排项目，造林和再造林的碳汇项目。截至2021年9月9日，国际已注册的CDM项目共8222个，其中中国共注册3876个CDM项目，稳居第一。

据联合国和世界银行预测，全球碳交易市场潜力巨大，其有望超过石油市场成为世界第一大市场。垃圾焚烧发电是环保领域参与碳排放交易最重要的细分领域之一。截至2021年9月，国际已注册的垃圾焚烧CDM项目共23个，其中21个在中国。除了CDM机制以外，垃圾焚烧还可以通过其他非政府组织运营的自愿减排机制，申请减排量参与碳交易，如表4-7所示。

表4-7　其他非政府组织运营的自愿碳减排项目申请机制

自愿碳减排项目名称	地域范围	碳信用名称
American Carbon Registry 美国碳注册	美国及部分其他国家	Emission Reduction Tons （ERT，减排量吨）
Climate Action Reserve 气候行动储备	美国、墨西哥	Climate Reserve Tonnes （CRT，气候储备吨）
The Gold Standard 黄金标准	国际间	Verified Emission Reduction （VER，核证减排量）
Plan Vivo Vivo计划	国际间	Plan Vivo Certificate （PVC，Vivo计划证书）
The Verified Carbon Standard 核证减排标准	国际间	Verified Carbon Unit （VCU，核证碳单位）

因为沿袭了《京都议定书》下"清洁发展机制"（CDM）的主要运行机制和方法学体系，我国近年发展起来的国内碳排放交易市场（以下简称"碳市场"）接受垃圾焚烧发电项目申请备案注册成为碳抵消项目，相关项目产生的"核证自愿减

排量"（CCER）也可以进入市场交易，CCER交易对垃圾焚烧发电有额外的盈利贡献。因CCER管理施行中存在着温室气体自愿减排交易量小、个别项目不够规范等问题，自2017年3月起国家发展和改革委员会暂缓受理CCER方法学、项目、减排量及备案的申请。

在2013—2017年国家发展和改革委员会公示的2871个CCER审定项目中，生活垃圾焚烧CCER审定项目共114个，已经通过备案的项目24个，减排量备案项目5个，约54.8万吨。如图4-32所示，从审定项目所属企业的分布来看，光大环境、绿色动力、伟明环保、中科环保、瀚蓝环境、上海环境等公司已有的审定项目产能规模较高，垃圾处理量分别为0.86万吨/日、0.715万吨/日、0.705万吨/日、0.65万吨/日、0.635万吨/日、0.57万吨/日，累计占整体生活垃圾焚烧公开项目产能规模的30%。

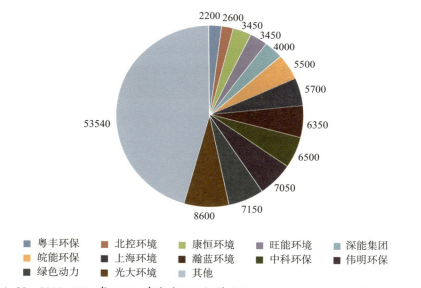

图4-32　2013—2017年CCER审定生活垃圾焚烧项目企业及产能规模分布（吨/日）

第四节 其他固废处置与碳减排

一、农林生物质综合利用

（一）农林生物质能

广义生物质是指植物通过光合作用生产的有机物，包括农业、林业及相关产业的产品、副产品、残留物和废弃物，以及非化石结构且可生物降解的工业及城市垃圾的有机组成部分。其中，每年可作为能源利用的农业剩余和林业废弃生物质资源总量折合约4.4亿吨标准煤。

通常情况下，生物质能或生物质发电包括农林生物质发电、生活垃圾发电和沼气发电。截至2020年年底，我国已投产生物质发电项目1353个，并网装机容量2952万千瓦，年发电量1326亿度，年上网电量1122亿度，我国生物质发电装机容量已经是连续第三年位列世界第一。针对生活垃圾发电，前文已经详述过了，这里主要探讨一下农林生物质（本书如无特别强调，生物质通常即指农林生物质）发电。农林生物质发电与燃煤火力发电原理相同，利用农林废弃物为燃料，发电装备主要包括生物质水冷机械炉排、生物质循环流化床以及联合炉排等。2015—2020年我国农林生物质发电装机容量和年新增装机容量见图4-33。

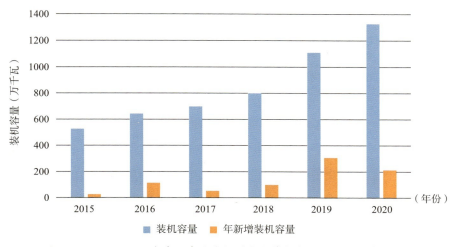

图4-33 2015—2020年我国农林生物质发电装机容量和年新增装机容量

农林生物质除了发电，还可供热，农林生物质供热主要服务于园区企业、商业用户以及居民采暖等。截至2019年年底，我国农林生物质清洁供热项目超过1100个，供热面积超过4.8亿平方米。

（二）农林生物质能与碳减排

农林生物质能利用项目，主要是通过利用当地秸秆、竹木等农林剩余物焚烧，进行发电和区域供热，实现替代化石能源发电和供热，减少温室气体排放。

目前，国家温室气体自愿减排备案方法学中，用于生物质发电温室气体减排量（即核证自愿减排量，CCER）计算的方法包括《CM-092-V01纯发电厂利用生物废弃物发电（ACM0018）》和《CM-075-V01生物质废弃物热电联产项目（ACM0006）》。与垃圾焚烧发电碳减排逻辑相似，农林生物质发电项目具备双重碳减排效应，一方面在产生同等电力或热力的情况下，能够减少煤等传统化石燃料燃烧产生的温室气体排放，另一方面可避免生物质自然降解产生甲烷等强温室效应气体。

农林生物质发电/热电联产项目温室气体减排量计算方法如图4-34所示，减排量=基准线排放量–项目排放量，其中基准线排放量为考虑项目活动不存在时，以电网供电/燃煤锅炉供热和农林生物质废弃物无控腐烂产生的排放量。

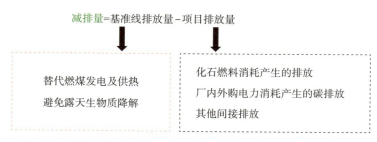

图4-34　农林生物质发电/热电联产项目温室气体减排量计算方法

根据中国自愿减排交易信息平台数据以及华宝证券产业调研分析，国内已备案农林生物质利用项目监测减排量为964万吨二氧化碳当量，总发电量为71.8亿度，单位上网电量平均减排量为0.74吨二氧化碳当量/兆瓦·时。

二、一般工业固废处置

（一）一般工业固废综合利用潜力

一般工业固废是指工业生产过程中排入环境的、危险废弃物范围以外的各种废渣、粉尘及其他废弃物，如高炉渣、钢渣、赤泥、有色金属渣、粉煤灰、废石膏、盐泥等。随着我国工业的飞速发展，相应工业固废的产量也一直居高不下。2009—2019年重点城市及模范城市一般工业固废产生量、综合处置量及贮存量，如图4-35所示。2019年，全国196个大中城市一般工业固废产量达13.8亿吨，综合利用量8.5亿吨，处置量3.1亿吨，主要集中在陕西、山东和江苏等省份。

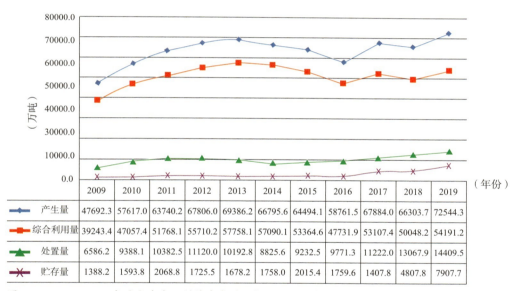

（万吨）	2009	2010	2011	2012	2013	2014	2015	2016	2017	2018	2019
产生量	47692.3	57617.0	63740.2	67806.0	69386.2	66795.6	64494.1	58761.5	67884.0	66303.7	72544.3
综合利用量	39243.4	47057.4	51768.1	55710.2	57758.1	57090.1	53364.6	47731.9	53107.4	50048.2	54191.2
处置量	6586.2	9388.1	10382.5	11120.0	10192.8	8825.6	9232.5	9771.3	11222.0	13067.9	14409.5
贮存量	1388.2	1593.8	2068.8	1725.5	1678.2	1758.0	2015.4	1759.6	1407.8	4807.8	7907.7

图4-35　2009—2019年重点城市及模范城市的一般工业固体废弃物产生量、综合利用量、处置量、贮存情况

一般工业固废的来源主要包括：采矿行业中产生的尾矿（如低品位硫化铁矿）及煤矸石等，冶金行业中产生的高炉渣及有色冶炼渣（如赤泥）等，火电行业中产生的粉煤灰和工业副产物石膏以及化工行业中产生的各种各样的废渣等。目前一般工业固废的处置主要有综合利用、处置、贮存三种方式。受制于目前的处置技术、处理能力以及监管力度等因素，全国196个大中城市、一般工业固废综合利用率相

对偏低，占利用、处置及贮存总量的55.9%，处置和贮存分别占比20.4%和23.6%，每年贮存量仍保持高速增长的趋势。

（二）一般工业固废资源化利用与碳减排

国内外尚未出台有关工业固废处置碳核算的方法学及标准，但是通过利用大宗固废制备建材，深度资源化提炼再生金属及金银等稀有金属，能减少原生矿产资源和化工原料的生产与使用量，间接减少原材料生产环节中的碳排放，即通过发展循环经济降低新增碳排放。

1. 冶金铜渣资源化利用

冶金铜渣大部分来源于火法炼铜工艺，还有少量来源于炼锌、炼铅工艺。目前，我国每年粗铜产量与产出炉渣量的比值约为1∶3，加上其他工艺产生的废铜渣，产渣量巨大，从废渣中回收有用物资和能源，有巨大潜力。目前，我国主要的铜渣资源化利用方法是向提取有价金属、生产新型化工产品和建材工业等方向发展。如：通过还原处理技术回收铜粒、铜渣与淬渣用于公路基层、废铜渣熔融浇注成铜渣筑石以及冷铜渣用于铁路道渣等。这些铜渣的处置工艺均有效地将铜渣资源化利用，直接减少了所替代的矿产资源或化工原料的生产与使用量，间接减少了原材料生产环节中的碳排放。

2. 冶金赤泥的资源化

赤泥是生产氧化铝过程中产生的含水量高的强碱性粉泥状固体残留物。因为其含有大量氧化铝，所以呈红色，随着含铁量的增加，赤泥的颜色也逐渐变深红。铝土矿的成分、生成新化合物的成分、添加剂的成分以及生产氧化铝的方法，都会在某种程度上影响赤泥的化学成分。赤泥含有碱性成分，直接堆放或填埋将造成土壤碱化，倒入水体则会造成水体污染。因此，若不能合理地对赤泥等废渣进行处置，自然环境将会受到严重的影响。目前，世界各国仍以海洋排放和陆地堆积两种主要方式对赤泥进行处置。我国主要采用赤泥坝存法，用沸腾炉对赤泥中的铁元素进行提取，获得高品位的含铁产品。赤泥中不仅可以提取出大量的有价金属，还能提取出铝、钛、钒、铬、锰及多种稀土元素和微量放射性元素。同时，赤泥在水泥生产、建筑建材、农业等领域有着广泛的资源化利用。冶金和水泥均是碳排放基数大、比例高的行业，赤泥的综合利用不仅能降低对环境造成的直接影响，更能替代部分高碳排放行业产能，直接减少金属原矿、水泥原料等生产过程中的碳排放。

3. 钢铁工业固废的资源化

我国是钢铁生产大国，由于钢铁行业高能耗、高污染的特征，在钢铁工业迅速发展的时代，不可避免地造成了大量的资源和能源消耗，同时产生了大量冶金废渣，给人类生存环境带来了巨大破坏。钢铁工业生产流程复杂，废弃物多种多样。目前我国钢铁工业冶金废渣综合利用中，普通高炉渣基本上全部都能被合理地资源化利用，但钒钛高炉渣和含放射性稀土元素的高炉渣的综合利用程度较低。高炉渣广泛应用于建筑行业，主要作为生产矿渣水泥、矿渣砖、矿渣棉等产品的原料；高炉水渣广泛用于道路工程、铁路道渣、地基工程等；膨胀矿渣由于保温性能好，可用于防火隔热保温材料的制作，除此之外，在材料领域也有广泛应用，例如生产建材玻璃和轻质陶瓷等材料。高炉渣在建筑行业的综合利用可有效做到原料产能替代的碳减排，但含有稀有元素炉渣的综合利用率仍需提高。

三、危险废弃物处置

（一）危废与危废处置技术

危险废弃物是指具有腐蚀性、毒性、易燃性、反应性或者感染性等一种或几种特征的，以及可能对环境或者人体健康造成有害影响的固体和液态废弃物。随着工业的发展，工业生产过程中排放的危险废弃物日益增多，2019年，全国196个大、中城市工业危险废弃物产生量达4498.9万吨，综合利用量2491.8万吨，处置量2027.8万吨，贮存量756.1万吨。工业危险废弃物综合利用量占利用处置及贮存总量的47.2%，处置量、贮存量分别占比38.4%和14.3%。产生量排在前三位的省份分别是山东、江苏、浙江。

危险废弃物处置技术主要包括物理法、化学法、固化/稳定化、焚烧处置技术、非焚烧处置技术和安全填埋处置技术。其中物理法、化学法和固化/稳定化通常作为危险废弃物的预处理手段，而安全填埋处置技术主要作为经过处理的废弃物或不适合焚烧处理的危险废弃物的最终处置技术手段。焚烧处置技术是指利用热量将危险废弃物中的有机、有毒、有害物质高温氧化分解的技术，能够有效减少废弃物85%～95%的体积及60%～70%的重量，在破坏分解有害物质的同时，能够回收焚烧产生的能量，已成为我国最为广泛应用的危险废弃物处置技术之一。经过多年发展，危险废弃物的焚烧处置技术日益成熟，目前焚烧炉的炉型主要有：回转窑焚烧炉、机械炉排炉、流化床焚烧炉、多段式焚烧炉等，其中回转窑焚烧炉的应用最为广泛。

（二）危废资源化利用与碳减排

国内外尚未出台有关危险废弃物处置的碳核算方法学及标准，但高温焚烧处置作为目前危险废弃物的主流处置方式之一，在此过程中危险废弃物所含化石碳燃烧随烟气排放，不可避免地会造成碳排放，同时随着生产过程中辅助化石燃料的使用、大量生产耗电以及辅助药剂等化工产品的使用，其直接或间接碳排放量也不可小觑。因此，危险废弃物资源化利用是在碳减排压力下实现能源节约、资源循环和环境治理的必由之路。

1. 医疗废弃物资源化利用

根据《国家危险废物名录2016版》，医疗废弃物属于危险废弃物。目前医疗废弃物主要以无害化处置为主，2019年，全国医疗废弃物持证单位实际处置量为118万吨，资源化利用较少。医疗废弃物的处置技术分为焚烧技术和非焚烧技术。焚烧技术是指利用焚烧炉直接进行焚烧处置，非焚烧技术是指利用消毒技术先对医疗废物进行消毒，然后进行填埋或焚烧处置。焚烧或填埋均会对环境造成一定的影响，因此，医疗废物的资源化对环境保护和碳减排均有重要意义。2005年《卫生部关于明确医疗废物分类有关问题的通知》规定可将部分未被污染的医疗废弃物进行回收利用，这是国家推进医疗废弃物资源化利用的一次尝试。但长期以来，医疗废物资源化利用并未取得较好的成效，一方面是由于缺乏必要的市场监督管理和规范；另一方面，非法倒卖医疗废弃物的现象长期存在。因此，进一步加强监管力度，建立健全相关政策和机制，是保障医疗废弃物资源化利用的前提，也是减少医疗废弃物生产侧和处置侧碳排放的基础。

2. 废矿物油资源化利用

废矿物油是在石油、煤炭、油页岩开采、加工和使用过程中，由于外在因素作用导致改变了原有的物理和化学性能，而不能继续使用的矿物油，已被列入《国家危险废物名录》，属于危险废弃物。据统计，我国每年产生大量的废矿物油，2013年产生量约624万吨，到2018年产生量达到731.7万吨。废矿物油的再生利用技术主要包括强酸-白土精制、蒸馏-溶剂精制-加氢精制、蒸馏-萃取-白土精制、脱金属-固定床加氢精制催化裂解、膜分离以及分子蒸馏等技术。这些再生技术通过一系列物理、化学手段从废矿物油中提取基础油、润滑油和其他油类。废矿物油再生利用，不仅可以变废为宝，实现基础油组分的循环利用、节约资源，将石油资源的价值发挥到最大，还可以减少环境污染，降低碳排放。废矿物油组成复杂，主要成分为烷烃、多环芳烃、烯烃、苯系物等。在正常焚烧处置过程中，化石碳燃烧会产生大量二氧化碳，但再生基础油和润滑油等油类使用，替代了原本需要进行化石开采和工业生产来制油的原料，减少了这个过程中产生的直接或间接的碳排放。随着国家在废矿物油处理行业的各项法规和政策出台以及环保部门监督和执法的不断加强，废矿物油再生利用行业可以实现无害化、资源化、低碳化。

3. 水泥窑协同处置技术

水泥窑协同处置是指将满足或经过预处理后满足入窑要求的固体废弃物投入水泥窑，在进行水泥熟料生产的同时实现废弃物无害化处置的过程。它具有焚烧温度高、窑内气流扰动大、被焚烧物料在炉内停留时间长、焚烧状态稳定、无废渣排出、处理规模大、处理效果好、建设成本小等诸多优势。随着生产技术的不断发展和相关法律法规的相继出台，利用水泥窑协同处置危险废弃物已经成为我国处理危险废弃物的重要手段之一，目前水泥窑协同处置危险废弃物的能力超过4000万吨/年。水泥窑协同处置技术可对垃圾焚烧飞灰、污染土壤以及污泥等多类危险废弃物进行处置。在处置过程中，被处理的危险废弃物可以代替部分水泥生产所需熟料，在保证水泥生产质量的前提下，实现危险废弃物的资源化和无害化，同时，减少了水泥生产过程中所需要的熟料量，从而减少了熟料生产过程中直接或间接造成的碳排放。近年来生态环境部先后印发《水泥窑协同处置固体废物污染控制标准（GB 30485-2013）》《水泥窑协同处置固体废物环境保护技术规范（HJ 662-2013）》《水泥窑协同处置危险废物经营许可证审查指南（试行）》《水泥窑协同处置固体废物污染防治技术政策》等文件，基本建立了水泥窑协同处置的环境保护法规标准体系，明确水泥窑协同处置固体废弃物应作为城市固体废弃物处置的重要手段。

第五节　固废管理之未来——"无废城市"

随着人口增长、经济繁荣及人们生活水平的提高，城乡地区固体废弃物的产生速度大大加快。目前，大量固体废弃物处置设施建成运营，如前文所述，我国生活垃圾、农林废弃物、一般工业固废和危险废弃物等，都实现了一定程度的末端减量化和无害化。然而，废弃物亦是错配的资源，如何进一步加强废弃物资源化利用及减少废弃物的产生，形成固废管理的可持续发展模式，为人民创造宜居的生活环境，同时应对全球气候变化，将是值得持续深刻思考的问题。

在此背景下，"无废城市"作为一种先进的城市管理理念，在全球流行起来。"无废城市"建设与"双碳"目标一样，都是中国推进生态文明建设和实现美丽中国的重要内容，前两者与后者的目标和路径是相辅相成、有机统一的。

一、无废城市

对于"无废"的定义，国际上暂无统一说法，最广为传播并引用的是零废弃国际联盟（Zero Waste International Alliance，ZWIA）的定义，即"通过负责任地生产、消费、回收，使得所有废弃物被重新利用，没有废弃物被焚烧、填埋、丢弃至露天垃圾场及海洋，从而不威胁环境和人类健康"。通俗且极端地讲，无废城市追求的是三个无或三个零，即无（零）丢弃、无（零）填埋、无（零）焚烧。这显然是一个复杂的系统工程、一个艰难的世纪工程。

随着国际对"无废城市"乃至"无废社会"的探索和认识逐步加深，一些发达国家和地区纷纷提出了"零废物""零废弃"的社会发展愿景。例如，欧盟委员会2014年提出了"欧洲零废物计划"；日本于2018年进一步制订了《第4次循环型社会形成推进基本计划》；新加坡在《新加坡可持续蓝图2015》中提出到2030年废弃物回收率达到70%的目标以及迈向"零废弃物国家"的基本措施和具体计划等。

二、中国无废城市推进路线

2017年中国工程院杜祥琬等多位院士共同向国务院提呈《关于通过"无废城市"试点推动固体废物资源化利用，建设"无废社会"的建议》，"无废城市"和"无废社会"在我国首次提出。基于对中国现实国情的深刻思考，2018年12月底，国务院办公厅印发的《"无废城市"建设试点工作方案》中提出，"无废城市"是以创新、协调、绿色、开放、共享的新发展理念为引领，通过推动形成绿色发展方式和生活方式，持续推进固体废弃物源头减量和资源化利用，最大限度减少填埋量，将固体废弃物环境影响降至最低的城市发展模式，是一种先进的城市管理理念。"无废城市"建设的远景目标是最终实现整个城市固体废弃物产生量最小、资源化利用充分和处置安全。如果聚焦固废的填埋和焚烧两大要素，我们可以将"无废城市"的推进过程概括为：逐步从"多填埋、少焚烧"到"少填埋、多焚烧"再到"少填埋、少焚烧"，并向"零填埋、零焚烧"的终极目标无限趋近，这可能就是我国"无废城市"建设的路线图，如图4-36所示。

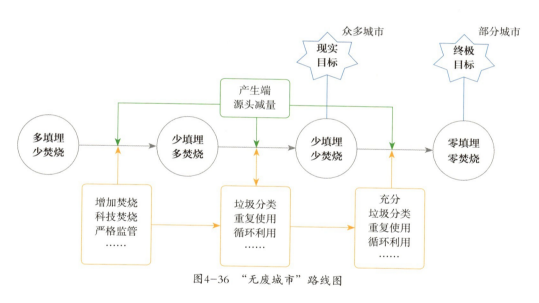

图4-36　"无废城市"路线图

中国"无废城市"建设同时面临资源化产业链后端建设的不足、源头减量推行处于摸索实践阶段、垃圾全产业链商业模式尚未建立等多重挑战。中国"无废城市"建设作为一项系统工程，要遵循三个主要原则，包括：循序渐进，长期推动；合理规划，稳步推进；全面发动，全民推进。贯穿"无废城市"建设全过程的重要支撑手段，应该是垃圾分类、资源再生利用和源头减量。

　　"无废城市"建设的重点在于，实现固体废弃物中物质的循环和资源化利用。

应将固废处理从传统的被动型末端治理，也就是治污，拓展到前端的主动型资源能源优化利用，重点关注如何更好地实现物质平衡及循环利用。

"无废城市"建设从生产、流通和消费环节全面着手，以源头减量化、资源化利用、无害化处置为主要建设路径，从根本上解决我国可持续发展面临的资源环境问题，是应对气候变化挑战、高水平建设生态文明的重要举措。举例来说，源头减量化提倡低碳生活理念，鼓励家庭减量、餐桌减量、无纸厨房等，与"双碳"目标中推动生活领域碳减排的思路完全一致；"无废城市"建设大力推动废弃物资源化利用，其中的关键手段——垃圾分类，也是"双碳"目标的实现路径和推动循环经济发展的重要举措。前文我们提到，开展前端垃圾分类，分拣出生活垃圾中的塑料、橡胶等成分，将可以大大减少垃圾焚烧处理过程中由化石碳燃烧而来的二氧化碳，实现显著的碳减排效果。此外，以垃圾焚烧发电为例，通过有控制地焚烧生活垃圾产生绿色电力，既避免了以燃烧煤炭产生同等电力，也避免了以填埋方式处理生活垃圾而产生填埋气（温室气体）排放，这是当前技术和政策条件下，同时实现减量化、无害化以及碳减排的最佳选择。

参考文献

［1］马瑟里. 垃圾历史书［M］. 北京：北京联合出版公司，2018.

［2］肖黎姗，陈少华，叶志隆，等. 生活垃圾管理进程与评价研究进展［J］. 环境卫生工程，2021，29（03）：75-84，93.

［3］MARSHALL R E, FARAHBAKHSH K. Systems approaches to integrated solid waste management in developing countries［J］. Waste Management, 2013, 33（04）: 988-1003.

［4］KAZA S, YAO L, BHADA-TATA P, et al. What a Waste 2.0: A Global Snapshot of Solid Waste Management to 2050［EB/OL］.（2018-09-20）［2022-05-09］. https://openknowledge. worldbank.org/handle/10986/30317.

［5］韦伯咨询. 中国垃圾分类及处理行业竞争格局与投资前景深度研究报告［R］. 深圳：韦伯产业研究院，2019.

［6］金宜英，邸君妍，罗恩华，等. 基于分类趋势下的我国生活垃圾处理技术展望［J］. 环境工程，2019，37（09）：149-153+130.

［7］曹玮，王忠昊，黄景能，等. 全球生活垃圾处置方式及影响因素——基于134个国家数据［J］. 环境科学学报，2020，40（08）：3062-3070.

［8］尚奕萱，梁立军，刘建国. 发达国家垃圾分类得失及其对中国的镜鉴［J］. 环境卫生工程，2021，29（03）：1-11.

［9］观研天下. 中国垃圾焚烧发电市场分析报告——行业深度调研与发展趋势预测［R］. 北京：观研天下，2018.

［10］智研咨询. 2019—2025年中国垃圾分类行业市场全景调研及投资前景预测报告［R］. 北京：智研咨询，2019.

［11］龚文娟. 城市生活垃圾治理政策变迁——基于1949—2019年城市生活垃圾治理政策的分析［J］. 学习与探索，2020（02）：28-35.

［12］中华人民共和国生态环境部. 2020年全国大、中城市固体废物污染环境防治年［R］. 北京：中华人民共和国生态环境部，2020.

［13］中华人民共和国国家统计局. 中国统计年鉴［M］. 北京：中国统计出版社，2021.

［14］LINZNER R, SALHOFER S. Municipal solid waste recycling and the significance of informal sector in urban China［J］. Waste Management & Research, 2014, 32（9）: 896-907.

［15］吕志中. 生活垃圾焚烧能源梯级利用探讨与应用［J］. 科技创新与应用，2019，（32）：171-173.

［16］黄亚玲，张鸿郭，周少奇. 城市垃圾焚烧及其余热利用［J］. 环境卫生工程，2005（05）：37-40.

［17］THAMBIRAN T, DIAB R D. Air quality and climate change co-benefits for the industrial sector in Durban, South Africa［J］. Energy Policy, 2011, 39（10）: 6658-6666.

［18］孙立，张晓东. 生物质热解气化原理与技术［M］. 北京：化学工业出版社，2013.

［19］李俊峰. 我国生物质能发展现状与展望［J］. 中国电力企业管理，2021，（01）：70-73.

［20］徐淑民，陈瑛，滕婧杰，等. 中国一般工业固体废物产生，处理及监管对策与建议［J］. 环境工程，2019，37（01）：138-141.

［21］孙坚，耿春雷，张作泰，等. 工业固体废弃物资源综合利用技术现状［J］. 材料导报，2012，26（11）：105-109.

［22］王昕，刘晨，颜碧兰，等. 国内外水泥窑协同处置城市固体废弃物现状与应用［J］. 硅酸盐通报，2014，33（08）：1989-1995.

［23］Zero Waste International Alliance. Zero Waste Definition［EB/OL］（2018-12-20）［202-05-09］. http://zwia.org/zero-waste-definition/.

第五章

水污染治理与降碳协同

---- 引 言 ----

伴随着城市化和工业化的快速兴起，污水处理行业已经成为环境产业的重要组成部分。污水处理是一个耗能产碳的过程，2018年12月发布的《中华人民共和国气候变化第二次两年更新报告》显示，2014年废水处理温室气体排放（碳排放）0.91亿吨二氧化碳当量，占全国碳排放总量的0.74%。

全国污水处理行业发展现状如何？水污染治理过程碳足迹和碳排放情况如何？水污染治理减碳的路径有哪些？水污染治理如何实现减污降碳协调发展？如何打造低碳或"零碳"污水处理厂？

本章着眼于污水处理行业碳足迹分析，深入研究水污染治理碳排放情况和案例分析，梳理减污与降碳协同路径，聚焦技术创新和资源化利用，降低减碳成本，以实现"零碳"污水处理厂，朝着"美丽中国"和"双碳"的目标迈进。

第一节　污水处理过程及原理

一、污水处理现状

根据住建部发布的《2019年城市建设统计年鉴》和《2019年城乡建设统计年鉴》，截至2019年年底，全国城市污水年排放量为5546474万立方米，污水处理厂2471座，日处理能力17863万立方米，污水年处理量5258499.39万立方米，污水处理率为96.81%（见表5-1、表5-2）。

表5-1 全国城市历年排水和污水处理情况

年份	排水管道长度（千米）	污水年排放量（万立方米）	污水处理厂		污水年处理能力（万立方米）	污水处理率（%）
			座数（座）	处理能力（万立方米/日）		
2001	158128	3285850	452	3106	1196960	36.43
2002	173042	3375959	537	3578	1349377	39.97
2003	198645	3491616	612	4254	1479932	42.39
2004	218881	3564601	708	4912	1627966	45.67
2005	241056	3595162	792	5725	1867615	51.95
2006	261379	3625281	812	6366	2026224	55.67
2007	291933	3610118	883	7146	2269847	62.87
2008	315220	3648782	1013	8106	2560041	70.16
2009	343892	3712129	1214	9052	2793457	75.25
2010	369553	3786983	1444	10436	3117032	82.31
2011	414074	4037022	1583	11303	3376104	83.63
2012	439080	4167602	1670	11733	3437868	87.30
2013	464878	4274525	1735	12454	3818948	89.34
2014	511179	4453428	1807	13087	4016198	90.18
2015	539567	4666210	1944	14038	4288251	91.90
2016	576617	4803049	2039	14910	4487944	93.44
2017	630304	4923895	2209	15743	4654910	94.54
2018	683485	5211249	2321	16881	4976126	95.49
2019	743982	5546474	2471	17863	5258499	96.81

资料来源：中华人民共和国住房和城乡建设部。

2019年，全国县城污水年排放量为102.3亿立方米，污水处理厂1669座，处理能力3587万立方米/日，年污水处理总量为95.01亿立方米，污水处理率达93.55%（见表5-3）。

二、污水处理实质

污水处理就是通过各种技术手段，不惜消耗能量与资源，来分离、降解、转化污水中的污染物的过程。污水中的主要污染物质为有机污染物（Chemical Oxygen Demand，COD）、氨氮和磷。污水处理根据不同的排放标准要求，一般设置三级处理单元。一级处理包括格栅池、沉砂池和初沉池，主要通过截留、沉淀去除污水中的砂砾和大的悬浮物。二级处理单元包括厌氧、缺氧和好氧的生化处理单元，通过微生物作用去除污水中有机类污染物和氨氮，将污水中的污染物转化为二氧化碳和氮气等气体，并产生生化剩余污泥；二级单元常用的生化工艺有氧化沟工艺、厌氧-缺氧-好氧（Anaerobic-Anoxic-Oxic，A_2O）工艺、周期循环活性污泥法（Cyclic Activated Sludge System，CASS）工艺及它们的变型工艺，为了提高微生物代谢处理污染物的效率，需要大量的能量来曝气，增加水中的溶解氧（Dissolved Oxygen，DO）。三级处理单元包括混凝沉淀、过滤等，主要去除污水中的磷，产生化学污泥，此过程会使用化学试剂。换言之，污水处理是一种水污染向大气污染和固体污染的逐步演变过程，同时也是一种消耗能源的碳排放过程。

目前在世界范围内，人们对"污水"的认知已经从"废物处理"对象转向"资源及能源回收"的载体，基于资源回收、能源开发与利用和碳平衡理念的未来污水处理厂，在领先的环境公司已经开始实践。当下污水处理的挑战包括：从节能降耗角度审视污水处理过程的高能耗，从物质循环角度审视污水处理的高"碳足迹"。因此，具有耦合资源和能源回收理念的新技术路线和新工艺不断涌现。

表5-2　2019年城市

地区名称	污水排放量（万立方米）	排水管道长度（千米）	污水管道（千米）	雨水管道（千米）	雨污合流管道（千米）	建成区（千米）	污水处理厂			
							座数（座）	二、三级处理（万立方米/日）	处理能力（万立方米/日）	二、三级处理（万立方米/日）
全国	5546474	743982	325211	314994	103776	633007	2471	2294	17863.2	16902.4
北京	199336	17992	8596	7868	1528	9790	67	67	679.2	679.2
天津	110141	22069	10429	10267	1373	21662	41	41	315.5	315.5
河北	179158	19586	9004	8716	1866	19152	93	89	659.1	637.1
山西	86465	11023	4816	4299	1907	8651	44	36	299.8	253.9
内蒙古	69234	13827	7638	5496	693	11916	44	44	243.9	243.9
辽宁	293906	22745	6203	7851	8690	19715	117	85	935.7	726.2
吉林	130382	12378	4921	5541	1916	9484	51	33	419.6	349
黑龙江	118827	12422	3664	4495	4263	11971	68	64	406.3	369.8
上海	223578	21754	8961	11546	1247	21754	42	42	834.3	834.3
江苏	472646	83943	42245	32476	9222	65442	206	201	1420.2	1390.2
浙江	341076	51185	26166	22055	2965	42211	99	92	1130.3	1048.4
安徽	189716	33302	13960	16241	3100	29933	84	78	627.2	581.2
福建	138631	18112	8508	8756	848	16409	53	51	402	392
江西	103662	17590	7277	6740	3573	16536	62	53	327.9	308.4
山东	354337	67710	27897	36206	3607	63924	217	217	1274.1	1274.1
河南	207300	27933	11787	12062	4083	252707	105	101	844.8	800.8
湖北	260100	30751	1145	13738	5568	26577	98	93	754.9	733.3
湖南	227086	19601	7353	7761	4487	17403	83	69	660.3	597.5
广东	808535	98633	39161	37482	21991	66948	301	284	2411.7	2324.7
广西	137265	17571	5777	7500	4294	16925	56	55	391.8	383.8
海南	35851	5660	2789	2305	566	5461	23	23	113	113
重庆	134541	20839	10330	8464	2045	19638	69	66	392.8	372.8
四川	236109	38276	17051	17520	3705	33346	141	134	704.8	694.2
贵州	75011	10035	5126	3918	991	8755	82	82	280.1	280.1
云南	107572	15357	7416	6118	1824	13560	57	56	293.5	292.5
西藏	9616	831	293	266	272	547	9	8	29.9	29.4
陕西	126452	11017	5403	4543	1071	9599	52	44	397.2	349.2
甘肃	46270	7280	3733	2126	1421	6481	27	25	160.4	156.6
青海	18449	3269	1655	1412	202	3137	12	11	60.7	59.2
宁夏	27612	2207	481	390	1336	2114	23	20	108.6	98.1
新疆	66478	7870	4471	781	2618	7360	36	28	245.3	209.5
新疆生产建设兵团	11134	1213	655	55	504	897	9	2	38.7	5

资料来源：中华人民共和国住房和城乡建设部。

排水和污水处理情况

处理能力（万立方米/日）	二、三级处理（万立方米/日）	干污泥产生量（吨）	干污泥处理量（吨）	其他污水处理设施		污水处理总量（万立方米）	市政再生水		
				处理能力（万立方米/日）	处理量（万立方米）		生产能力（万立方米/日）	利用量（万立方米）	管道长度（千米）
5258499	5001156	11027271	10638201	1307.8	110783	5369283	4428.9	1160784	12140
193356	193356	1837002	1836025	24.4	4598	197954	679.2	115152	2006
104964	104964	157341	157339	3.4	743	105707	132.4	26023	1844
176073	172333	408729	407026	4.8	103	176176	428.3	58355	599
82816	71558	214424	202865	1.5		82816	188.6	19597	459
67443	67443	185580	177981			67443	146	239487	1180
282144	225947	739098	734078	5.6	580	282724	221.3	26829	246
124109	106571	177974	174870			124109	69	18666	74
107352	97550	151509	147176	21.2	2896	110248	82.8	16267	90
209388	209388	439201	439204		5845	215233			
423201	416509	907108	907108	521.9	31218	454419	390.6	98411	882
318917	298065	929850	929730	54.8	11767	330684	166.6	31845	141
177204	164993	209001	199375	77.6	6938	184142	108	23255	142
128708	125808	178754	178741	38.3	3333	132041	137.5	23734	30
97724	92672	70222	64772	4.9	1155	98879			
345420	345420	717214	713299	5.8	1799	347218	539.8	152464	1324
202547	193410	421921	399307	4.5	36	202583	266.3	54254	530
248826	241677	326955	299160	54.5	11938	260764	141.2	34376	19
216352	198445	231862	229385	31.5	4134	220486	71	18981	141
780295	750415	979267	967142	41.4	1733	782028	232.3	318071	5
121672	119754	124169	93760	331.5	12119	133791			
33294	33294	82202	50184	4.3	302	33596	22.9	2171	43
130520	125140	96200	1947	1.3	239	130759	10.8	1300	79
216531	213177	376739	366684	51	8447	224978	75.4	24323	62
72643	72643	79936	79330			72643	16.8	2433	16
102259	101927	118846	118348	5.5	720	102979	34.6	44922	582
9130	9065	4348	3259			9130			
120815	108769	319225	308137			120815	64.2	7020	249
44935	44371	147955	145530			44935	45.9	4534	219
17553	16949	26830	25755			17553	7.3	784	74
26467	24340	49930	49893			26467	35.7	3784	406
64880	53760	221891	214649	8.1	140	65020	93.4	9167	675
10962	1444	95988	16148	10		10962	21	117	24

表5-3　全国历年县城排水和污水处理情况

年份	排水管道长度（万千米）	污水年排放量（亿立方米）	污水处理厂		污水年处理总量（亿立方米）	污水处理率（%）
			座数（座）	处理能力（万立方米/日）		
2001	4.4	40.14	54	455	3.31	8.24
2002	4.44	43.58	97	310	3.18	11.02
2003	5.32	41.87	93	426	4.14	9.88
2004	6.01	46.33	117	273	5.20	11.23
2005	6.04	47.40	158	357	6.75	14.23
2006	6.86	54.63	204	496	6.00	13.63
2007	7.68	60.1	322	725	14.1	23.38
2008	8.39	62.29	427	961	19.7	31.58
2009	9.63	65.7	664	1412	27.36	41.64
2010	10.89	72.02	1052	2040	43.30	60.12
2011	12.18	79.52	1303	2409	55.99	70.41
2012	13.67	85.28	1416	2623	62.18	75.24
2013	14.88	88.09	1504	2691	69.13	78.47
2014	16.03	90.47	1555	2882	74.29	82.12
2015	16.79	92.65	1599	2999	78.95	85.22
2016	17.19	92.72	1513	3036	81.02	87.38
2017	18.98	95.07	1572	3218	87.77	90.21
2018	19.98	99.43	1598	3367	90.64	91.16
2019	21.34	102.30	1669	3587	95.01	93.55

资料来源：中华人民共和国住房和城乡建设部。

第二节　污水处理过程中的碳排放

一、水污染治理中的碳足迹

（一）污水处理行业的碳足迹

基于污水处理行业碳足迹跟踪，《2006年IPCC国家温室气体清单指南》（以下简称《IPCC指南》）中对污水的产生、收集、处理、排放等做了明确的定义，如图5-1所示。

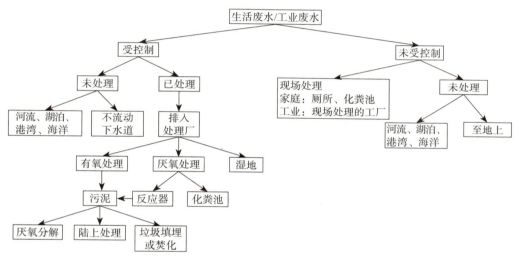

图5-1　废水处理系统和排放途径

随着经济发展和环境保护工作的深入，生活废水和工业废水的分类收集与处理逐步得到完善。污水处理及排放路径基本确定为：生活废水→受控制→污水处理厂→有氧处理→排放。结合上述污水处理及排放路径，目前所研究的温室气体核算范围主要包括了污水管网、污水处理厂、污泥处置、出水以及未处理污水等五个排放单元，如图5-2所示。

污水处理行业主要温室气体种类包括甲烷、氧化亚氮和二氧化碳三种。碳排放的来源主要有两个方面，一是污水处理和污泥处置过程中产生的温室气体直接排放；二是污水处理及污泥处理处置设施运行消耗的能源以及投加药剂等产生的温室气体间接排放；这五个排放单元都会产生直接排放，污水管网、污水处理厂和污泥处置单元会产生间接排放。污水处理设施全生命周期包括建设阶段、运行阶段和拆除阶段，本书只考虑运营阶段碳排放，对于建设阶段和拆除阶段不做讨论。

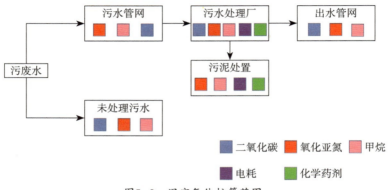

图5-2　温室气体核算范围

《IPCC指南》中规定，污水中有机物在微生物作用下产生二氧化碳，生活污水中的有机物属于生物来源，此部分不纳入国家排放总量，本书也不做介绍。

（二）污水处理过程中的碳足迹

污水处理系统中的工艺多种多样，根据功能及特点主要可以总结为三级处理体制，其中一级为预处理，二级为生化处理，三级为深度处理，如图5-3所示。

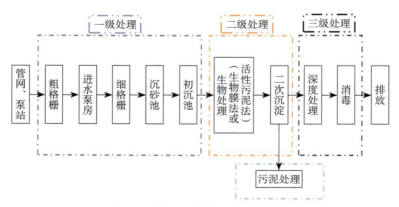

图5-3　污水处理系统三级处理体制

污水处理系统运行过程中，直接碳排放和间接碳排放情况如表5-4所示。

表5-4　污水处理系统各相关工艺单元碳排放的分类表

途径	工艺单元	直接排放	间接排放
污水收集	管网、泵站	$CO_2/CH_4/N_2O$	$CO_{2电}$
污水处理	一级处理	$CO_2/CH_4/N_2O$	$CO_{2电}$、$CO_{2药}$
	二级处理	$CO_2/CH_4/N_2O$	$CO_{2电}$、$CO_{2药}$
	三级处理	$CO_2/CH_4/N_2O$	$CO_{2电}$、$CO_{2药}$
	污泥处置	$CO_2/CH_4/N_2O$	$CO_{2电}$、$CO_{2药}$
出水	受纳水体	$CO_2/CH_4/N_2O$	

二、水污染治理中的碳排放

（一）直接碳排放

1. 二氧化碳排放途径

污水中的有机物在微生物作用下产生二氧化碳，大部分学者认为污水中的有机物属于生物来源，根据《IPCC指南》，此部分不纳入国家排放总量，本书对此也不做研究分析。

2. 甲烷排放途径

甲烷主要产生于厌氧条件下，在污水收集、污水处理、污泥消化过程中均有大量排放，在厌氧条件下依附于生物膜或活性污泥中的产甲烷菌会以挥发性脂肪酸为原料产生甲烷，当污水进入泵站、沉淀池等通风条件良好的单元时，甲烷自然逸散到大气中。

3. 氧化亚氮排放途径

从目前研究看，污水处理过程中排放的大部分氧化亚氮都是在生化过程中产生和排放的。通常认为，硝化反应中氨氮转化为亚硝酸盐时的中间产物羟胺，极易被氧化成氧化亚氮，而在反硝化反应中，硝酸盐被逐步还原为氮气时，氧化亚氮也是其中的中间产物。影响氧化亚氮生成的主要因素有溶解氧浓度、硝酸根离子浓度、碳/氮元素质量比、pH。在污水处理厂处理过程中，氧化亚氮排放的核算公式如下。

$$EEN_2O=RTN \times EFN_2O \times CN_2O/N_2 \times GWPN_2O \tag{5-1}$$

式（5-1）中：

EFN_2O——城镇污水处理厂年去除总氮（TN）产生的氧化亚氮折算为的二氧化碳当量；

RTN——城镇污水处理厂总氮的年去除量，tN/a；

EFN_2O——污水中单位质量的氮能够转化为氧化亚氮的氮量，其中好氧段取值为0，缺氧段取值为0.005tN$_2$O-N/t N；

CN_2O/N_2——氧化亚氮/氮气分子量之比，44/28；

$GWPN_2O$——氧化亚氮全球增温潜势值，取值为310。

（二）间接碳排放

1. 能源消耗

污水处理厂运行过程中，风机、水泵、曝气设备等用电设备的使用，消耗了大量的能源，从而产生二氧化碳间接排放。常用的能耗间接产生二氧化碳的核算公式如下。

$$EE_{能源}=W \times Se \times EF \tag{5-2}$$

式（5-2）中：

$EE_{能源}$——城市生活污水二氧化碳年排放量，t；

W——城市生活污水年处理量，t；

Se——城市生活污水处理过程中的单位能耗，kW·h/t；

EF——污水处理电能消耗的二氧化碳排放因子（与地域、能源结构有关），kg。

由此分析，减少污水处理厂运行过程中因能源消耗（用电）带来的二氧化碳排放的路径，主要是降低污水处理的单位电耗，可通过选择高效、节能的先进工艺或者节能设备，其次是降低电能消耗的二氧化碳排放因子，可通过调整（用电）能源结构等措施。

2. 药剂消耗

污水处理运行过程中，化学药剂等使用主要包含除磷药剂、氧化剂、絮凝剂、消毒药剂、碳源及水质应急药剂等，近几年，随着水质标准的提高，碳源的使用占比逐步增高。药剂投加间接产生的二氧化碳的核算公式如下。

$$EE_{药剂}=M_i \times CO_{药}$$

（5-3）

式（5-3）中：

$EE_{药剂}$——药剂消耗导致的二氧化碳排放量，kg；

M_i——第i类药品的投加量，kg；

$CO_{药}$——药剂的排放系数，$kgCO_2/kg$。

由此分析，减少污水处理厂运行过程中因药剂消耗带来的二氧化碳排放的路径，主要是降低污水处理单位药耗，可通过工艺优化提高药剂使用效率，减少药剂投加量；其次是降低药品的排放系数，优化药剂选型。

根据《IPCC指南》《IPCC国家温室气体清单优良作法指南》和我国温室气体清单研究成果，结合水污染治理流程及污水处理系统中的甲烷、氧化亚氮、二氧化碳的直接或间接碳排放研究，水污染治理过程中碳排放占全国总排放量的1.71%，其中污水处理厂是最主要的排放单元（贡献了60%的排放量），其次是污泥处置单元（贡献了21%的排放量）。污水处理厂中的碳排放来源主要是能源消耗、氧化亚氮逸散、药剂消耗，分别占比44%、35%、4%。据此，污水处理厂的碳排放控制主要关注点多为间接排放中的能源消耗和药剂药耗，以及直接排放中的氧化亚氮逸散。

第三节　水污染治理中的碳减排路径

污水处理系统运行过程中，碳排放的来源主要有两个方面，一是污水处理和污泥处置过程中产生的温室气体直接排放；二是污水处理及污泥处理处置设施运行消耗的能源以及投加药剂等产生的温室气体间接排放。由此可见，无论是直接排放还是间接排放，都是污水治理过程中不可或缺的一部分。不同的治污过程或方法，自然也会造成不同的碳排放影响。因此要想实现在治污中减排，则需要对整个污水治理过程中的每一个环节施行精细化管理和优化，从而做到最大限度地减排。

一、直接降碳路径

（一）管网管理

城市污水管网是城市污水系统的重要组成部分，但在人们的观念中，往往认为城市污水管网系统的作用仅仅是作为一种城市基础设施，用来收集用户排放的污水，再输送到污水处理厂。一般将城市污水管网系统划分到城市污水处理系统之外，很少有人关注污水在污水管网里输送的过程中，对水质的影响。有学者对附着在管内表面的生物膜中的菌群进行了分析，并对下水道系统气相中的有机成分进行了监测。当污水流经管网系统时，它的成分会发生变化。这些成分的变化可能是由化学、物理或生物过程引起的。研究发现，气态二氧化碳和甲烷的产生量随着污水管道系统的长度增加而增加，可以看出，这一系列生化过程使污水中的污染物质发生了降解、转变，改变了污水的水质，这一系列复杂的转化过程中，伴随着温室气体的产生。近年来，有学者针对西安某段污水管道进行了长达3年的监测和实验，得出重要结论：在一座中型城市中，污水管网总长度可达数百千米，由管网内污水与微生物反应产生的甲烷、氧化亚氮等温室气体多达70吨二氧化碳/千米管网（每年）。

因此，要完善污水收集输送系统，优化系统设计，提高施工质量，加强管道的维护、清理，防止破损、渗漏，减少污染物在污水管网中的沉积，会在一定程度上减少碳排放，进而促进污水处理系统的低碳运行。为减少这部分碳排放，需要改变传统观念，污水分布零散的地区，污水可就近分散收集、处理、回收利用，即采用分散式污水系统；污水比较集中的地区则可根据具体情况，选择集中处理或是将集中处理与分散处理相结合。中小城镇污水收集输送系统的规划和建设应因地制宜，以低碳排放为目标。在城镇近郊地区可采用就近分散收集、处理和回收利用等方式，从而降低污水在收集输送过程中的碳排放。

（二）工艺选择

关于污水处理中的温室气体排放，其主要与污水处理工艺有关。厌氧工艺主导的生化处理过程中，存在产生大量甲烷的风险，缺氧和好氧工艺主导的生化过程中，存在产生氧化亚氮的风险。

国内城镇的污水处理，以生物脱氮除磷二级生化处理工艺为主。其采用的工艺类型一般以循环活性污泥工艺、改良型厌氧-缺氧-好氧和氧化沟三种行业内较为常见的处理工艺为例，其温室气体直接排放量如表5-5所示。

表5-5　三种工艺的碳排放

工艺类型	直接排放（g/m^3）		
	甲烷	氧化亚氮	合计
循环活性污泥	12.58	2.65	15.23
改良型厌氧-缺氧-好氧	5.74	4.73	10.47
氧化沟	18.88	21.3	40.18

由此可见，同一工况条件下，三种工艺方法带来的碳排放量存在差别。在污水治理过程中，污水处理工艺路线的选择影响着温室气体排放，在满足相关污水处理标准的前提下，选择改良型厌氧-缺氧-好氧为主的污水处理工艺能够有效降低污水厂的直接碳排放。

污水处理采用的活性污泥法经过百年发展，目前以好氧为主、厌氧为辅的主流生物技术已相当成熟并得到广泛应用。近年来，也有学者不断探索，如短程硝化反硝化和厌氧氨氧化等从机理上做出改变的生化处理工艺，但此类生化处理工艺由于种种原因，尚未形成成熟的工程应用。因此，现有污水处理技术从工艺选择的角度来讲，对碳排放总量的削减效果十分有限。人们需在艰苦攻关研发新工艺的同时，加强对传统工艺的调控和运营管理，努力实现最低的碳排放水平。

二、间接降碳路径

（一）能源管理

1. 污水处理行业能耗分析

污水处理过程中的间接排放水平，与污水厂进出水污染物指标及相关排放标准有较大联系，表5-6列举了国内外污水处理行业的相关排放标准，由表5-6中的数据可知，中国的排水标准相较于其他大多数国家更为严格，标准更高，所以我国污水处理的单位电耗更高，从而带来了更多的间接碳排放。

表5-6　国内外相关污水排放标准

地区	类目	化学需氧量（mg/L）	五日生物需氧量（mg/L）	悬浮物（mg/L）	总氮（mg/L）	氨氮（mg/L）	总磷（mg/L）
中国	一级A	50	10	10	15	5	0.5
	一级B	60	20	20	20	8	1
地方排水标准（北京）	A标准	20	4	5	10	1	0.2
	B标准	30	6	5	15	1.5	0.3
美国TBELs（2010年）	7日均值	—	45（85%）	45（85%）	—	—	—
	30日均值	—	30（85%）	30（85%）	—	—	—
美国WQBELs（例：切萨皮克湾）	BNR[2]（2000年）	—	—	—	8~10	5	1~3
	ENR[2]（2015年）	—	—	—	3	1	0.3
欧盟（水框架指令-2000年）	<1万（人口）	125	25	60	—	—	—
	1万~10万（人口）	125	25	35	15	—	2
	>10万（人口）	125	25	35	10	—	1
日本	国家有害物统一排水标准（不分行业）	160（日均值120）	160（日均值120）	200（日均值150）	120（日均值60）	—	16（日均值8）
	地方标准（爱知县）	25（日均值20）	25（日均值20）	30（日均值20）	—	—	—

注：1.（）内百分比为去除率或日均值特别限值。

2. BNR：传统的厌氧-缺氧-好氧的顺序排列组合。ENR：在应用BNR技术的工艺基础上加入化学沉降及过滤，以实现更优的氮磷去除效果。

3. TBELs：美国国家性质的标准是较为宽松的标准。WQBELs：由受纳水体反推的排水标准，作为地方性质的标准是相对严格的标准。

4. 欧盟生活污水厂排水标准按服务人口数量细分。

5. 日本排水标准分4级（国家标准-追加标准-地方标准-总量控制标准）。

我国污水中有机物含量以北京为例，下面以某大型污水处理厂厌氧–缺氧–好氧工艺为例计算，用进水化学需氧量最大值400毫克/升进行过能量平衡测算，得出的结果是，可实现的碳中和运行率最大为53%。我国不同进水规模的污水处理厂电耗为0.317～0.466千瓦·时/立方米，从总体上看，全国吨水平均能耗为0.325千瓦·时/立方米，消减1千克耗氧污染物的平均电耗为1.924千瓦·时/千克，在不同的排水标准下，美国20世纪末的平均能耗约为0.20千瓦·时/立方米，德国的平均能耗约为0.32千瓦·时/立方米，日本的平均能耗约为0.26千瓦·时/立方米，所以在节能减排方面，我国的污水处理厂还有一定的空间。

2. 设备管理

由于能源消耗间接产生的温室气体是污水处理系统碳排放的主要组成部分，因此，采取节能措施带来的能耗降低，将会大幅降低污水处理系统中因能耗带来的间接碳排放。污水处理过程中使用了大量的用电设备，如水泵、风机、格栅等。尤其是各种型号及用途的水泵、风机，其用电量可占污水处理厂总用电量的80%以上。水处理设备型号众多，影响功率和能耗的因素较多。如设计方面的错误、选型不适合、工况不匹配等，都将大大影响水处理效率和处理过程中的能量消耗。

此外，加强对设备的管理和维护，也将有效减少污水治理过程中对电能的使用。以水泵的使用管理为例，合理布置各构筑物和管渠的位置，减少管渠长度和局部阻力，充分利用地形，通过降低水力提升高度来减少水泵扬程；选择合适的水泵型号，使其工况点在高效区内运行；通过变频调速技术控制电机转速和污水流量，降低水泵扬程和电耗；定期维护检修水泵、采用新型节能水泵、合理调整运行参数和确定水泵运行方式等。

对于风机、格栅等用电设备，可采用类似的方式来提高使用效率，降低能量消耗。除此之外，对于非用电设备的使用和管理，同样大大影响在此水处理过程中的能量消耗，以曝气盘为例，选择合理的曝气盘布置方式，选择高效的曝气盘设备，都将有效地提高好氧反应过程中对氧气的利用率，从而降低对鼓风机选型条件的要求，降低整个过程的能量消耗。

综上所述，仅从做好所有水处理设备的使用、管理和维护保养方面，便可有效地降低污水处理厂的电耗，从而间接降低因能耗带来的间接碳排放。

3. 污水厂智慧运营管理

污水处理行业也可以通过精细化的智慧管理，实行碳减排。这种精细化智慧管理进行碳减排，主要体现在精确高级控制系统，如溶解氧的精确控制和水处理药剂精准投加。高级控制是指能够实现节能降耗、出水稳定等目标的控制过程，基于建立模型及寻优算法，以大闭环控制回路为主，浮点运算量大。实现污水处理厂精细化控制需要一般控制和高级控制并举，一般控制解决正常运行问题，高级控制解决优化（工艺稳定、节能降耗、过程仿真等）问题，是为污水处理厂提供高效运行的保障。

溶解氧精确控制是基于曝气池曝气量控制而实现生物处理系统的优化运行，并降低曝气系统能耗。精确曝气系统以气体流量作为主控制信号，溶解氧作为辅助控制信号，根据污水处理厂进水水量和水质，实时计算需气量，实现按需曝气和溶解氧的精细化控制。以济南某污水处理厂精确曝气工艺效果为例，在实现水质达标的同时，可使生化池溶解氧值在85%时间段内稳定在设定值，生化系统节能效果为10%～15%。鼓风机运行功率可随污水处理厂来水水质及水量变化，在理想状态下，能够给污水处理厂节约10%～20%的曝气电耗，从而实现节能与减碳。

随着信息化和智能化的发展，污水处理厂智能化、精确化的管理和控制已成为主流趋势，在为污水处理厂提供便捷的运营管理的同时，也提高了污水处理效率，降低了运营成本，顺应了节能与减排的行业趋势。

4. 新能源的利用

光伏使用是对污水处理厂用电的一种补偿，同时也是降低因用电带来的间接碳排放的一种方式。因污水处理厂占地面积大、空间开阔，同时污水厂主要处理单元（如初沉池、曝气池、二沉池等）拥有巨大的表面空间等特点，使得污水处理厂与光伏发电可以很好地结合起来。光伏板的安装遮挡了原来直接照射水池的太阳光，抑制了藻类生长，有助于工艺运行和厂区清洁。

以万吨级规模厌氧-缺氧-好氧工艺的污水处理厂为例，处理污水所对应的主要构筑物平面面积为1402平方米/万吨水。以北京地区某市政污水处理厂为例，根据北京太阳能资源数据，可估算出污水处理厂主要处理单元的光伏发电量。根据相关文献列表参数进行计算，见表5-7～表5-9。计算过程基于美国某公司型号为E20-327的光伏组件，其能量转换效率可达20.4%。

表5-7 国内部分污水处理厂主要处理单元平面面积

项目	设计水量（10^4m^3/d）	初沉池（m^2）	生化池（m^2）	二沉池（m^2）	面积总计（m^2）	单位处理规模所占面积（$m^2 \cdot 10^4m^{-3}$）
上海临港新城污水厂	10	—	7578	6358	13936	1393.6
西安第五污水厂	20	4200	17280	10048	31528	1576.4
长春北郊污水厂	39	9882	34062	15072	59016	1513.2
重庆鸡冠石污水厂	60	12960	43845	25920	82725	1378.8
上海白龙港污水厂	200	20467	133333	75686	229486	1147.4

表5-8 北京太阳能资源数据

项目	纬度φ（°）	日辐射量（$kJ \cdot m^{-2} \cdot d^{-1}$）	最佳倾角 β（°）	斜面日辐射量（$kJ \cdot m^{-2} \cdot d^{-1}$）	修正系数
数值	39.8	15261	φ+4	18035	1.0976

表5-9 E20-327光伏组件的电气参数

项目	额定功率（W）	功率偏差（%）	平均转换效率（%）	额定电压（V）	额定电流（A）	开路电压（V）	短路电流（A）
数值	327	+5/-0	20.4	54.7	5.98	64.9	6.24

根据上述数据及计算方法，可以得出，采用E20-327光伏板单板每天产生的电量为1.09千瓦·时（平面占地面积为4.65平方米）。如果污水处理厂主要构筑物平面上均安装了E20-327光伏板，那么表5-7所列举的污水处理厂每处理1万吨污水，将产生269～370千瓦·时的电量，估算约占污水处理厂全厂用电量的8.96%～12.3%。

光伏发电与污水治理的有效结合，完全符合对清洁能源使用的主导方向，有效地将光伏发电用地与污水治理用地结合起来，实现对土地和资源的高效利用。中国幅员辽阔，地区之间自然条件与污水情况各异，对于光伏和治污的结合应在综合考虑当地客观条件的基础上实施，以达到经济效益最大化的目的。

（二）碳足迹管理

1．药剂方面

水处理药剂是处理工业用水、生活用水和废水过程中使用的化学药剂，主要包括缓蚀剂、混凝剂、絮凝剂、杀菌剂、阻垢剂、pH值调节剂、软化剂、含氟化合物、活性炭、消泡剂及其他性能化学品，其主要作用是控制水垢、污泥的形成，减少泡沫，减少对与水接触材料的腐蚀，除去水中悬浮固体和有毒物质，产生除臭、脱色、软化和稳定水质等效果。

污水处理厂可以在使用水处理药剂时，尽量选择低碳绿色的水处理药剂，其一般具有绿色化学品的特点，即制造过程是清洁的、低碳环保的，在使用过程中对人体健康和环境没有毒性，并可生物降解为对环境无害的生物处理药剂，在满足处理效果的同时，应该尽量选择化石碳含量较低的药剂，以便减少其在后续反应中可能发生的碳排放，从药剂使用源头严格控制碳补给，降低碳排放。

水处理药剂精准投加在污水处理厂，主要体现在三个方面，除磷药剂、碳源药剂以及污泥调理药剂。碳源药剂应根据实际进水的水质水量，经过算法单元计算，确定最佳药剂投加量，最大限度地降低外加碳源量。基于智能加药系统，以及过程中水质监测数据，进行智能加药控制。

一般而言，智能加药系统使得在出水总氮、总磷稳定达标的前提下，加药节省率约为正常水平的10%。以山东某市政污水处理厂为例，日处理水量为9.7万吨，采用智慧控制系统实现除磷剂精确加药，节约了12.9%的除磷剂，大大节省了污水处理厂的药耗，从而实现了间接减排。

对于药剂使用管理和节约，不仅符合污水处理厂对运营成本的要求，同时也从药剂生产供需总量上形成了一定的调控，避免盲目生产和浪费造成的无意义碳排放。

2．污泥方面

生物污泥是水处理过程中重要的产物之一。根据《IPCC指南》第六章相关规定，生物污泥属于生物碳的组成部分，其处理和处置过程中产生的二氧化碳暂不列入碳排放监管范畴。但实际上，除了二氧化碳，污泥处理和处置过程中还会不可避免地产生甲烷和氧化亚氮，如果它们未被收集和处置，而是逸散到大气中，应该被列入污水处理行业的碳排放计算范畴。但现阶段针对污泥处理和处置过程碳排放的计算，还没有成熟且国际权威的标准，学术界和业界正在对此进行深入的研究和探讨，相信在不久的将来，污泥处理和处置过程碳排放的计算方法将会被标准化，污泥处理和处置的碳排放量也将会被明确地包含在污水处理行业的总体碳排放中。

污泥处理和处置方式直接影响着温室气体排放。目前生物污泥的处置方式有：干化后外运，集中处置，如填埋等；利用厌氧发酵，产生沼气，利用沼气燃烧发电，再将剩余污泥干化外运；将干化污泥与其他物质掺混，焚烧发电。几种不同处置方式的主要区别在于，是否将生物碳作为可利用资源进行再度利用，其利用方式是否产生电能从而替代煤炭发电带来的碳排放。

污泥中化学能的回收利用，目前主要依靠污泥厌氧发酵产沼热电联产或焚烧发电利用，郝晓地通过以北京某日处理量为60万吨的厌氧–缺氧–好氧污水处理厂为例，进行了污泥厌氧消化产沼及热电联产的数值模型计算，得出如表5-10所示的结果（其中正值为能耗消耗，负值为能耗回收）。

表5-10　污水处理厂厌氧消化热电联产能耗计算案例

项目	理论能耗（千瓦·时/日）	实际能耗（千瓦·时/日）
消化池加热	+53661	+66945
热电联产	−246111	−118056

通过表5-10数值计算结果可得，污泥厌氧消化热电联产的方式足够满足能耗回收，以实际能耗计算，通过这种方式能为案例中的污水处理厂回收约51111千瓦·时/日，折合吨水电耗节省约为0.085千瓦·时/吨水，约占全厂电耗的28%左右。

以山东省青岛市某实际日处理规模为14万吨的污水处理厂的污泥发酵发电工程项目为例，相比于直接污泥脱水外运的处理方式，污泥减量5.64%～15.9%，日均消化进泥量约为1154吨，每年可减少污泥产量23755.4～66970吨，每年能够依靠沼气发电6701795千瓦·时，在实现污泥减量的同时，利用生物碳资源发电，可实现一定意义的减排效益（见图5-4）。

图5-4　青岛市某污泥发酵产沼项目

另外，以浙江省嘉兴市某污泥处置干化焚烧发电工程项目为例，日处理含水率为80%的1500吨污泥，干化至40%含水率进行焚烧，实现100%污泥无害化处置的同时，其燃烧值相当于节约10万吨标煤/年，可新增年发电量3×10^9千瓦·时，实现了生物碳替代能源发电的新路线。

各地区自然条件、政治经济水平、未来发展潜力等差异，造成污泥量、污泥处理要求的不同。因此，在确定污泥处理处置工艺时，应综合考虑经济、高效、节能、低碳排放等因素，最终确定最适合当地情况的技术。在废物利用降低碳排放的大背景下，如在当地污泥量较大、有机质含量较高时，适宜采用厌氧消化沼气发电方式，其碳排放较少，所产沼气稳定、纯度高、易收集、便于净化利用，且污泥经消化后脱水性能好。污水处理厂所产污泥厌氧消化所产沼气净化后，用于发电发热，全年产生的电力及热力可以满足污水处理厂电力及热力的部分自给。如不适宜建设厌氧消化设施，污泥经过余热干化后，可在当地的工业锅炉掺烧或焚烧发电，降低投资和运行费用的同时节省化石燃料，从而减少碳排放。污泥量很少时，湿污泥可不经过干化而直接掺烧，节省基建投资和运行费用。当上述条件不具备时，可优化污泥脱水干化工艺，降低污泥运输体积，减少运输距离，从而减少因运输能源消耗而带来的碳排放。

3．氮、磷方面

随着人口的增长和城市化建设的完善，污水处理厂接纳的污水中，氮的含量呈现逐年上升的趋势。传统的治污工艺对于氮，没有回收利用环节，如果采用具有氮源回收能力的污水资源化新工艺，以污水中氮源被回收利用的情况计算，那么产生的含氮副产品可以有效地供给合成氨工业使用，从而减少相关工业对原材料的依赖和生产的压力，进而减少相关碳排放。这意味着废水经过处理后，出水中的氮源总量可直接用以抵消等量的氮肥生产，污水中氮的回收对上游合成氨及氮肥行业，有着重要的碳减排意义。值得一提的是，由于人工合成氨工艺的经济优势显著，依靠技术实现污水中的氮源回收并不具备经济可行性，最理想的是通过政策引导和监测约束，有条件地允许农灌，这是污水氮资源回收的最理想路径。

相比而言，氮与磷的本源和归宿截然不同。磷是组成生命物质不可缺少且不能替代的元素之一。在陆地磷资源日益匮乏的今天，将污水中的含磷元素加以回收利用，已成为国际热点话题。通过污水处理除磷，已成为当前控制水体富营养化的重要工程技术手段。如果将污水中磷的去除与磷回收从技术上一并考虑，那么磷的去除就完全可以以回收目标产物的方式实现，促使"去除磷"与"回收磷"进行思路与方向上的技术转变。实现污水磷回收，意味着将防治水体富营养化与磷的可持续利用合二为一，具有"一石二鸟"的作用。污水或污泥磷回收的技术较多，且已相当成熟。

以长远眼光看待当前的磷资源状况，应积极鼓励和扶持磷回收技术的研发和推广，磷回收的意义也包括能够从源头降低磷化工业的碳排放，节约磷这种稀缺资源。

4．中水利用方面

城市供水量的80%在使用后转变为污水，排入下水道，其中至少有70%的污水是经过处理后可再次循环使用的。也就是说，利用再生水可以在现有供水量不变的情况下，使城市的可用水量增加一半。城市污水经处理后再生利用，不仅可以净化环境，获取洁净的水，而且能充分提高水的重复利用率，控制温室气体排放，缓解气候变化的发生。利用再生水能获得环境、资源、经济、社会等多重效益。经过处理后的城市污水与一般自然水或自来水相比，还具有很多独特的优点，如水量稳定，不会受天气旱涝变化的影响；水源可靠，只要生产、生活不停止，污水就不会断流；引水调水路径短，能就近处理利用，成本低；水价低廉，与不断上涨的自来水水价相比，价格优势明显。

对于城市污水的再生利用，在国内外都已有比较成熟的经验，如谷歌公司在荷兰投资建设的污水处理厂，所产生的中水部分用于专供其数据中心，用作循环冷却水，替代原有使用的自来水，每年可节约100万吨自来水。以北京某再生水厂工程产水规模2万吨/日为例，以城市生活污水处理厂出水为水源，生产回用高品质的再生水，直接供给大型电子类企业作为工艺生产用水水源，有效降低了当地供水成本和供水压力。再生水工程也降低了当地自来水厂生产输送过程的人力和电力消耗。

在我国北方以及一些水资源短缺的区域，再生水工程的意义更加明显。

城市污水再生利用与工业生产、农田灌溉、城市景观、市政杂用及地下水回灌有机结合，可大量节约对自来水的使用和生产依赖，能够缓解缺水城市用水紧张的问题，再生水的有效利用能够降低供水源头需求的"压力"，从而降低碳排放。

5. 热能方面

污水源热泵，指以污水作为热源，热泵介质（如氟利昂）在压缩机的驱动下，在压缩机、冷凝器、膨胀阀、蒸发器四个主要部件中循环运动。与锅炉（电、燃料）和空气源热泵的供热系统相比，水源热泵具有明显优势，其经济性、节能性非常显著。锅炉供热只能将90%～98%电能或70%～90%的燃料内能转化为热量，供用户使用，而水源热泵要比电锅炉加热节省3/4以上的电能，比燃料锅炉节省1/2以上的能量。由于水源热泵的热源温度全年较为稳定，一般为10～25℃，与传统的空气源热泵相比，其效率要高出40%以上，其运行费用仅为普通中央空调的50%～60%。

根据郝晓地的研究，同样以北京日处理量60万吨的厌氧–缺氧–好氧污水处理厂为例，进行数值模型的计算，以污水源热泵来利用污水中的热能，提取温差设定为4℃时，其结果如表5–11所示。

表5-11 污水处理厂污水源热泵利用能耗结果

项目	可获取热/冷量（10^9千焦）	当量电量（千瓦·时）	机组能耗（千瓦·时）	净产能当量电量（千瓦·时/日）
供热	14.04	1556544	494211	1062333
制冷	8.30	920179	213022	707157

水源热泵系统在供热工况下，热泵机组每天净产出电当量1062333千瓦·时。在制冷工况下，热泵机组每天净产能电当量707157千瓦·时。总体来说，在供热和制冷时，可以分别回收电力当量约1.77千瓦·时/吨水和1.17千瓦·时/吨水，其能源回收已超过全厂用于污水处理的电力消耗，可见污水厂如果采用水源热泵系统，节能与能量回收效果非常明显。

据相关文献介绍，在夏季供冷季节，污水源热泵系统的标煤替代量是0.012千克/平方米·日（与常规空调制冷系统对比计算），在冬季供暖季节，污水源热泵系统的标煤替代量是0.005千克/平方米·日（与燃煤锅炉供热系统对比计算）。每千克标煤的二氧化碳排放系数取值为2.66千克。对于污水源热泵系统来说，可以使该系统冬夏都运行使用，是一种新型的绿色环保的能源方式。利用城市污水中的热能，可以有效降低二氧化碳排放240.61吨（以10000立方米污水量计算），污水源热泵在碳减排方面具有重要意义，污水源热泵的应用与燃煤锅炉+制冷机组相比，可降低二氧化碳排放154.27吨（以10000立方米污水量计算）；与直燃型溴化锂机组相比，可降低二氧化碳排放74.83吨（以10000立方米污水量计算）。

以青岛市某污水源热泵示范项目为例，利用污水处理厂二级处理后的污水作为热源，为生活建筑区域内供热、供冷和供生活热水，总建筑面积82.2万平方米，其中供热年节电量约7390万千瓦·时，供生活热水年节电量2140万千瓦·时，二氧化碳年减排量约98183吨，每年节约标准煤3万多吨，年总节约电量2亿度。

因此，随着热泵机组性能系数的不断提高以及进一步开发污水的凝固潜热，对能源资源日趋紧张、城市大气污染严重的我国来说，污水源热泵系统将具有十分广阔的应用前景和良好的环境效益。

第四节　水污染治理协同降碳

根据2020年生态环境状况公报，截至2020年年底，全国城市污水处理能力为1.90亿吨/日。能耗方面，电能消耗作为能源消耗的主要部分，根据进水水质及规模的不同，可以达到污水处理厂总能耗的60%～80%。根据多位学者对我国千余座污水处理厂能耗情况的研究结果显示，我国每处理一吨污水产生的平均能源消耗与国际上其他国家存在差距，相比于欧美国家平均高约1/3。但在考虑国内外污水出水标准之间的差异和国内出水标准在不断提高等因素的前提下，我国污水处理所需能耗仍然存在一定的提升空间。

替代能源的使用方面，目前国际上存在一些可以达到完全能源自给的案例，如奥地利Strass污水处理厂通过采用污泥及厨余垃圾厌氧消化技术，使能源自给率达160%，荷兰Dokhaven污水厂通过采用污泥厌氧消化技术，能源自给率达到113%。但由于管网建设不完善导致进水水质存在不同，我国污水处理在能源自给方面，仍然面临挑战。

同时，为实现"双碳"目标，加强生态文明建设，国家层面的政策不断出台，推动污水处理行业低碳减排。

2020年10月26日至29日，十九届五中全会《中共中央关于制定国民经济和社会发展第十四个五年规划和二〇三五年远景目标的建议》提出生态环保方面的远景目标：广泛形成绿色生产生活方式，碳排放达峰后稳中有降，生态环境根本好转，美丽中国建设目标基本实现。

2021年1月，国家发展和改革委员会等十部委联合发布的《关于推进污水资源化利用的指导意见》（发改环资〔2021〕13号），要求着力推进重点领域污水资源化利用，到2035年，形成系统、安全、环保、经济的污水资源化利用格局。

2021年4月，国家能源局发布《2021年能源工作指导意见》，要求加快清洁低碳转型发展，深入落实我国"双碳"目标要求，推动能源生产和消费革命，高质量发展可再生能源，大幅提高非化石能源消费比重，控制化石能源消费总量，着力提高利用效能，持续优化能源结构。

2021年6月，国家发展和改革委员会与住房和城乡建设部发布《"十四五"城镇污水处理及资源化利用发展规划》（发改环资〔2021〕827号），规划提出到2035年，城市生活污水收集管网基本全覆盖，城镇污水处理能力全覆盖，全面实现污泥无害化处置，污水污泥资源化利用水平显著提升，城镇污水得到安全高效处理，全民共享绿色、生态、安全的城镇水生态环境。

一、替代能源使用与碳减排

本章前面将污水处理行业碳减排方法分为直接排放减排和间接排放减排两类，而直接减排方式带来的经济性影响相对较小，不再赘述。本节主要从以下两个方面探讨间接碳减排方法的经济可行性。

（一）光伏发电

光伏发电系统在污水处理厂的应用，对缓解污水处理厂高耗能具有重要意义。目前，我国污水处理厂与光伏发电项目的结合尚处于发展阶段，部分企业已在探索利用污水处理厂的初沉池、生化反应池、二沉池等构筑物的上方空间，安装光伏发电设备，以实现削峰填谷、清洁发电（见表5-12）。

表5-12　典型案例数据一览表

类别	规模 （万吨/日）	装机容量 （兆瓦）	光伏发电量占污水厂 总用电量比例（%）
阳谷国环水厂项目	—	1.336	15.8
春柳河污水处理厂	—	1.177	16
白龙港污水处理厂	—	108（设计值）	25（预计）
浙江台州市污水处理厂	15	4.39	36
马头岗水务项目	60	17	25
王小郢污水处理厂	30	10.8	35

污水处理厂实施光伏发电系统，不仅可以降低能源成本，还可以减少碳排放，但对于已建成的污水处理厂，存在基础设施和安装成本高、可利用面积少等问题，同时也受限于各地电力部门审批许可、国家宏观政策调控等，存在不确定性，导致

各地项目的经济性存在差异，后期需进一步探索"污水厂+光伏"的融合，提高项目经济可行性，以激励清洁能源的推广使用，减少碳排放。

专　栏

　　光大水务（淄博）有限公司是处理规模为25万吨/日的市政污水处理厂。污水厂利用生化池顶部空间建设了1.82MW分布式光伏发电系统。光伏发电系统为自发自用余电上网模式，采用光伏组件-逆变（由直流电逆变为交流380V）-汇流-接入配电装置的工艺流程。本项目工程共安装光伏组件4000块，为455Wp的单晶硅光伏组件，逆变器为组串式逆变器，逆变器出口配置汇流箱，共设置5个并网点，每个并网点接入1台光伏并网柜（新建5台光伏并网柜）。该光伏系统初始投资额约800万元，25年全生命周期发电量为4832.8万千瓦·时，年均发电量193.3万千瓦·时，每年节约电费约145万元。

（二）厌氧产沼发电

　　污泥厌氧消化过程的碳排放量相对较低，且具备实现负碳排放的可能。污泥厌氧消化耦合沼气热电联产项目，可以实现热、电两种能源的回收利用，提高能源利用效率。如北戴河新区污泥处理厂项目的日处理规模为300吨（80%含水率），处理工艺采用分级/分相厌氧消化工艺，产生的沼气经提纯后，一部分可用于预处理单元的原泥预热，另一部分可用作车用燃气。

　　但由于我国污水处理厂有机物进水浓度相对较低、污泥含沙量大等原因，目前厌氧消化工艺在整个污泥处理和处置市场中占比仅为15%左右。典型经济技术指标如下。

　　（1）白龙港污水处理厂采用中温厌氧消化系统，处理规模为204吨干泥量/日，沼气产量约为40000立方米/日，沼气转化为热能，用于厌氧消化系统热能供应，厌氧消化热能自给率达100%。多余的沼气还可用于部分污泥干化对热能的需求。

　　（2）北京小红门再生水厂日处理规模60万吨/日，采用污泥高级厌氧消化工艺，年产沼气1300万～1500万立方米，年发电量3000万～3300万千瓦·时，年节约电费约2500万元。

　　（3）青岛麦岛污水处理厂日处理规模14万吨/日，采用污泥厌氧、沼气发电工艺，配置沼气发电机4台，单台最大电力输出1600kW；沼气锅炉2台，单台供热量1736kW。日均沼气产量为17073立方米，日均发电量27047千瓦·时，日均耗电量41888千瓦·时，即全年厂内65%用电量由沼气发电系统供应，年节约电费约900万元。

二、磷回收与环境保护

我国目前已建成世界最多的污水处理设施并拥有世界上最大的污水处理能力，覆盖了我国近95%的城市，随之而来的剩余污泥量亦与日俱增〔住建部2021年10月发布的《中国城乡建设统计年鉴》表明，2020年全国城市及县城污水厂产生的污泥量已突破6663万吨（以含水量80%计）〕。

焚烧渐渐成为剩余污泥的终极处理、处置方式，而焚烧产生的污泥灰分中又包含了污水中绝大部分（＞90%）的磷。因此，从焚烧灰分中回收磷，也为污水磷回收提供了最佳点位。

综合估计，湿式化学法回收磷的经济成本为38.7～46.4元/千克，而热化学法回收磷的成本则约为15.5元/千克，略高于目前磷肥工业生产7.7元/千克的成本。实际上，进行灰分磷回收前的污泥产生、运输和处理处置方法的选择，同样也会决定灰分磷回收的经济和环境影响程度。污水处理过程中，化学药剂投加会直接影响污泥成分组成以及后续焚烧灰分的成分，从而影响灰分磷提取和磷纯化工艺选择以及伴随的经济和环境影响程度。

根据欧洲磷回收：可持续污水污泥管理促进磷回收和能源效率（P-REX：Sustainable Sewage Sludge Management Fostering Phosphorus Recovery and Energy Efficiency）项目研究，相比单独焚烧灰分磷回收，混合焚烧灰分磷的回收成本要高出42%～215%。此外，将灰分磷回收和污泥焚烧统筹设计、集中建设可以显著降低灰分磷回收的经济成本和对环境的影响。因此，前期污水处理、污泥脱水干化、污泥运输等前序过程，应尽量考虑到后续灰分磷回收的必要性，这对于降低磷回收经济成本和环境成本有着重要意义，这也是政府相关部门需要出台的相关技术政策导则和技术规范。

三、中水利用与减排收益

为提高再生水利用效率，促进再生水发展，对再生水项目开展效益评估必不可少。再生水回用项目能满足多方利益相关者的诉求，实现较好的经济效益。

包头市某再生水项目通过混凝、沉淀、过滤及消毒，将北郊二级出水再进行深度处理，出水达到再生水的水质要求，可作为"二次水源"，用于包头市昆都仑区、青山区、开发区、九原区四个区的园林绿化、河湖补水、市政杂用及热电厂、热源厂生产用水。项目生产水规模4.5万吨/日，总投资约4080万元，年经营成本约541万元，年收入约1478万元，经过计算，项目投资回收期约为8.6年，项目具有良好的经济效益。

四、热能利用与环境保护

我国对于污水源热泵的探索起步较晚，通过近年来的研究和发展，国内已建成多个污水源热泵系统，并投入使用。

污水源热泵充分利用污水水温恒定的特点，能够从污水中高效提取热量，制冷及制热系数（制冷量、制热量/耗电量）可达3.5～4.4，可在稳定供暖制冷的同时，降低用电量，实现污水热能的开发利用，一些典型案例如下。

（1）海港区西部污水处理厂处理规模为12万吨/日，利用污水处理后的中水作为水源热泵热源，为厂区办公楼和生产生活区域提供采暖和制冷保障。水源热泵两台，每台制热功率为436.8千瓦，制冷功率为394.9千瓦，综合性能系数为5.74。每年的制热输出量为3.27亿千瓦·时，制冷输出量为0.29亿千瓦·时。

（2）大连大开污水处理厂通过建造热泵站对污水热能加以利用，制热功率为98千瓦，制冷功率为76千瓦，每年的制热输出量为854亿千瓦·时，制冷输出量为427亿千瓦·时，全覆盖大开污水处理厂、大连恒基再生水厂、恒基环保学校的供暖需求和制冷需求。

（3）大连春柳河污水处理厂一期项目的供暖采用水源热泵机组，冬季采暖供水温度达到50℃，回水温度达45℃；污水用量为100立方米/小时，总热负荷为298千瓦；选用制热量为413.2千瓦、制热功率为86.3千瓦的热泵，每年制热输出量为1.07亿千瓦·时（每年供暖期150天）。目前已投入使用，供热总建筑面积约4000平方米，满足了厂区内办公及生产用房采暖要求。

（4）北京高碑店再生水厂、小红门再生水厂、槐房再生水厂、清河再生水厂、清河第二再生水厂、酒仙桥再生水厂、定福庄再生水厂、高安屯再生水厂、北小河再生水厂、卢沟桥再生水厂、吴家村再生水厂11座再生水厂，均应用了水源热泵。2016—2020年，上述再生水厂累计供热量为530万吉焦，累计节约天然气约1.6亿立方米，年供热量为106万吉焦，年节约天然气3180万立方米，为共计160万平方米建筑物提供供暖及制冷服务。

（5）徐州某污水源热泵系统项目，租用地下建筑，建设3个机房能源站，租用建筑面积为3399平方米；工艺设备方面，购置安装包括热泵机组、换热器、循环泵、循环水系统在内的各类设备106台（套）；配套建设项目区范围内的供配电、节能、环境保护、消防等配套工程（见表5–13）。

表5-13　徐州某污水源热泵系统项目收入成本数据一览表

类别	规模（万吨/日）
开发商接口费	75元/平方米
政府补贴	2000万元（省级示范项目）
用户收费	26元/平方米/供暖季
总投资实际控制	80元/平方米
运营成本	10元/平方米

根据该项目可研，项目建成运营后，正常年可实现营业收入2501.4万元，正常年利润总额944.74万元，全部投资财务内部收益率12.07%（税后），投资利润率12.73%，具有良好的经济效益。

第五节　水污染治理之未来——概念污水处理厂

一、概念污水处理厂

从世界范围看，污水处理正处于重大变革，城市污水处理厂将由单纯的污染物削减，转变为资源回收、能源自足的"绿色水厂"，也是中国污水处理未来发展的新方向。

面向未来的污水处理概念厂，应包含以下四个方向的追求。使出水水质满足水环境变化和水资源可持续循环利用的需要；大幅提高污水处理厂能源自给率，在有适度外源有机废物协同处理的情况下，做到零能耗；追求物质合理循环，减少对外部化学品的依赖与消耗；建设感官舒适、建筑和谐、环境互通、社区友好的污水处理厂。

同时，未来概念污水处理厂的建设除了污水厂本身的建设以外，也要配合更先进、更优秀的污水管网建设，因为污水水质将直接影响到污水处理厂处理工艺的使用效果和对污水中可利用资源元素的使用。概念污水处理厂的建设对技术的选择主要有以下几个方向。

首先，良好的污水管网建设可使污水处理厂的污水浓度大幅提高，这将直接影响未来污水厂工艺的选择。例如城市化建设十分优秀的新加坡，其污水处理厂管网中生活污水的平均化学需氧量浓度高达1000毫克/升，而中国则仅有300~500毫克/升。较高的进水化学需氧量浓度促使污水处理厂对化学需氧量的处理方法可采用生物吸附碳捕捉技术，将污水中的化学需氧量转移至活性污泥中，而非传统的好氧消耗生成二氧化碳。随后再利用发酵手段使生物碳转变成沼气并发电，其原理如式5-4所示。实现对污水中有机物的最大程度利用。这一过程中，良好的管网建设和高浓度的进水水质是保证发电量的重要前提。

其次，针对污水中的氮元素的处置，未来将采取对于能耗和化学需氧量依赖更低的厌氧氨氧化技术。

$$COD \xrightarrow{微生物} CH_4 + CO_2 \quad\quad (5\text{-}4)$$

其脱氮原理有别于传统的硝化反硝化反应，具体如图5-5所示。由此可见，厌氧氨氧化技术相较于传统的硝化反硝化技术，需氧量可减少25%，从而降低工艺整体能耗，同时可以节约100%的碳源依赖，从而可提高未来水厂对污水中化学需氧量的回收和利用。不过该技术目前仅在高浓度含氮废水中得以应用，未来对于普通水厂的应用，仍离不开学者的潜心研究和对未来水厂以及管网的进一步建设。

对于污水中的磷，国外已有众多学者开展利用污水鸟粪石技术，将污水中的磷元素制成一种主要成分为磷酸铵镁的产物，其氮磷成分被认定为优良的土壤肥料。

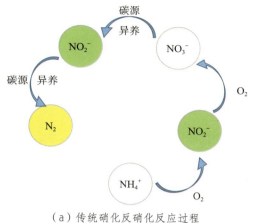

（a）传统硝化反硝化反应过程　　　　　　（b）厌氧氨氧化过程

图5-5　硝化反硝化的氮反应转移过程

这一技术也被认定为未来水厂针对污水磷元素的最佳处置方案。在治污的同时，生产具高附加价值的氮磷肥料，从而产生效益，降低传统氮磷肥厂家因生产需要而造成的过多排放问题。

最后，污水厂处理后的中水，在未来概念水厂中也得以充分利用，不仅体现在用以替代自来水的日常使用，更可以利用膜技术进行多级过滤，进而形成饮用水。这方面的技术早已在新加坡得到了实践，新加坡的新生水（NEWater）技术通过了美国环保署和世界卫生组织的饮用水标准及附加的近190项参数检验，成功实现了污水变饮水的利用方式，简化了"污水-自来水-饮用水处理"一系列工艺流程，并实现了一定程度的减排。

除了污水处理厂配套的建设（如管网）和处理厂内各工艺的选择外，未来水厂对全厂设备的智能化控制和管理也必不可少，同时在有限的土地范围内，尽量使用光伏、风能等清洁能源的补能方式，也是实现"零能"未来污水处理厂的关键。

=== 专　栏 ===

荷兰2008年制定出未来污水处理的NEWs框架，即未来污水处理厂将是营养物（Nutrient）、能源（Energy）与再生水（Water）的制造工厂（factories）。NEWs框架强调资源与能源回收，并示范了各种不同回收目的可能采取的工艺步骤（概念工艺）。接近于典型"零能"污水处理厂的工程实践案例，如荷兰

DOKHAVEN污水处理厂位于荷兰南部城市鹿特丹，流量分别为9100吨/时（旱季）和19000吨/小时（雨季）；该厂主流工艺采用AB法，侧流采用了亚硝化-厌氧氨氧化（SHARON+ANAMMOX）技术，对污泥厌氧消化液进行自养脱氮。剩余污泥脱水后再进入后续消化池，厌氧消化产甲烷，并用于沼气发电和产热：电用于污水处理厂运行，余热用于消化系统加热和冬季办公室取暖等。目前该厂生产沼气量达4214081吨/年，发电量可达8282946千瓦·时/年，而污水厂电力消耗为18934740千瓦·时/年，这使得电力自给率达到43.74%。若考虑污水余热利用的这部分能量，该厂的碳中和率实际已达70%以上。

二、中国"零碳"污水处理发展路线

污水处理厂作为能源密集型设施，以耗能为途径完成水污染治理，中国城市污水产生量巨大，处理量也在不断增加，如何推进行业低碳转型，成为行业不容忽视的问题。

（一）加强顶层设计，优化布局

从行业标准、低碳指标、源头管理等方面加强顶层设计，加快水务行业的绿色低碳转型，从污染治理者转变为环境资源的绿色贡献者，加快实现"零碳"污水处理厂建设目标。

建立健全污水处理行业在现有能耗标准体系之外的低碳发展标准，设立替代能源使用、资源回收利用、中水利用、污水热能利用等指标；促进源头管理升级，推进流域联动、区域协调、城乡统筹，实现供需结构平衡。

（二）补齐建设短板，提质增效

加快补齐城镇污水管网建设、污水资源化利用及资源回收方面的短板，提升设施处理能力，实现厂区低碳运行目标。

推广海绵城市、雨污分流、初期雨水净化、厂网一体化，提升污水收集效率，厂区内推行泥水并重、建管并举，提升运行管理水平，实现设施稳定可靠运行，积极推进污水资源化利用及资源回收方面建设试点，促进厂区内能量循环，提升设施整体效能。

（三）加大宣传力度，提高公众认知度与认可度

对业外公众加大宣传力度，广泛深入开展宣传教育，提高社会对节水及再生能源的认知度和认可度，为污水处理厂转化为"能源工厂"营造再生水推广利用的良好氛围。对业内从业人员加大培训力度，统一思想，提高对"双碳"目标的认知，意识到碳中和对经济社会变革的深刻性，以及对水务行业影响的紧迫性。

（四）强化政策引领

行业引导方面，建议贯彻落实"十四五"规划，在提质增效的基础上优化布局，加强碳足迹追踪的评估工作，加快碳排放检测方面的建设工作；全面摸清污水处理企业碳排放方面的实际数据，核算各环节和全环节低碳运行的潜力；建立污水处理行业碳排放衡量标准及考核制度，逐步参与碳排放市场交易，加入国家碳税制度的实施体系。

技术引导方面，建议注重行业内新型低碳减排技术的创新与发展，鼓励新技术的应用。立足于水污染治理过程中的能源管理和二氧化碳的全面减排，以现有的污水行业运营管理标准为基础，在污水处理行业绿色、低碳、循环发展的综合标准体系框架内，从能耗、药耗标准之外建立能耗方面的低碳运行标准规范，推荐示范企业的精细化智能管控系统和污水处理、污泥处理、热能利用、沼气生产、沼气发电等新技术，引导行业优化污水处理工艺，创新污水处理技术，升级污水处理设备。

（五）加强政府资金引导作用，建立多重鼓励补贴机制

加强政府资金引导作用，积极鼓励社会资本参与，扩大有效投资，多渠道筹措水务行业转型升级资金。充分激发企业投资活力，平等对待各类投资主体，进一步确立和强化企业投资主体地位，放宽放活社会投资，激发社会资本投资潜力和创新活力。

通过建立基于污水处理企业的碳减排贡献、能源自给程度的污水处理价格调整及运营补贴机制；设立污水处理行业低碳发展国家科技专项，通过试点示范树立标杆企业及项目，全面推动新工艺和新技术的发展；加大碳交易机构的建设和标准建设或改变污水成本定价监审办法和增值税管理办法，鼓励通过碳减排交易实现产业投入的回报机制等方式；全面调动污水处理企业在技术创新上的积极性，引导更多的创新型企业加入碳中和污水事业的建设。

参考文献

［1］陆家缘. 中国污水处理行业碳足迹与减排潜力分析［D］. 合肥：中国科学技术大学，2019：1-67.

［2］杨温娜. 城市污水输送过程中管网内温室气体的产生机制［D］. 西安：西安建筑科技大学，2018：1-56.

［3］张秀梅. 考虑碳排放的中小城镇污水处理系统规划研究［D］. 成都：西南交通大学，2014：1-62.

［4］冯沁. 不同污水处理工艺的温室气体排放情况及对比分析［J］. 四川建材，2019，45（12）：39-40.

［5］任慕华，张光明，彭猛. 中美两国城镇污水排放标准对比分析［J］. 环境保护，2016，44（02）：68-70.

［6］马丁·格里菲斯. 欧盟水框架指令手册［M］. 水利部国际经济技术合作交流中心，译. 北京：中国水利水电出版社，2008.

［7］高娟，李贵宝，华珞，等. 日本水环境标准及其对我国的启示［J］. 中国水利，2005（11）：41-43.

［8］郝晓地，李季，曹达啟. 污水处理碳中和运行需要污泥增量［J］. 中国给水排水，2016，32（12）：1-6.

［9］楚想想，罗丽，王晓昌，等. 我国城镇污水处理厂的能耗现状分析［J］. 中国给水排水，2018，34（07）：70-74.

［10］张羽就，席佳锐，陈玲，等. 中国城镇污水处理厂能耗统计与基准分析［J］. 中国给水排水，2021，37（08）：8-17.

［11］杨兴舟，污水处理厂能耗建模及能量平衡评估［D］. 广州：华南理工大学，2020：1-67.

［12］孟德良，刘建广. 污水处理厂的能耗与能量的回收利用［J］. 给水排水，2002（4）：18-20.

［13］郝晓地，黄鑫，刘高杰，等. 污水处理"碳中和"运行能耗赤字来源及潜能测算［J］. 中国给水排水，2014，30（20）：1-6.

［14］尹亚云，蒲文鹏，陈永娟，等. 污水处理厂化学除磷精确控制系统研究——以山东某污水处理厂为例［J］. 四川环境，2021，40（01）：228-232.

［15］李淑夏. 基于污泥厌氧发酵多能互补热电联产系统研究［D］. 青岛：青岛理工大学，2016：1-86.

［16］刘宇佳，赵旭东. 污泥干化焚烧技术进展及我国典型工程概况［J］. 中国环保产业，2019（02）：55-59.

［17］宫徽. 基于"碳源浓缩-氮源回收"的新型污水资源化工艺研究［D］. 北京：清华大学，2017：15-19.

［18］郝晓地，衣兰凯，王崇臣，等. 磷回收技术的研发现状及发展趋势［J］. 环境科学学报，2010，30（05）：897-907.

［19］孟瑞明，梁小田，吕志成. 微滤—反渗透双膜工艺在再生水工程中的应用研究［J］. 给水排水，2012，48（S2）：83-86.

［20］郝晓地，方晓敏，李季，等. 污水碳中和运行潜能分析［J］. 中国给水排水，2018，34（10）：11-16.

［21］杨振静. 污水源热泵的应用及经济性分析［D］. 济南：山东建筑大学，2013：1-57.

［22］胡谦. 污水源热泵在长沙市的应用研究［D］. 长沙：湖南大学，2013：1-52.

［23］王鹏. 青岛市污水源热泵供热适用性研究［D］. 青岛：青岛理工大学，2016：1-54.

［24］曲久辉. 建设面向未来的中国污水处理概念厂［N］. 中国环境报，2014-01-08.

［25］常纪文，井媛媛，耿瑜，等. 推进市政污水处理行业低碳转型，助力碳达峰、碳中和［J］. 中国环保产业，2021（06）：9-17.

［26］郝晓地，陈奇，李季，等. 污泥干化焚烧乃污泥处理/处置终极方式［J］. 中国给水排水，2019，35（04）：35-42.

［27］郝晓地，于晶伦，刘然彬，等. 剩余污泥焚烧灰分磷回收及其技术进展［J］. 环境科学学报，2020，40（04）：1149-1159.

［28］范育鹏，陈卫平. 北京市再生水利用生态环境效益评估［J］. 环境科学，2014，35（10）：4003-4008.

［29］马宏琛，孙加辉，邱启涛，再生水回用项目的经济评价分析［J］. 内蒙古科技与经济，2018（08）：26-28.

［30］张爱国，阙莉莉，李鑫，等. 基于利益相关者视角的再生水项目成本——效益评估模型及其应用［J］. 水电能源科学，2021，39（06）：136-139.

第六章

海洋污染治理与降碳协同

■ 引 言

　　海洋占地球表面的70％，容纳了世界上97％以上的水量，对人类和生物的生存至关重要。海洋在全球气候变化和碳循环过程中发挥着基础性功能。全球海洋供给了大气含氧量平衡中增量的约50％；海洋也是全球气候的主要调节者，海洋吸收太阳的热量，将高温海水从赤道输送到两极，将低温海水从两极输送到热带。通过这样连续不断的热量输送，塑造了世界各地的区域性气候；海洋通过海洋活动和海洋生物吸收人类活动产生的二氧化碳，并将其固定在海洋中。海洋是地球上最大的碳库，储存了地球上约93%的二氧化碳，其每年可清除30%以上排放到大气中的二氧化碳。海洋碳汇也被称为蓝色碳汇，对维持整个碳循环的平衡、保持气候稳定、缓解全球变暖、支持生物多样性等，起到了至关重要的作用。

　　海洋生态系统具有脆弱性、高度动态性以及全球范围内的连通性。人类利用直接和间接的海洋福祉，必须以健康的海洋生态环境为前提。物质从陆地到海洋的运动是水文循环过程中不可避免的一部分。由于大型人类住区的建立、工业过程的发展和农业的集约化，人类活动既集中又增加了这些流量。特别是近几十年，沿海地区快速的经济增长给沿海和海洋环境造成了巨大的压力，海洋及其生态系统服务正在遭受比以往任何时候都要更严重的威胁。尤其是海洋垃圾、海上泄漏石油会影响海洋浮游植物对二氧化碳的吸收，进而促进了气温升高。

　　习近平总书记指出，海洋是高质量发展战略要地。"十四五"海洋生态保护聚焦"美丽海湾"的保护和建设，牵住海洋生态环境保护治理的突破口和"牛鼻子"，维护发展海洋蓝色碳汇、稳步提升海洋碳汇能力、推动海洋污染防治、生态保护修复、应对气候变化、绿色高质量发展、碳中和目标等协同增效。

那么，海洋污染的现状如何？当前全球海洋污染治理表现出哪些特点？本章将在梳理海洋污染发展历程的基础上，介绍协同治理的基础工作及未来发展态势，提出海洋生态环境治理的发展方向，即"美丽海湾"目标的建设纲领，提出推动海湾生态环境质量改善与陆海统筹协同的路径设计。

第一节　海洋污染概况

一、主要污染物

海洋环境中的主要污染物有营养物质、海洋垃圾、重金属、石油及相关化学品和农药等。这些污染物大部分从陆地水路和大气输送两种途径进入海洋。

（一）营养物质

氮是一种重要的营养物质，对海洋环境很重要。在大部分海洋中，初级生产受到氮的可用性限制。因此，氮元素的输入必不可少。但是其在水体中的含量一旦过量，就会成为污染物，造成海水环境污染。污水、农业区域排放以及化石燃料燃烧是这种营养物质的来源。

1. 来源

污水处理通常有三级：一级（去除固体悬浮物和漂浮的油、油脂）、二级（生物处理）和三级（深度处理）。1995年通过《保护海洋环境全球行动纲领》时，普遍认为保护海洋环境和改善人类福祉最重要的是需要改进污水处理，特别是大都市圈的污水处理。世界许多地方污水处理都取得了进展，但总体而言，未经处理的污水输入仍然是对海洋环境的主要威胁。此外，通过地下含水层的输入也是一个重要的污染途径。

通过改进作物品种、农业技术和杀虫剂、增加化肥的使用以及开辟新的耕地，人们已经能够在土地上生产越来越多的食物。从粮农组织的谷物产量统计数据中可以看出：2002—2012年全球生产的谷物吨数增加了25%以上，其中，南亚每0.01平方千米产量增加了7%以上，东亚和东南亚增加了9%以上，非洲增加了18%以上，西亚增加了20%以上。虽然作物总量和单位产量的增加对于养活世界不断增长的人口至关重要，但也给海洋带来了一些环境问题：一些杀虫剂由于径流而对海洋环境产生了影响。同样，肥料使用的增加导致流入海洋的营养物质增加。近十年来，氮肥的使用量大幅增长，且这种增长仍在继续，如表6-1所示，2002—2012年，拉丁美洲、南亚、东亚和大洋洲的氮肥消费量增加了一倍以上。

汽油和其他液体燃料燃烧产生的氮化合物可以通过大气传输进入海洋。由内燃机驱动的车辆是此类化合物（尤其是氨）的重要来源。在主要航线附近，船舶的"贡献"也很大。例如在西北欧，大气中超过25%的氮排放来自这些来源。在20世纪，人类对河口和沿海生态系统的氮和磷输入增加了一倍多。这些输入是通过水路和大气沉降两种途径产生的。例如2005年，通过水路排放到北海和东北大西洋凯尔特海的氮总量为120.5万吨。（大气中的氮排放物部分被输送至北海和凯尔特海以外的海域，部分沉降至北海和凯尔特海集水区的陆地上，）进而包括在这120.5万吨氮总量中。因此，在控制营养物质的过量输入时，应考虑陆地水路和大气输送两种途径。

表6-1　全球氮肥使用情况　　　　　　　　　（单位：百万吨）

分布地区	2002年	2003年	2004年	2005年	2006年	2007年	2008年	2009年	2010年	2011年	2012年
欧洲及中亚	5330	5090	5743	5798	5705	6699	6902	6711	6559	6997	7174
北美	2736	2620	2715	3150	2763	3151	2884	2466	2685	2868	2959
拉丁美洲	691	722	865	880	1043	1253	1106	1091	1277	1455	1459
非洲	800	920	1112	1160	1022	990	1013	1017	1054	1067	1142
西亚	409	462	547	533	441	440	456	595	550	455	417
南亚	99	96	137	164	141	138	167	197	210	232	238
东亚	908	1199	1275	1315	1391	1490	1671	1428	1692	1737	1962
大洋洲	161	372	378	462	389	422	468	531	544	556	679

2. 影响

营养物质引起藻类过度繁殖，大量的藻类（浮游植物）会在细菌的作用下腐烂，耗尽海水中的溶解氧，接着造成水体缺氧（氧气低于2毫克/升），这个过程被称为"富营养化"。富营养化极具危害性：它会使底栖藻类疯狂增长并覆盖珊瑚礁，进而使珊瑚礁窒息；富营养化将导致海草床消失、海底动物死亡。滨海湿地支撑着渔业，同时保护海湾免受风暴的危害，也为野生动物提供了栖息地。过剩的营养物质会导致植物根茎比的降低，使植物在地上的部分变多，植物根系变小和有机物含量的骤然减少会降低河岸土壤的稳定性，容易造成水土流失，使盐沼变成泥滩，而不能为许多生物提供栖息地。目前，世界资源研究所认定全世界共有415片海域正在遭受富营养化的危害。全球富营养化海域面积已达约24.5万平方千米。

（二）海洋垃圾

海洋环境中的垃圾是对世界海洋健康增长最快的威胁之一。海洋垃圾已被联合国环境署定义为"任何在海洋和沿海环境中丢弃、处置或遗弃的固体材料"。海洋垃圾包括由人类制造或使用并故意丢弃到海中、河流或海滩上的物品；被河流、污水、雨水或风间接带到海里的物品；意外丢失，包括恶劣天气下在海上丢失的材料（渔具、货物等）；被人们故意留在海滩和海岸上的废弃物。

1. 分类

具体来讲，海洋垃圾可以分为以下七个不同的类别：①塑料，涵盖范围广泛的合成聚合物材料，包括渔网、绳索、浮标和其他渔业相关设备；消费品，如塑料袋、塑料包装、塑料玩具；与吸烟有关的物品，例如烟头、打火机和雪茄头；塑料树脂颗粒；微塑料颗粒。②金属，包括饮料罐、气雾罐、铝箔包装纸和一次性烧烤架。③玻璃，包括瓶子、灯泡。④加工过的木材，包括托盘、板条箱和刨花板。⑤纸和纸板，包括纸箱、纸杯和纸袋。⑥橡胶，包括轮胎、气球和手套。⑦服装和纺织品，包括鞋子、家具和毛巾。约80%的海洋垃圾来源于陆地，20%左右来源于人类海上活动。陆地上的垃圾，特别是塑料垃圾，一旦进入海洋之后，在海洋环境中的留存时间长、治理难度大。

2. 分布

2010年，192个沿海国家产生了5.5亿吨的塑料垃圾，其中有1270万吨进入海洋。海洋垃圾存在于所有海洋栖息地，从人口稠密的地区到远离人类活动的偏远地区，从海滩和浅水区到深海海沟。不同地点的海洋垃圾，受人类活动、水文和气象条件、地貌、进入点和垃圾物品物理特征的影响，密度差异很大。

3．影响

海洋垃圾，尤其是塑料垃圾的积累，已被确定为与气候变化、海洋酸化和生物多样性丧失等其他当代关键问题一样的全球性问题。海洋垃圾会缠绕生物，使生物窒息，并破坏栖息地。影响的程度取决于垃圾碎片的性质（即大小、数量、成分、持久性）和受影响环境的敏感性（即栖息地脆弱性和恢复力）。

尽管海洋垃圾对栖息地影响的研究主要集中在底栖环境，但漂浮垃圾的存在同样可以通过以下方式破坏远洋栖息地的质量：①通过缠结或幽灵捕捞（即将鱼缠绕在丢失、废弃或丢弃的渔网、陷阱或罐子中），海洋生物因与废弃渔具和塑料包装纠缠而死亡或受伤；②降低环境中可用食物的质量，最明显的影响是许多动物会误食垃圾，因此可能由于肠道堵塞或缺乏营养物质而导致其饥饿。最近发现，越来越多的海龟、海洋哺乳动物和海鸟因漂浮垃圾而濒临灭绝或死亡。当前，在所有海洋鱼类的肠道和海盐等产品中都发现了塑料颗粒，人类食用的食物中出现了微塑料；③改变物种的行为和适合度。

（三）重金属

海洋中的重金属主要包括铬、锰、铁、铜、锌、银、镉、锑、汞、铅等。

1．来源

绝大多数污染物来自人类发展工农业产生的废水、废料和煤与石油燃烧生成的废气，通过大气沉降、地表径流输入和直接排放等方式，进入海洋中。

（1）大型燃烧工厂。由于化石燃料天然含有重金属，它们的燃烧会释放这些元素。许多大型燃烧工厂没有足够的烟气净化装置。燃煤汞排放量占全球总量1960吨的24%。燃煤发电站也是镉、锌的重要来源。2001—2012年，世界大部分地区（非洲、欧洲和中亚、南北美洲、南亚）燃煤电站发电量占总发电量的比例下降或保持稳定，但这一比例在东亚稳步增长——从51%上升到63%。

（2）化学工业。化学工业会产生大量的污染物排放。2003—2012年，世界化学品总产值实际增长了12%，特别是中国，化工产品的实际价值增长了293%，新加坡增长了74%，印度增长了56%。因此，化学工业对海洋环境影响的潜力发生了重大变化，重点从大西洋区域转移到了太平洋区域。

（3）采矿。采矿是一些国家经济的重要组成部分。2010年，排名领先的8个国家占全球矿业生产价值的70%以上：澳大利亚（15.6%）、中国（15.0%）、巴西（10.2%）、智利（6.8%）、俄罗斯联邦（6.2%）、南非（5.9%）、印度（5.6%）和美国（5.0%）。2012年，巴布亚新几内亚（33.4%）、赞比亚（23.8%）、智利（14.7%）、加纳（12.7%）和秘鲁（12.0%）采矿业的产值占国内生产总值（GDP）的10%以上。采矿业产生含有重金属的尾矿。2000—2014年，15个国家/地区发生了26次尾矿坝事故。在某些情况下，尾矿也会直接排入河流和大海。2012年，有12座尾矿（印度尼西亚1座、挪威5座、巴布亚新几内亚4座、土耳其1座和英国1座）进行了直接入海处置，扼杀了大面积的海床。

（4）冶炼。黑色金属和有色金属的冶炼会导致重金属排放到大气中，然后可能会沉积在沿海集水区并通过水道传输到海中，或直接沉降至大海。例如，2003年澳大利亚向大气排放的铅中，约有70%来自有色金属加工。2000年欧洲钢铁生产的铅排放量是有色金属生产的铅排放量的一半左右。钢铁产量快速增长：世界生铁产量在2001—2011年增长了85%，达到11.58亿吨/年。即使每吨产量的排放水平稳定保持在目前的水平，总负荷也会成比例地增加。

2. 影响

海洋中的重金属主要在沉积物和生物体中富集。有研究表明，当鱼类以浮游动植物为食时，体内的镉含量较高；以固着藻类为食时，体内的铜含量较高；以底栖生物为食时，体内的锌含量较高；以杂食为食时，体内的铅含量较高。当人类摄食海洋生物的时候，它们体内的重金属便会进入人类体内，引起中毒或者诱发癌症、削弱免疫系统功能、降低生殖能力和诱导后代发生基因突变。

（四）石油及相关化学品

1970—2012年，海上石油和天然气的运输量几乎翻了一番，普通货物的运输量增加了四倍，谷物和矿物的运输量几乎增加了五倍。航运中的石油泄漏具有广泛的影响。泄漏种类包括原油和从原油中分馏出来的溶剂油、汽油、煤油、柴油、润滑油、石蜡、沥青等，以及经过裂化、催化而成的各种产品。每年排入海洋的石油污染物约为1000万吨，主要是由海上油井管道泄漏、油轮事故、船舶排污等造成的，特别是一些突发性的事故，一次泄漏的石油量可达10万吨以上。

其影响范围从油覆盖海鸟、污染鱼类和贝类到影响浮游植物生长。环境温度是影响持续时间和恢复时间的最重要的因素之一。在较温暖的地区，分解碳氢化合物的细菌较为活跃，污染影响会更快消失。在较冷的地区，细菌活动水平要低得多，石油泄漏的影响会持续更长时间。比如，发生35000吨石油泄漏的"埃克森瓦尔迪兹"号灾难的影响，在20年后仍然可以衡量。海洋表面的油膜覆盖会降低浮游植物的光合作用，浮游植物作为生物链的最底层，它的减少会造成其他高级生物数量的下降，导致海洋生态系统失衡。石油污染还会直接影响浮游生物、游泳动物、底栖生物和鸟类等海洋生物的生存环境。受到污染的水质会损害海洋生物的健康，进而影响人类的健康。同时海水具有的流动性特点会使石油在风浪和潮流的作用下四处扩散，从而损害人类的其他正常活动。

（五）农药

农药包括农业上大量使用的含有汞、铜以及有机氯等成分的除草剂、灭虫剂，以及工业上应用的多氯酸苯等。这类农药具有很强的毒性，如果杀虫剂使用不当，或者所涉及的化学物质在降解之前具有足够高的持久性，它们随着雨水进入地表径流，进而到达河流，最终流入海洋。这些化学品持续性强、不易分解，而且很低的浓度就会产生毒性。

这些化学污染物不仅会在海洋环境中残留，而且会通过食物链发生生物放大效应，从食物链的一级上升到另一级。滴滴涕和其他氯化烃类物质会积聚在脂肪组织中。动物会从食物中获得和积累这些化学污染物，每个营养级生物体中的污染物含量都要比其低一级的生物体中的含量要高。因此，大型鱼类和海洋哺乳动物等在海洋食物链中处于顶级位置的食肉动物体内的化学污染物，含量往往是最高的。人类食用后，会产生中毒现象。

二、中国海洋生态环境状况

2020年，我国共对1350个海洋环境质量国控监测点位、193个入海河流国控断面、442个污水日排放量大于100吨的直排海污染源开展了水质监测，对24个典型海洋生态系统开展了健康状况监测。

（一）海水质量

劣四类水质海域面积为30070平方千米，同比增加1730平方千米，主要超标指标为无机氮和活性磷酸盐。①渤海：劣四类水质海域面积为1000平方千米，主要分布在辽东湾和黄河口近岸海域；②黄海：劣四类水质海域面积为5080平方千米，同比增加4320平方千米，主要分布在江苏沿岸海域；③东海：劣四类水质海域面积为21480平方千米，主要分布在长江口、杭州湾、浙江沿岸等近海海域；④南海：劣四类水质海域面积为2510平方千米，主要分布在珠江口等近岸海域。

（二）近岸海域和重要海湾水质

近岸海域，劣四类水质比例平均为9.4%，主要超标指标为无机氮和活性磷酸盐。面积大于100平方千米的44个海湾中，8个海湾春季、夏季和秋季三期监测均出现劣四类水质。

（三）海水富营养化

2020年，夏季呈富营养化状态的海域面积共45330平方千米，同比增加2620平方千米。其中，轻度、中度和重度富营养化海域面积分别为20770、9450和15110平方千米。重度富营养化海域主要分布在辽东湾、黄河口、江苏沿岸、长江口、杭州湾、珠江口等近岸海域。

（四）海洋垃圾

2020年，我国对全国49个区域开展了海洋垃圾监测，发现：①海上目测漂浮垃圾平均个数为27个/平方千米；表层水体拖网漂浮垃圾平均个数为5363个/平方千米，平均密度为9.6千克/平方千米；塑料类垃圾数量最多，占85.7%，其次为木制品类，占10.6%。塑料类垃圾主要为泡沫、塑料瓶和塑料碎片等。②海滩垃圾平均个数为216689个/平方千米，平均密度为1244千克/平方千米。塑料类垃圾数量最多，占84.6%，其次为木制品类和纸制品类，均占4.1%。③海底垃圾平均个数为7448个/平方千米，平均密度为12.6千克/平方千米。塑料类垃圾数量最多，占83.1%，主要为塑料绳、塑料碎片和塑料袋等，其次为木制品类，占6.8%。

（五）海洋生态状况

2020年，我国开展了24个典型海洋生态系统健康状况监测，包括河口、海湾、滩涂湿地、珊瑚礁、红树林和海草床。其中，7个呈健康状态、16个呈亚健康状态、1个呈不健康状态。尤其是，监测的海湾生态系统中有7个呈亚健康状态，杭州湾呈不健康状态。杭州湾海水富营养化严重；滩涂湿地生态系统处于亚健康状态；珊瑚礁和海草床生态系统处于健康或亚健康波动状态，海南东海岸海草平均密度持续下降。

（六）赤潮和绿潮

2020年，我国海域共发现赤潮31次，累计面积1748平方千米。其中，有毒赤潮2次，分别发现于天津近岸海域和广东深圳湾海域，累计面积81平方千米；4—7月，绿潮灾害影响黄海海域，最大分布面积为18237平方千米，引发大面积绿潮的主要藻类为浒苔。2021年，青岛等地再次暴发浒苔，这已是黄海海域连续第15年遭受浒苔灾害了。据生态环境部卫星遥感监测结果，2022年黄海浒苔最大分布范围约6万平方千米。

黄海浒苔发生发展是一个复杂的系统性过程，可能与海区水文动力基础环境条件、浒苔藻种种源、海水富营养化等多种因素有关。黄海浒苔连续多年暴发且年际间出现反复，反映了我国近海生态环境长期受到高强度人为活动、气候变化等多重因素影响，海洋生态环境改善还未从"量变"转为"质变"，生态环境安全形势依然严峻。

第二节　海洋污染治理——以微塑料为例

本部分介绍海洋污染物之——微塑料，包括微塑料的来源、分布及数量，与海洋吸收二氧化碳能力之间的关系，微塑料治理措施等内容。

一、海洋微塑料来源及分布

塑料是以单体化合物为原料，通过加聚或缩聚反应聚合而成的高分子化合物，由合成树脂及填料、增塑剂、稳定剂、润滑剂、色料等添加剂组成。塑料因其轻质、耐用、惰性、耐腐蚀等优异的性能，成为人类社会必不可少的材料之一，在商业、工业、医药等领域得到普遍应用。全球塑料产量以每年9%的速度增长，2018

年产量高达3.59亿吨，预计2050年其产量将达到8.5亿~11.24亿吨。全球塑料的类型主要是聚乙烯和聚丙烯。虽然塑料的社会效益是广泛的，但由于塑料制品的无节制使用和管理政策及措施的不到位，致使大量塑料（约占塑料总量的10%）经由各种方式进入海洋，其占所有海洋垃圾的80%~85%（见图6-1）。

目前，国际学术界对微塑料还没有统一的定义，但通常认为粒径小于5毫米的塑料纤维、颗粒或者薄膜即为微塑料，实际上很多微塑料可达微米乃至纳米级，对于肉眼是不可见的，因此其也被形象地比作海洋中的"$PM_{2.5}$"。目前应用最为广泛的塑料为聚乙烯、聚丙烯、聚氯乙烯、聚苯乙烯和聚对苯二甲酸乙二醇酯等，约占世界塑料产品种类的90%，海水中的微塑料也主要由这五种塑料构成。

图6-1　海洋垃圾

2011年起，联合国环境规划署开始持续关注海洋塑料垃圾，尤其是微塑料污染问题。2014年，首届联合国环境大会上，海洋塑料垃圾污染被列为"十大紧迫环境问题之一"，并对微塑料污染进行特别关注。2015年召开的第二届联合国环境大会上，微塑料污染被列入环境与生态科学研究领域的第二大科学问题，成为与全球气候变化、臭氧耗竭等并列的重大全球环境问题，由此可见微塑料污染之严重。

（一）来源

目前已知的微塑料来源，包括陆源输入、滨海旅游业、船舶运输业和海上养殖捕捞业等。据统计，98%的初生微塑料来自陆源塑料垃圾，仅有2%来自海上活动。

陆源塑料垃圾是海洋中微塑料污染的主要来源，主要包括人类生活中丢弃的塑料废弃物、磨砂类洗化用品的微珠添加剂、合成化纤纺织品的洗涤产生的纤维状微塑料及轮胎与地面磨损产生的合成橡胶轮胎粉尘等。据估计，在美国平均每人每天使用的个人护理用品中包含聚乙烯微塑料2.4毫克。微珠和纤维状微塑料随着生活废水进入污水处理厂，轮胎与地面磨损产生的粉尘主要通过雨水，直接或间接进入河流或雨水处理系统。这些塑料或微塑料通过生活废水或雨水排放至河流中，最终部分陆源塑料垃圾会进入海洋系统。

游客在海滩上或海洋里随意丢弃的塑料产品（塑料袋、塑料瓶等）以及海上过往船舶向海洋丢弃塑料废弃物是导致海洋塑料垃圾增加的另一原因。近年来，水产业的迅速发展导致泡沫聚苯乙烯漂浮装置的大量使用，而漂浮装置的老化或者使用过程中发生的破损、破裂等都会导致这些塑料产品进入海洋而成为塑料漂浮垃圾的一个重要来源。其次，水产养殖产生的大量饲料垃圾袋的丢弃，也增加了海洋环境中的塑料量及其潜在污染危害。越来越多的渔船采用塑料渔网进行捕鱼，渔具更新导致大量的破旧塑料渔网被遗弃在海洋中。此外，突发的海上航运事故有时也会造成大量的塑料产品进入海洋。这些进入海洋中的塑料垃圾经过一系列的物化作用，最终形成次生微塑料。

海洋中初生微塑料占比15%～31%，其中，合成纤维和合成橡胶轮胎是海洋中初生微塑料污染的主要输入源，约占总输入量的三分之二。洗衣废水是纤维状海洋微塑料的主要来源，实验条件下家用洗衣机平均每洗一件衣服，会释放超过19000条纤维并随洗衣废水直接排放；由轮胎磨损产生的微塑料对全球海洋塑料总量的相对贡献率为5%～10%；此外，个人护理用品中的塑料微珠释放量占海洋微塑料输入量的2%左右。

（二）分布

1. 微塑料在全球水域分布广泛

环境中的塑料残体可以通过风力、河流、洋流等外力进行远距离迁移，微塑料广泛分布在世界范围内的大洋和近海中。在人迹罕至的极地地区，也发现了存在于极地海滩、水体及沉积物环境中的微塑料，冰芯中微塑料的含量为38～234个/立方米。近岸海域尤其是工业发达、人口密集的沿海区域，微塑料污染问题更为突出。在英国、葡萄牙、美国、智利、韩国、日本、新加坡和澳大利亚沿岸的沉积物中，均发现了微塑料，粒径多小于1毫米，浓度变化较大，为（0.21～77000）个/立方米。加拿大夏洛特皇后湾受人为活动影响，微塑料浓度达到7630±1410个/立方米。韩国南部海域微塑料的浓度更是达到了（211000±117000）个/立方米，新加坡周围海域1毫米水层中也发现了大量50～60微米的微塑料碎片。

2. 海洋微塑料呈现分层分布状态

常见的塑料原料的密度为0.8～1.5克/立方厘米，海水的密度为1.02～1.07克/立方厘米，当微塑料所受浮力大于其重力时，便会漂浮在海面上，反之则会发生沉降并汇入海底。常见的塑料种类主要有聚乙烯、聚丙烯、聚苯乙烯、聚酰胺、聚甲醛等，其中像聚乙烯、聚丙烯这类密度小于水的微塑料，在进入水体的初期都会漂浮在海面上或悬浮在水中，重质的微塑料（例如聚甲醛）会直接发生垂直迁移并坠入海底。目前在海洋中漂浮着的微塑料总量预计已超26.8万吨。在洋流、潮汐的影响下，微塑料会发生迁移和扩散，有的会被海浪冲到岸滩，有的则会在环流中持续累积。当它们与其他生物或非生物发生相互作用后，会导致生物团聚，最终坠入海底。

二、微塑料与海洋碳汇

浮游植物作为海洋主要的初级生产者，吸收水和二氧化碳，并利用太阳光，通过光合作用合成有机物，构成食物链的第一环。浮游植物在大气层与生物圈之间的二氧化碳的循环中，起着极为重要的作用，这种循环帮助维持了对地球气候稳定的控制。初级消费者是以这些植物为食的食草动物，二级消费者是以初级消费者为食的食肉动物，三级消费者是以这些二级消费者为食的食肉动物。所以，浮游植物是海洋食物链的基础，支撑着海洋里的其他生命。其种群的破坏可能严重影响整个地球生态系统。

微塑料与海洋浮游植物相互作用的方式包括黏附、缠绕、包裹和嵌入等。最常见的途径是黏附。大型海藻的藻体表面会黏附周边环境中的微塑料，包括紫菜、浒苔和石莼等。关于植物体表面对微塑料黏附的机制，尚处于探索阶段，可能的机制有三种：①由于静电作用使微塑料容易被植物细胞壁的纤维素组分所吸引，而且两者间的黏附力会随着纤维素表面的粗糙程度增加而增强；②植物体复杂的表面结构有助于其对微塑料的吸附，结构复杂的藻菌体通常能够捕获更多的微塑料，如浒苔具有高度分叉的管状结构，因此浒苔相较于其他大型海藻，更容易黏附微塑料；③植物体表面的附生生物也可以增强植物体对微塑料的黏附能力，这是因为附生生物分泌的液体可以增加植物体表面的黏度，并且附生生物容易发生过量生长的现象，从而进一步促进微塑料结合到植物体上。

海面上的微塑料以及与植物体发生交互作用的微塑料，会影响海洋中藻类的光合作用。对太阳光的遮挡与反射作用会阻碍藻类对阳光的吸收，纳米级塑料颗粒可以降低藻细胞中叶绿素a的含量，并增加藻细胞内活性氧的产生。实验结果表明，$1.8 \sim 6.5$毫克/升的20纳米聚苯乙烯颗粒可以抑制藻类的光合作用。这些影响意味着，海洋系统中微塑料的增多会降低海洋浮游植物对大气中二氧化碳的吸收能力。另外，微塑料的存在减少了大气中二氧化碳与海水接触的面积，从而降低海洋水体对二氧化碳的吸收量。因此，微塑料的存在对海洋系统的"蓝碳"价值存在较大负面效应。

（一）全球微塑料治理机制

海洋环境中的微塑料作为一种新兴海洋污染物，逐渐成为各国政府、学者和公众的关注热点和焦点。自2011年起，联合国环境规划署开始持续关注海洋中的微塑料污染问题，2014年6月召开的首届联合国环境大会，将海洋塑料污染列为近10年中最值得关注的十大紧迫环境问题之一。2016年联合国第二次环境大会进一步从国际法规和政策层面，推动了海洋微塑料的管理和控制。

就如何应对和削减海洋塑料垃圾的问题，国际上基本形成全球引领、区域协调、国家落实的多维治理格局。全球层面参与海洋垃圾污染治理的有关机制，多以附件或相关条款形式，分散在具有约束力的全球公约、议定书，不具约束力的全球战略、软法律文书、宣言、行动计划，以及联合国环境大会的相关决议中，主要涉及海洋倾倒、陆源污染、船舶污染以及海洋污染事故等四类内容，为海洋垃圾污染问题提供了较为广泛的法律框架和行为准则。

目前，全球层面尚未形成针对海洋垃圾污染，尤其是对塑料垃圾及微塑料问题单独进行规制，并就履行义务对缔约方具有强制约束力的治理机制。区域层面有效推动海洋垃圾污染治理的机制，主要是通过双边/多边合作的区域海洋公约及行动计划实现，目前约有143个国家或地区参与到了联合国环境规划署发起的18个不同的区域海合作机制中，通过编制区域性管理行动计划和组织参与国际净滩活动等形式开展。二十国集团（G20）签署了行动计划和愿景，提出提高资源利用效率、可持续废物管理、全生命周期管控等一系列政策建议；七国集团（G7）签署《海洋塑料宪章》，对塑料循环使用、微塑料添加、塑料包装使用等提出了具体的减量目标和时间表；此外，联合国教科文组织政府间海洋学委员会西太平洋分委会、北太平洋海洋科学组织、亚太经合组织也对海洋垃圾议题多有讨论。

国家层面的治理一般以法案或禁令的形式，建立在对全球和区域规制的具体实施上。欧盟各国对塑料袋的使用采取了积极行动，采取倡议、立法等手段来减少塑料袋的生产和使用。一些国家已经通过了限制塑料袋生产和使用的税令，如比利时（2007年）、匈牙利（2011年）、爱尔兰（2001年）、马耳他（2009年）、葡萄牙（2015年），税令要求对一次性塑料袋和塑料餐具等征税。另外，一些国家针对化妆品中存在的塑料微珠制定了相关政策。意大利、瑞典、法国、芬兰等国将全面禁止化妆品使用微塑料；奥地利在不含微塑料的化妆品上打上生态标签；德国在其海洋环境监测计划中加入了针对微塑料颗粒的监测及其对海洋环境影响的评价；比利时出版手册，旨在避免不同行业将微塑料排放到环境中。美国、日本、阿根廷、英国、加拿大、韩国、智利等国家针对海洋废弃物、海洋漂浮物、海洋微塑料等问题进行了专项立法。美国出台《无微珠水域法案》，英国强制淘汰含有塑料微珠的化妆品，韩国禁止销售含有塑料微珠的化妆品，加拿大出台《化妆品中塑料微珠法规》。对于海洋中已有塑料垃圾的处置，OSPAR（保护东北大西洋海洋环境公约）缔约方宣称已经在实施《海洋垃圾捕捞方案》，通过渔民将海上打捞的垃圾运至港口的方式来清除海洋垃圾。德国、荷兰、英国等8国均已执行该方案；法国、意大利、西班牙等9国通过收集丢失或遗弃的渔网和其他废物、重新设计渔具等措施来减少海洋垃圾。

（二）中国微塑料治理进程

海洋污染是我国海洋生态文明建设面临的重大问题之一。作为较早认识到海洋垃圾尤其是塑料垃圾及微塑料污染危害，并积极引导全球治理的国家之一，中国积极推进无害化处理，努力从源头减少塑料垃圾进入海洋环境，同时开展海洋污染监测与微塑料防治工作。特别是十八大以来，习近平总书记指出："发展海洋经济，绝不能以牺牲海洋生态环境为代价，不能走先污染后治理的路子，一定要坚持开发与保护并举的方针，全面促进海洋经济可持续发展。"中国已积极采取了一系列的措施，主要有以下六个方面。

一是推动无害化处理。我国依据相关法律法规、技术标准以及国际公约，严格科学管理海洋垃圾，防止塑料垃圾等固体废弃物影响海洋生态环境。①严格管理固体废弃物，加强滨海地区和涉海活动监管，控制海洋垃圾陆域输入、减少海上来源。我国出台和制定了多项相关法律法规、政策，包括《中华人民共和国海洋环境保护法》《关于扎实推进塑料污染治理工作的通知》等。②高度重视海洋碳汇建设，发布实施《关于统筹和加强应对气候变化与生态环境保护相关工作的指导意见》，明确积极推进海洋及海岸带生态保护修复与适应气候变化协同增效、推动监测体系统筹融合等一系列重点任务；将提高海洋应对和适应气候变化有关工作纳入《全国海洋生态环境保护"十四五"规划》，系统部署相关重点任务。③严格履行相关国际公约。我国陆续缔结或签署了《联合国海洋法公约》等一系列国际环境公约，并参与有关海洋垃圾管理的国际协议、倡议及相关国际组织，如联合国环境规划署设立的海洋垃圾全球倡议。

二是加强专项治理。将海洋垃圾污染防治纳入湾长制试点工作，禁止生产生活垃圾倾倒入海；加大海洋垃圾清理力度，开展沿海城市海洋垃圾污染综合防控示范。比如，依据《渤海综合治理攻坚战行动计划》，开展了渤海入海河流和近岸海域垃圾的综合治理；指导沿海地方建立健全"海上环卫"工作机制，目前环渤海三省一市、福建省和海南省等均已建立"海上环卫"常态化工作机制，大力加强基础设施建设，推进海洋垃圾的及时清理和常态化监管。

三是强化公众参与。每年通过"6·5环境日""6·8世界海洋日"及其他系列活动，会同新闻媒体和公益组织，加强清洁海洋宣传教育，积极推动公众参与清洁海滩行动，并以此为契机教育公众转变消费习惯，提倡减少一次性塑料用品的使用，增强公众海洋垃圾污染防治的意识。随着公众海洋环境保护意识的提高，人们支持和参与海洋环境保护的主动性越来越强，沿海环境保护组织和居民已经成为清洁海滩垃圾的重要力量。在政府、企事业单位、环境保护组织和社会公众的共同努力下，海洋垃圾防治的社会合力已经初步形成，并发挥越来越重要的作用。

四是开展监测评价。我国自2007年起，积极开展海洋垃圾监测治理工作，在沿海近岸50多个代表性区域组织开展了海洋垃圾监测与评价，监测区域主要包括公众关注度较高的区域以及潜在海洋垃圾较多，并可能对所在或邻近海域的环境质量和海洋功能产生影响的海域，如海水增养殖区、港口区、滨海旅游度假区和海水浴场等。监测内容包括海滩垃圾、海面漂浮垃圾和海底垃圾的种类、数量、重量、来源等。2016年，我国将海洋微塑料纳入海洋环境常规监测范围，并通过《中国海洋生态环境状况公报》定期向公众公布监测结果。2017年，还首次在大洋、极地开展了海洋微塑料的监测活动。2020年，在黄海、东海和南海北部海域开展了5个断面的海面漂浮微塑料监测工作。监测断面海面漂浮微塑料的平均密度为0.27个/立方米，最高为1.41个/立方米。黄海、东海和南海海面漂浮微塑料密度分别为0.44个/立方米、0.32个/立方米和0.15个/立方米。漂浮微塑料主要为纤维、碎片、颗粒，成分主要为聚对苯二甲酸乙二醇酯、聚丙烯和聚乙烯。

五是加强科学研究。2017年，启动国家重点研发专项，系统调查近岸海域海洋微塑料污染，深入开展海洋微塑料传输途径、环境行为和生物毒性研究。鼓励学术交流和数据信息共享，推进海洋垃圾与微塑料监测技术和风险评估方法研究。

六是积极参与国际合作。积极参与应对海洋垃圾和塑料污染的国际进程，参与了联合国环境规划署区域海行动计划，认真遵守《控制危险废物越境转移及其处置巴塞尔公约》，积极推动出台《东亚峰会领导人关于应对海洋塑料垃圾的声明》《G20海洋垃圾行动计划的实施框架》等文件，共同推进全球海洋垃圾和塑料污染防治。同时，中国也积极地推动双边合作，比如中日、中加、中美都建立了海洋垃圾防治方面的合作机制，以期通过学术研究、能力建设、信息共享、公众参与等方面的交流合作，有效推动区域海洋环境保护。

第三节　海洋污染治理协同降碳

一、海洋污染治理特点

（一）海洋减污有助于减缓气候变化风险

海洋存贮着地球上约97%的水，产生了一半以上供我们呼吸的氧气，是全球气候系统中不可或缺的环节。

一方面，气候变化的影响在世界各地都在加速，但对岛屿和沿海地区的影响可能是最快的，严重威胁着海洋生态系统的健康，造成海平面上升、海水升温、酸化，以及极端气候事件日渐频繁等问题。海洋在海陆水循环中的作用，使其成为众多污染物的最终归宿。随着经济社会快速发展和人民生活水平的提高，直接排放和通过河流携带、大气沉降等途径排入近岸海域的污染物总量居高不下，据统计测算，陆源排放对近岸海域的污染贡献占70%以上，陆源污染排放是导致近岸海域水质污染的主要原因。

另一方面，海洋在应对气候变化方面能够起到关键作用，它是气候变化的重要"调节器"，自工业革命以来，海洋吸收了人类引起的1/3碳排放和90%以上全球变暖所产生的热量（IPCC，2019）。

（二）海洋环境污染特性需要协同治理

海水具有流动性，决定了海洋环境的治理不是某一个区域的分内事，仅凭自己的力量难以有效治理。由此，海洋环境污染的特性决定着海洋环境需要协同治理。因海洋环境污染一般会涉及多个地区，只有这些地区的管理机构协同合作，才能有更好的治理成效。同时，海洋环境突发事件具有不可预测性，其往往传播速度快、涉及面广、危害大。因此，海洋环境突发事件的应对需要进行协同治理。协同治理要求不仅仅是简单的合作，还需要有共同的治理目标，有协同治理的协调机构、协同的动力来源以及协同的绩效评估。

二、降碳协同效应

习近平总书记指出，海洋是高质量发展战略要地。海湾是近岸海域最具代表性的地理单元，更是经济发展的高地、生态保护的重地、亲海戏水的胜地。我国面积超过5000平方千米的大型海湾有五个，分别为辽东湾、渤海湾、莱州湾、杭州湾、北部湾，全国有名称的海湾有1467个。"十四五"海洋生态保护聚焦"美丽海湾"的保护和建设，旨在牵住海洋生态环境保护治理的突破口和"牛鼻子"，实现海洋污染防治、生态保护修复、应对气候变化、绿色高质量发展、碳中和目标等协同增效。

为提高海洋应对和适应气候变化，生态环境部部署相关工作，维护发展海洋蓝色碳汇、稳步提升海洋碳汇能力。推动海洋减污与应对气候变化协同增效，通过削减和控制氮磷等污染物排海量，持续降低近岸海域富营养化水平，以此缓解气候变化下海洋酸化、缺氧等生态灾害风险。2021年1月，发布实施《关于统筹和加强应对气候变化与生态环境保护工作的指导意见》，明确积极推进海洋及海岸带生态保护修复与适应气候变化协同增效、推动监测体系筹融合等一系列重点任务。

生态系统碳汇增量具有重要的固碳作用，其中，海洋在全球气候变化和碳循环过程中发挥着基础性功能，维护发展海洋蓝色碳汇、稳步提升海洋碳汇能力是实现"双碳"目标的重要抓手。中国不仅在积极推进构建政府间气候变化专门委员会（IPCC）所承认的红树林、海草床、滨海盐沼三类海岸带蓝碳生态系统，还计划在"十四五"期间推进渔业、海洋微生物碳泵等碳汇。

生态环境部会同其他相关部门积极部署，通过增强海洋生态系统的气候韧性，将碳中和与适应气候变化指标，纳入红树林、海草床、盐沼等典型海洋生态系统保护修复监管范畴，探索以增强气候韧性和提升蓝色碳汇增量为导向的海洋生态保护修复新模式。

三、蓝色碳汇与碳中和

碳本身是没有颜色的，但是科学家们喜欢用颜色来定义碳，以此来区分碳的来源。众所周知，化石燃料、生物燃料和林木燃烧造成的褐碳和黑碳是造成全球变暖的最主要原因。人为排放的温室气体，如二氧化碳，被称为褐碳；而黑碳是指燃烧不纯物质所产生的如烟灰和粉尘等颗粒。同时，地球上还存在"绿碳"，即通过光合作用去除并储存在自然生态系统的植物和土壤里的碳。绿碳是地球上主要的碳汇形式，是全球碳循环的重要组成部分。而海洋中的"蓝碳"，其储存碳的能力甚至要大于陆地上的绿碳。

（一）蓝碳的科学基础

1. 蓝碳概念和范畴

2009年，联合国环境规划署（UNEP）、联合国粮食及农业组织（FAO）和联合国教科文组织政府间海洋学委员会（IOC/UNESCO）联合发布《蓝碳：健康海洋固碳作用的评估报告》（以下简称《蓝碳报告》），确定了海洋在全球气候变化和碳循环过程中至关重要的作用，首次提出了"蓝碳"的概念，并重点关注海草床、红树林、滨海盐沼三大蓝碳生态系统，指出它们具有固碳量巨大、固碳效率高、碳存储周期长等特点。《蓝碳报告》并未给出蓝碳的确切定义，而是从绿碳的角度切入，提出"在全世界所有生物捕获的碳（或绿碳）中，超过一半（55%）是由海洋生物捕获的，这被称为蓝碳"，范围涵盖了所有海洋生态系统，但该报告着重论述了红树林、海草床、滨海盐沼等维管束植物组成的生态系统在储存碳方面的作用。

过去十年，不同学者对蓝碳范畴开展了深入研究。我国科学家唐启升院士等提出"渔业碳汇"，指出贝类、藻类养殖活动直接或间接地使用了大量的海洋碳，提高了浅海生态系统吸收大气二氧化碳的能力。焦念志院士等提出"微型生物碳泵"理论，指出微型生物能够利用海洋中活性有机质，经过一系列转化形成难以被再次利用、能够储存数千年之久的惰性溶解有机碳（RDOC）。世界自然保护联盟（IUCN）发布报告，讨论了大洋中钙化者、硅藻、漂浮海藻、磷虾、鱼类以及海底化能合成生物、深海微生物等的固碳能力。

2019年9月，IPCC《气候变化中的海洋和冰冻圈特别报告》（SROCC）发布，为将蓝碳纳入联合国气候变化谈判，奠定了科学基础。SROCC词汇表中明确地给出了蓝碳的定义，指出"易于管理（Amenable to Management）的海洋系统所有生物驱动碳通量及存量可以被认为是蓝碳"。报告明确指出红树林、海草床和滨海盐沼三类海岸带蓝碳生态系统是相对易于管理的，并将大型海藻列为第四类海岸带蓝碳生态系统。此外，报告还介绍了大洋的碳，即大洋微生物固碳储碳。

蓝碳参与全球碳循环主要有两大优势。一是存储时间足够长，海洋生物捕获的碳储存时间可长达数千年。二是存储容量大，尽管海洋中的植物生物量只占陆地的

0.05%，但每年循环的碳量与陆地上的几乎相同，是最高效的碳汇。海洋是地球上最大的活跃碳库，其容量大约是大气碳库的50倍、陆地碳库的20倍。海洋储存了全球约92%的二氧化碳，吸收了工业革命以来约30%的人类活动产生的二氧化碳。

1）红树林

红树林是指热带海岸潮间带的木本植物群落，曾占据75%的热带海岸带。目前，全球红树林总面积13.8万～15.2万平方千米，主要分布于南、北回归线之间。全球红树林生物量总碳储量约为148.9亿吨二氧化碳。不同地区红树林的碳汇能力不同，随纬度升高，红树林湿地植物碳储量降低。其中，赤道附近的红树林储存了约99.82亿吨二氧化碳，纬度在10°～20°的红树林碳储量为36.7亿吨二氧化碳，而纬度在20°～30°的红树林碳储量只有约10.64亿吨二氧化碳。若以全球红树林面积16万平方千米保守估计，全球红树林每年净吸收约8±2.86亿吨二氧化碳，并且大约50%的碳可能被忽略而未计算在内。全球红树林地上部分以及土壤，每年可以固定8.37亿吨二氧化碳，碳汇能力约为热带雨林的50倍。

2）海草床

海草是地球上唯一一类可以完全生活在海水中的沉水开花植物。海草床即由海草形成的广阔草场，是地球上生物多样性最丰富、生产力最高的海洋生态系统之一。海草床分布于除南极以外的-6米浅海水域，最大水深可达90米。全球的海草床面积约为17.7万～60万平方千米。海草床具有很高的碳汇能力，这得益于海草床自身的高生产力、强大的悬浮物捕捉能力以及有机碳在海草床沉积物中的相对稳定性。从世界范围看，海草床储藏了70亿～237亿吨二氧化碳，平均每年埋藏0.65亿～3.88亿吨二氧化碳。

3）滨海盐沼

滨海盐沼是指海岸带受潮汐影响的覆有草本植物群落的咸水或淡咸水淤泥质滩涂。滨海盐沼在全球的分布广泛，通常位于盐度较高的河口或靠近河口的沿海潮间带。具有很高的生产力、丰富的生物多样性和极为重要的生态系统服务功能。在全世界范围内，估算的滨海盐沼面积为2.2万～40万平方千米。滨海盐沼通常具有很高的净初级生产力，几乎不产生甲烷。在全球范围内，滨海盐沼储藏了18.72亿～374.34亿吨二氧化碳，每年碳汇量为2.8亿～3.6亿吨二氧化碳。

4）渔业碳汇

渔业碳汇的概念主要由我国科学家提出并开展相关研究。唐启升等将渔业碳汇定义为：通过渔业生产活动促进水生生物吸收水体中的二氧化碳，并通过收获把这些已经转化为生物产品的碳移出水体的过程和机制，主要包括藻类养殖和贝类养殖等。目前，渔业碳汇的重要性还没有被广泛认识，也很少作为碳汇产业而受到关注，而且因为贝类和藻类生活周期短、贝类钙化和呼吸作用释放二氧化碳等问题而在学术圈内仍存在争议。但是，大型藻类的碳汇作用还是被世界主流科学家们所认可。2019年IPCC的SROCC报告将大型海藻列为第四类海岸带蓝碳生态系统。大型藻类在全球四分之一的海岸分布，以温带和寒带为主，年净初级生产力可达93.4亿吨二氧化碳，超过全球海草床、红树林和滨海盐沼的总和，这其中有5%～10%向深海输送并形成稳定碳库。

5）微型生物碳汇

海洋微型生物是指个体小于20微米的微型浮游生物和小于2微米的超微型浮游生物，包括浮游动物、浮游植物、蓝藻、细菌、病毒等。海洋微型生物数量占全球海洋生物量的90%以上，是海洋生物量和生产力的主要贡献者，是物质与能量流动的主要承担者，是海洋碳汇的主要驱动者。海洋生物固碳、储碳机制主要包括依赖于生物固碳及之后以颗粒碳沉降为主的"生物泵"和我国焦念志院士提出的"微型生物碳泵"。在全球范围内，浮游植物光合作用每年的固碳量超过1100亿吨二氧化碳，与陆地初级生产力相近，远超人类活动每年释放的二氧化碳。

2. 蓝碳的减缓、适应价值

蓝碳可以提供包括供给、调节、支撑和文化服务在内的生态系统服务。对于气候变化而言，蓝碳主要的调节服务是通过固碳达到减缓气候变化的目的，同时也可以通过减少海岸物理过程扰动、避免生态系统退化和丧失、避免生物多样性丧失等方面，提高人类适应气候变化的能力。

1）减缓价值

海岸带植被的自然减缓措施一方面是保护并维持天然碳库，避免因其完整性受损而导致温室气体排放，即减少并停止人为因素导致的红树林、滨海盐沼和海草床丧失。另一方面是提高海洋（特别是海洋生物）长期清除温室气体的能力。创造、修复和恢复活动将提高单位面积的固碳量，但由于多数沿海土地使用变化具有半永久性和持续性，实现这一目标具有很大难度。对于已颁布滨海湿地保护法律的国家，严格执法和有效管理海洋保护区是重要的减缓措施。

大型藻类养殖是易于管理的减缓措施。利用其生产替代化石燃料的生物燃料或沼气，将促进减排；利用其捕获和储存碳，从大气中清除二氧化碳，更可实现负排放；此外，大型海藻还可用于生产抑制甲烷的反刍动物膳食补充剂。

2）适应价值

与蓝碳相关的适应内容，主要涉及海岸物理过程扰动、生态系统退化和丧失、生物多样性丧失以及生态系统服务四个方面。可持续管理、保护和恢复蓝碳能够稳定海岸，减少海岸侵蚀等非气候灾害，改善生物多样性和生态系统服务，并为沿海社区提供就业和获得生态系统服务等多重收益。例如，在某些情况下，基于生态系统的适应措施更具成本优势，滨海盐沼和红树林在削减0.5米以下浪高的成本仅为水下防波堤的20%～50%。

（二）国际蓝碳发展现状

1.《联合国气候变化框架公约》下的蓝碳

《联合国气候变化框架公约》（以下简称《公约》）构建了国际气候治理的基本框架。《公约》（1992年）、《京都议定书》（1998年）和《巴黎协定》（2016年）三个关键文件一脉相承，共同构成了应对气候变化国际合作的法律基础，均不同程度地提及海洋碳汇，并在相关技术文件中给出了蓝碳的计量方法和标准。

虽然蓝碳的概念在2009年才得以提出，但国际气候治理体系在建立之初，就已将海洋生态系统纳入其范畴。《公约》强调"维护和加强包括生物质、森林和海洋以及其他陆地、沿海和海洋生态系统在内的所有温室气体的汇和库"，为蓝碳的国际合作提供了国际法基础。《京都议定书》虽强调保护和增加温室气体的汇和库，但范畴仅限于"促进可持续森林管理、造林和再造林"，却并未提及海洋和海洋生态系统以及草原、农田等生物质增汇。而《巴黎协定》重申《公约》所述的温室气体的汇和库，强调必须确保包括海洋在内的所有生态系统的完整性。

2013年，《2006年IPCC国家温室气体清单指南的2013年补充版：湿地》（以下简称《清单指南补充版》）获得通过，给出了海草床、红树林、滨海盐沼等三大蓝碳生态系统清单编制方法，各缔约方可按照该方法将蓝碳纳入本国的温室气体清单。由于《清单指南补充版》给出的方法具有一定的技术复杂性，将蓝碳编入国家温室气体清单将是蓝碳国际合作的重要领域，也将成为发达国家提高蓝碳领域影响力的重要手段。

《京都议定书》对附件 I 国家提出了强制性减排要求，并明确可采取排放贸易（ET）、联合履约（JI）、清洁发展机制（CDM）三种"灵活履约机制"，作为完成减排义务的补充手段，国际碳市场在此之后呈现爆发式增长。在CDM机制下已有《退化红树林栖息地的造林和再造林》（AR-AM0014）和《湿地造林与再造林项目》（AR-AMS0003）两项与蓝碳相关的方法学，它们为后《京都议定书》时代将蓝碳纳入碳交易，奠定了方法学基础。虽然国际社会尚未对《巴黎协定》机制下的碳市场做出明确安排，但可以预见市场机制在《巴黎协定》下仍将发挥重要作用。

此外，COP 25将海洋作为大会的主题，大会主席声明强调了海洋的重要性，并提出在附属科学技术咨询机构第五十二届会议上召开一次关于海洋和气候变化的对话。海洋议题在气候变化中的作用日益受到关注，并有可能进入谈判。

2. 国际蓝碳发展历程

从2009年至今十余年的时间里，国际社会在蓝碳领域开展了广泛合作，在科学研究、政策制定和管理实践等方面取得大量成果，蓝碳发展经历了概念提出、科学认识深化和纳入政治议题三个阶段，联合国相关机构、非政府组织、主权国家政府分别在这三个阶段扮演了重要角色。

由于蓝碳是应对全球气候变化、生物多样性保护和可持续发展等全球治理热点领域的汇聚点，许多以生态环境保护、可持续发展等为宗旨的国际组织认识到蓝碳对于推动自身工作的重要作用，通过发布报告、举办研讨会和实施示范项目等，积极宣传和推动国际蓝碳合作。《蓝碳报告》发布不久，全球100家环保组织和43个国家的150名科学家发起了"蓝色气候联盟"，通过向各机构和组织等发出公开信，呼吁通过保护海洋减缓气候变化的影响。"蓝色气候联盟"在蓝碳议题出现之际，迅速地扩大了蓝碳的舆论影响，但由于其成员组成庞杂、组织方式松散，更无实际经费，难以开展实质工作，2011年以后即处于停滞状态。

2010年，保护国际（CI）、IOC/UNESCO和IUCN共同发起了科学家间交流合作平台"蓝碳倡议"（Blue Carbon Initiative，BCI），推动将蓝碳纳入全球气候治理体系及相应融资方案。"蓝碳倡议"设立了科学工作组和政策工作组，每个工作组由25名相关领域的专家组成。通过在不同国家举办会议并广泛邀请各国科学家、政府官员和非政府组织代表参会，"蓝碳倡议"扩大了蓝碳影响力，使更多国家意识到蓝碳的重要性，同时还促成科学家们合作发表了多篇蓝碳科学论文和技术指南。

2016年，COP 21会议通过《巴黎协定》，全球气候治理进入了新的时代。主权国家政府开始出面推动蓝碳发展，蓝碳议题也从科学认识转向纳入《巴黎协定》相关机制。COP 21期间，澳大利亚政府发起了包括国家政府、政府部门、政府间国际组织、非政府组织、研究机构、国际计划等在内的"国际蓝碳伙伴"（International Blue Carbon Partnership），在随后的气候变化大会均召开了蓝碳问题边会，将蓝碳纳入NDC成为历次会议的主题。从"蓝碳倡议"到"国际蓝碳伙伴"，蓝碳国际合作推动者悄然由国际组织转为主权国家政府。

在蓝碳区域合作中，韩国的动向值得关注。2018年11月，在韩国海洋与渔业部的支持下，韩国海洋环境管理公团于第六届东亚海大会期间，组织了东亚海区域蓝碳研究网络研讨会，提出建立东亚海区域蓝碳研究网络，东亚海环境管理伙伴关系区域组织（PEMSEA）韩国籍顾问组织并引导会议议程，韩国海洋科学与技术研究所、汉城大学等派员参加，韩方在会场上形成合力，并决心推动东亚海地区蓝碳发展。

2020年，美国联邦众议员苏珊·博纳米奇（Suzanne Bonamici）向众议院提交了《为了我们地球的蓝碳法案》（Blue Carbon for Our Planet Act），其内容包括开展全国海岸带蓝碳制图，试点开展海岸带蓝碳修复，评估阻碍修复的自然和人为因素，研究气候变化、自然和人为因素对固碳速率的影响以及确保海岸带蓝碳数据的连续性。

（三）我国蓝碳发展的政策行动

十八大以来，我国政府将生态文明建设放在前所未有的高度，蓝碳在应对气候变化和改善海洋生态环境等方面的重要作用也日益受到重视，并逐步认识到增加海洋碳汇是有效控制温室气体排放的手段之一。目前，海洋蓝碳已经被纳入国家战略。2015年，中共中央、国务院印发的《生态文明体制改革总体方案》明确要求建立增加海洋碳汇的有效机制。2021年，全国海洋生态环境保护"十四五"规划（征求意见稿），开设独立章节"加强协同增效，推动海洋碳汇助力实现双碳"，要求"开展海洋碳源汇与生态环境对气候变化的响应监测与评估，识别气候变化生态环境风险，主动适应气候变化。系统谋划海洋环境治理、生态保护修复及应对气候变化工作，增强减污、降碳与提高气候韧性协同效应，助力碳达峰目标与碳中和愿景"。

近年来，国家主管部门和相关研究机构在促进和发展海洋蓝碳方面，做了大量工作。

开展政策研究与试点。2016年、2017年两次全国海洋工作会议提出"推动实施蓝碳行动"。原国家海洋局组织专题研究，完成了《国家蓝色碳汇研究报告》。原国家海洋局战略规划与经济司印发了《关于开展第一批海洋生态系统碳汇试点的通知》。山东、江苏、浙江、福建、海南等沿海省份也通过开展政策研究、组织学术会议、筹建蓝碳研究机构等形式，推动地方蓝碳发展。

开展蓝碳基础调查和研究。中国科学家提出了"渔业碳汇"的理念，这个理念符合《巴黎协定》"以不威胁粮食生产的方式增强气候抗御力和温室气体低排放发展"；中国科学家揭示了"微型生物碳泵"在海洋固定和储存碳方面的重要作用。相关研究机构开展了全国范围蓝碳碳储量调查，完成了50余个站位，1000余组数据采样和分析，为将蓝碳纳入《国家温室气体清单》提供了基础数据支撑。相关大学、研究所在红树林、海草床、滨海盐沼等蓝碳生态系统碳储量、沉积速率、调查方法等方面，开展了大量研究。

推动蓝碳保护和修复。中国已建立数十个国家级自然保护区和国家级海洋特别保护区，多处保护区涉及蓝碳，中国的蓝碳生态系统总体上得到保护。2019年"中国黄（渤）海候鸟栖息地（第一期）"被列入世界自然遗产。沿海地区通过"蓝色海湾"等生态修复工程实施了滨海湿地生态修复，沿海地区、企业、大学和研究机构在中国沿海各省区市实施了多处红树林、海草床、滨海盐沼修复工程，提出了海洋牧场、退养还滩、退塘还林、废弃池塘生态修复、生态海堤等多种生态修复和可持续发展模式。

蓝碳领域国际合作。中国科学家参加了《清单指南补充版》滨海湿地部分编写，参加了SROCC蓝碳部分内容编写，向2019年联合国气候峰会NBS工作组提交了"全球蓝碳十年倡议"和"废弃虾塘再造林与可持续发展""厦门金砖五国会晤碳中和""海草床修复与渔业资源恢复"三项蓝碳领域优良案例。承办了"蓝碳倡议2018年科学工作组会议"。派员参加了COP25并组织了从蓝碳到绿碳边会，参加了"环印度洋联盟"2018年蓝碳会议、"东亚海大会"PEMESEA区域蓝碳合作伙伴研讨会、"联合国亚太经社理事会海洋核算专家研讨会""蓝碳倡议2017年科学工作组会议"、2017年和2018年"国际蓝碳伙伴"年度研讨会和"国际蓝碳科学研讨会"。与东盟国家以及美国、韩国、澳大利亚、新西兰、斐济、沙特阿拉伯、西班牙、丹麦等国科学家在蓝碳领域开展了学术交流、互访和科研项目合作。还与保护国际基金会、保尔森基金会等组织开展了蓝碳合作。

（四）初步展望

1. 构建面向气候变化履约和实践的我国蓝碳数据库

与美国不同，我国海岸带蓝碳研究起步较晚，碳储量和通量调查数据极为缺乏，全国海草床和海藻场的面积仍不清楚，难以满足履约以及应对气候变化的实践需求。建议分阶段推进共建共享的国家蓝碳数据库，在1～2年内以将蓝碳纳入履约活动为目标，参照法案提出的数据指标，搭建数据库框架和在线服务平台，整合自然资源部、国家林业和草原局、中国地质调查局现有数据资源，对碳储量、沉积速率等开展典型样地应急调查；在3～5年内，完成全国蓝碳生态系统面积、碳储量、恢复潜力调查，数据全面上网，为应对气候变化、生态保护修复和自然资源管理提供保障。

2. 推动社会多方参与的滨海湿地保护修复

生态保护往往被视为政府的行为和责任，但仅仅依靠政府力量是不够的，需要社会多方力量参与。蓝碳将海岸带保护与应对气候变化的"硬指标"联系起来，并可通过碳市场与企业和社会相联系，不但能极大地提高海岸带保护和恢复的意识，也为推动地方政府，吸引企业和社会投身保护和修复提供了契机。建议以蓝碳为抓手，构建生态修复多元投资和收益模式，引导社会资源投入红树林、海草床、滨海盐沼、海藻场等海岸带蓝碳保护恢复，加强生态海堤建设，发掘蓝碳保护和修复的产业化模式和盈利模式，促进生态产业化和产业生态化，推动形成生态修复产业体系。

3. 构建蓝碳交易机制实现高效增汇

探索建立蓝碳交易机制，促进生态资源市场价值实现。参照国内外碳交易市场实践经验，特别是在吸收借鉴我国森林碳汇项目交易市场在顶层设计、政策法规体系建设、技术支撑体系以及市场运行管理等方面经验的基础上，制定和出台了专门的蓝碳交易法律制度和交易规则，为我国蓝碳交易市场建设提供制度保障。利用蓝碳市场的区域性特征，推动具备条件的沿海省份开展蓝碳市场的试点建设，通过地方先行先试，逐步探索和完善蓝碳市场建设和配套法律制度建设。加强与金融机构合作，创新开发适合蓝碳特点的交易产品、交易模式，发展基于蓝碳增汇和绿色低碳的海洋经济金融工具和产品，形成"蓝碳＋金融"模式，充分发挥资本要素与"蓝碳"资源要素对接作用，助推海洋经济高质量增长。

第四节　海洋污染治理之未来——"美丽海湾"

一、"美丽海湾"

保护与建设海洋生态环境保护以"美丽海湾"为统领，是指在海洋生态保护与治理过程中，积极推动海湾生态环境质量改善，让公众享受到"水清滩净、岸绿湾美、鱼鸥翔集、人海和谐"的美丽海湾。

我国海洋生态环境保护系统管理可追溯到20世纪60年代，国家海洋局的成立标志着我国海洋生态环境保护被纳入了专业化管理。1982年《中华人民共和国海洋环境保护法》颁布后，国家相关部委相继在海洋环境保护领域发布了一系列环境标准。2000年4月，修订后的《中华人民共和国海洋环境保护法》正式实施，海洋生态环境协同治理理念初步形成，之后，相关海洋生态环境管理条例陆续出台。

随着环境、生态、灾害和资源等问题相互叠加、相互影响，海洋生态环境问题表现出明显的系统性、区域性、复合性等特点，防控与治理难度加大，治理手段也呈现出综合性和协同性。而大力推进海洋生态文明建设，不断增强海洋经济高质量可持续发展能力，成了海洋生态环境保护工作的战略目标。

党的十八大以来，海洋生态环境保护工作取得积极进展。全国近岸海域环境质量总体改善，2019年近岸海域优良水质面积比例为76.6%，比2012年增加12.9个百分点。随着"双碳"目标的提出，"十四五"时期我国生态文明建设进入了以降碳为重点战略方向、推动减污降碳协同增效、促进经济社会发展全面绿色转型、实现生态环境质量改善由量变到质变的关键时期。海洋生态文明也向着提高海洋资源利用效率、推动海洋绿色低碳发展、提升海洋生态系统质量和稳定性方面推进。海洋生态环境治理，将以"美丽海湾"为统领，推动海湾生态环境质量改善，加强陆海统筹协同，系统谋划，全面支撑美丽海洋保护目标的实现。

二、中国海洋污染防治路线

海洋在全球气候变化和碳循环过程中，发挥着基础性的作用。维护和发展海洋蓝色碳汇、稳步提升海洋碳汇能力，是助力我国实现"双碳"目标的重要工作。"十三五"期间，我国海洋环境质量整体企稳向好，局部海域生态系统得到修复恢复，但总体仍处于污染排放和环境风险的高峰期，新型污染问题日益突出，亟须引起高度重视，推动海洋减污与应对气候变化协同增效，削减和控制污染物排海量，持续降低海域富营养化水平，缓解气候灾害风险。因此，海洋污染防治工作涉及方方面面。

（一）构建全方位的陆海统筹、联防联控管理机制

完善陆海一体化生态环境监测体系。以修订《中华人民共和国海洋环境保护法》为契机，系统谋划和设计海洋生态环境保护法规制度体系，加快推进陆海统筹的生态环境治理体系与治理能力建设。按照陆海统筹、统一布局的原则，优化建设全覆盖、精细化的海洋生态环境监测网络，强化网格化监测和动态实时监视监测，对主要的入海河流、陆源入海排污口等实施在线实时监测；组织实施第三次全国海洋污染基线调查和重点海湾精细化调查；加强海洋应对气候变化监测与评估，组织海洋–大气二氧化碳交换通量监测评估、重点海域碳储量监测评估，加强缺氧、酸化等海洋生态环境风险的监测预警；增强海洋生态系统的气候韧性，将碳中和与适应气候变化指标纳入红树林、海草床、滨海盐沼等典型海洋生态系统保护修复监管范畴等。

加强农业等行业的陆源污染管控。统筹考虑增强农业综合生产能力和防治农村污染，加强农村污水和垃圾处理等环保设施建设，采取多种措施培育发展各种形式的农业面源污染治理、农村污水垃圾处理市场主体。推行农业绿色生产，促进主要

农业废弃物全量利用。探索开展绿色金融支持畜禽养殖业废弃物处置和无害化处理试点，逐步实现畜禽粪污就近就地综合利用。

进一步健全我国海洋环境质量目标体系。丰富我国海洋环境质量目标体系的内容，除了水质目标，结合海洋生态系统时空分布特征，进一步增加海洋生态保护目标，如表征生物多样性、栖息地适宜性、生态系统结构与功能的目标等，为海洋生态保护工作奠定基础、指明方向。加强地表水和海水水质标准在分类、指标设置、标准定值等方面的衔接，增设总磷、总氮、新兴污染物等指标，推进海水水质标准修订工作，推动陆海一体化的排放控制和水质目标管理。

（二）强化全过程管控，深化科学治污

强化塑料和微塑料源头管控。探讨与本国国情相适应的废弃物减量化、资源化、无害化管理模式，有效防范沿海地区生产活动、生活消费、极端天气和自然灾害等因素导致塑料废弃物进入海洋环境。加强塑料颗粒原材料管理，建立"树脂原材料–塑料制品–商品使用流通"过程的备案和监管。鼓励和促进生产者责任延伸制度和相关机制，把生产者对其产品承担的资源环境责任从生产环节延伸到产品设计、流通消费、回收利用、废物处置等全生命周期。逐步禁止生产和销售含有塑料微珠的个人护理用品。

提升海洋污染防治技术能力。加强海洋生态环境领域能力建设，打造开放式科技创新平台等，注重科技创新与治理能力提升，特别是加快补齐基础性、关键性的能力短板，加快塑料制品替代化和环境清理技术的研发和应用，推动传统塑料产业结构调整。促进基础科学研究与技术交流，加强对微塑料的来源、输移路径和环境归趋及其对海洋生态环境影响评估研究，提升对微塑料问题的科学认知；推动绿潮灾害防控技术研究和应用。

（三）构建运用经济杠杆进行海洋治理和生态保护的市场体系

加快沿海地区创新驱动发展和绿色发展转型。推动产业升级，发展新兴产业和现代服务业。强化工业企业园区化建设，推进循环经济和清洁生产，建设生态工业园区，加强资源综合利用和循环利用。沿海地区要从产业结构、布局、资源环境承载力、生态红线等方面进行约束，严格项目审批，提高行业准入门槛，倒逼产业转型升级，逐步淘汰落后产能。

完善海洋生态补偿制度。坚持"谁受益、谁补偿"的原则，综合运用财政、税收和市场手段，采用以奖代补等形式，建立奖优罚劣的海洋生态保护效益补偿机制。

严格实行生态环境损害赔偿制度。强化生产者环境保护法律责任，大幅度提高违法成本。健全环境损害赔偿方面的法律制度、评估方法和实施机制，对违反海洋环保法律法规的，依法严惩重罚；对造成生态环境损害的，以损害程度等因素依法确定赔偿额度；对造成严重后果的，依法追究刑事责任。

建立多元化资金投入机制。中央财政整合现有各类涉海生态环保资金，加大投入力度，继续支持实施农村环境综合整治、蓝色海湾整治等行动。地方切实发挥主动性和能动性，加大地方财政投入力度，充分利用市场投融资机制，鼓励和吸引民间、社会、风投等资金向近海生态环境保护领域集聚。

（四）加强合作交流，共同应对全球海洋污染

强化新兴全球海洋环境问题研究。打造"美丽海湾"保护与建设的国际示范区，积极探索在应对气候变化、海洋生物多样性保护、海洋塑料垃圾防治等领域提供全球公共产品，提供中国经验、贡献中国智慧。

建立海洋命运共同体共同应对海洋污染。借助21世纪海上丝绸之路建设，在亚洲基础设施投资银行、中国–太平洋岛国经济发展合作论坛、中国–东盟海上合作、全球蓝色经济合作伙伴论坛等框架下，深化海洋生态环境保护的双边和多边合作，开展务实高效的合作交流，加强全球性海洋环境问题的研究，构建广泛的蓝色伙伴关系，建立中国–东盟海洋环境保护合作机制，推动开展海洋环境保护合作。充分利用区域组织的平台，共享认识，共同提升监测、应对和治理海洋污染的能力，携手打造人类命运共同体。

参考文献

［1］INNISS L,SIMCOCK A. The first global integrated marine assessment world ocean assessment I-marine debris［R］. United Nations, 2016: 1-18.

［2］代婧炜，陈澳庆. 海洋污染对人体健康的影响［J］. 河北渔业，2020（05）：57-59.

［3］傅志宏. 海洋污染的来源及治理研究［J］. 当代化工研究，2022（22）：8-86.

［4］中华人民共和国生态环境部. 2020年中国海洋生态环境状况公报［R］. 北京：中华人民共和国生态环境部，2021：15-23.

［5］克劳福德·K. B，奎因·B. 微塑料污染物［M］. 李道季，刘凯，朱礼鑫，等译. 北京：中国环境出版集团，2021.

［6］王江涛，赵婷，谭丽菊. 海洋微塑料来源、分布及生态效应研究进展［J］. 海洋科学，2020，44（07）：79-85.

［7］孙承君，蒋凤华，李景喜，等. 海洋中微塑料的来源、分布及生态环境影响研究进展［J］. 海洋科学进展，2016，34（04）：449-461.

［8］董翔宇，单子豪，袁文静，等. 海洋环境微塑料污染生态影响及生物降解研究进展［J］. 中国资源综合利用，2020，38（11）：122-124.

［9］包木太，程媛，陈剑侠，等. 海洋微塑料污染现状及其环境行为效应的研究进展［J］. 中国海洋大学学报，2020，50（11）：69-80.

［10］朱迪斯. 海洋污染［M］. 吴旭、张翼，译. 武汉：华中科技大学出版社，2020.

［11］杨越，陈玲，薛澜. 寻找全球问题的中国方案：海洋塑料垃圾及微塑料污染治理体系的问题与对策［J］. 中国人口资源与环境，2020，30（10）：45-52.

［12］中国环境与发展国际合作委员会. 全球海洋治理与生态文明［R］. 北京：中国环境与发展国际合作委员会，2020：21-27.

［13］李潇，杨翼，杨璐，等. 欧盟及其成员国海洋塑料垃圾政策及对我国的启示［J］. 海洋通报，2019，38（1）：14-19.

［14］唐启升，刘慧，方建光，等. 生物碳汇扩增战略研究：海洋生物碳汇扩增［M］. 北京：科学出版社，2015.

［15］JIAO N Z . Increasing the microbial carbon sink in the sea by reducing chemical fertilization on the land［J］. Nature Reviews Microbiology, 2011, 9（01）: 75-76.

［16］焦念志. 蓝碳行动在中国［M］. 北京：科学出版社，2018.

［17］GIRI C. Status and distribution of mangrove forests of the world using Earth observation satellite data［J］. Glob. Ecol. Biogeogr., 2011, 20: 154-159.

［18］胡学东. 国家蓝色碳汇研究报告［M］. 北京：中国书籍出版社，2020.

［19］KENNEDY H. Seagrass sediment sasa global carbon sink: isotopic constraints ［J］. Glob. Biogeochem. Cycle, 2010, 24: GB4026.

［20］赵鹏，胡学东. 国际蓝碳合作发展与中国的选择［J］. 海洋通报，2019，38（06）：613-619.

第七章

大气污染治理与降碳协同

■ 引 言 ■

　　随着全球工业化进程展开，人类社会进入高速发展阶段，各行业带来的污染随之产生。其中，由于大气污染物排放量及温室气体排放量在过去四十年内剧增，大气污染问题和温室效应问题已经成为大气环境治理面临的最大挑战。各类大气污染物如氮氧化物、硫氧化物、颗粒物、挥发性有机物等正对自然环境和人居环境造成破坏，也对人类健康（包括呼吸系统和神经系统等）构成直接的危害。同时，温室气体如二氧化碳、甲烷、氧化亚氮、氢氟碳化物等引起的温室效应，近年来也引起全球的高度关注，温室效应导致全球平均气温上升及日益频繁的气候异常现象，也已成为不争的事实。

　　众所周知，大气污染物和温室气体均由人类的生活和工业活动产生，据此，我们不禁会产生一系列好奇，二者的产生机理、排放源头、排放途径是否有内在联系？二者在人类社会不同行业（如能源行业、工业行业、交通行业）中的排放情况如何、是否有同步性？在本书着重阐述的废弃物处置行业中，二者的产生和排放又有什么特别之处？除此之外，大气污染物和温室气体的治理措施现状如何？二者的控制和减排途径是否有协同效应？哪些先进的协同措施或创新科技能够达到二者的有效协同控制？在中国乃至全球"双碳"愿景下，二者协同治理未来的路在何方？

　　本章将围绕"大气污染治理与降碳协同"这一主题进行深入浅出的阐述，力求用翔实的数据、生动具体的案例以及客观严谨的分析预判来分享我们对该主题的观察、思考、建议和展望。

第一节　大气污染和温室气体排放

一、主要大气污染物和温室气体

根据我国2012年颁布的《环境空气质量标准GB 3095—2012》，主要的大气污染物包括二氧化硫、二氧化氮、一氧化碳、臭氧、粒径小于等于10微米颗粒物、粒径小于等于2.5微米颗粒物、铅等。除主要污染物外，各省级人民政府也根据当地环境保护的需要，针对大气中的以下物质制定并实施了地方环境空气质量标准：镉、汞、砷、六价铬、氟化物等。除此之外，二噁英（Dioxin）及挥发性有机物（Volatile Organic Compounds，VOCs）与环保行业息息相关。

温室气体是大气中能够吸收和放出辐射和热量的气体，温室气体产生的"温室效应"是导致全球变暖的主要原因。地球大气中，主要的温室气体包括二氧化碳、甲烷、氧化亚氮、氢氟碳化合物、全氟碳化合物、六氟化硫。由于各种工业活动的开展，2004年全球温室气体排放量较1970年增长量高达70%。部分气体，例如氮氧化物、氧化亚氮、挥发性有机物中的卤代烃（或称氢氟碳化合物）等既属于大气污染物，又是造成温室效应的温室气体。

需要注意的是，在大气中，水蒸气也会产生温室效应。水分子对地球表面发散的辐射在波长7.1微米和17.7微米处有两个吸收峰，因此会对温室效应产生很大贡献，水汽所产生的温室效应大约占温室效应的60%~70%。在美国国家航空航天局2005卫星数据的分析中，空气中水蒸气存储热量的能力得到了精准评算，确认水蒸气是影响气候的主要因素。然而，在应对全球变暖的行动中，水汽并没有被列入规定控制的温室气体，其主要原因在于，大气层中大部分水汽的来源为自然界本身，地球表面超过70%的面积被海洋覆盖，自然蒸发是水汽的主要来源，人类活动产生的水蒸气并不足以影响大气层水汽循环的平衡。但人类活动所排放的其他额外的温室气体导致地球表面温度上升，水汽蒸发量随之上升，水汽的温室效应也进一步加强，温度升高和水蒸气吸收成螺旋式增长，造成全球变暖加剧的恶性循环。因此，对其他温室气体排放的控制，可抑制大气层中水汽的增加，从而避免全球变暖的加剧。

二、大气污染危害范围

主要大气污染物的排放来源及其对环境和人体的危害如表7-1所示。

表7-1　主要大气污染物来源及危害

污染物种类	污染物主要来源	对环境危害	对人体危害
酸性气体例如二氧化硫、硫化氢等	二氧化硫主要来源为工业化石燃料燃烧等；硫化氢的工业来源包括石油精炼厂、天然气厂、石油化工厂、食品加工厂、皮革厂等；储存肥料的农场、家畜圈养地及垃圾填埋场附近空气中，也会出现较高浓度的硫化氢	造成酸雨；硫化氢溶于水易对钢铁等造成严重腐蚀	二氧化硫易刺激呼吸系统，导致鼻咽炎、咳嗽、呼吸短促、气管炎、肺炎等疾病；硫化氢可致头痛甚至失去意识等健康状况
二氧化氮及其他氮氧化物	二氧化氮及其他氮氧化物主要来自机动车尾气排放，缺乏过滤设备的燃气暖器、炊具，各种工业活动等	二氧化氮具有转化为硝酸的化学能力，因此会导致酸雨，造成湖泊酸化、农作物破坏等；除二氧化氮外，其他氮氧化物还能和大气中其他污染物发生光化学反应，形成光化学烟雾污染。其中氧化亚氮可破坏臭氧层	二氧化氮会刺激眼、鼻、咽喉及呼吸道黏膜，导致呼吸性系统疾病患者情况恶化；长时间接触可能减弱肺部功能，降低呼吸系统抵御疾病的能力
一氧化碳	含碳物质不完全燃烧而产生，空气中一氧化碳污染主要来自工矿企业、交通运输、家庭炉灶、火炕、采暖锅炉、木炭盆及吸烟等；此外，火山爆发、森林火灾、矿坑爆炸、地震等，也能造成局部地区一氧化碳浓度增高	一氧化碳排放到大气中易改变大气中温室气体的占比，从而导致温室效应、全球变暖等环境后果	易与血红素结合，造成头痛、晕眩及疲惫等；高浓度吸入易造成视力模糊、失去协调能力，甚至死亡；怀孕期间吸入高浓度一氧化碳可导致流产，或引发胎儿心智发育迟缓
臭氧	汽车尾气中排放的氮氧化物与挥发性有机化合物在太阳光及热能催化下，可生成臭氧	对农作物有不良影响；对人造材料如橡胶轮胎及油漆等，易引起老化等危害；较高浓度的臭氧可对生态系统造成影响	具强氧化性，对呼吸系统具有刺激性，引发咳嗽、气喘、头痛、疲惫等

续表

污染物种类	污染物主要来源	对环境危害	对人体危害
10微米颗粒物	由不同来源排出，包括燃料燃烧过程、车辆废气及工业排放等	造成雾霾，降低能见度	容易造成过敏性鼻炎，引发咳嗽、气喘等健康危害
2.5微米颗粒物	由不同来源排出，包括燃料燃烧过程、车辆废气及工业排放等	造成雾霾，降低能见度；可以被风长距离携带然后沉降在地面或水中，可能影响环境平衡，造成生物多样性破坏	一级致癌物，易附着于汞、铅、硫酸、苯等致癌物质并深入人体气管、支气管，可穿透肺泡，随血液循环到达人体各个器官
铅	空气中铅的主要来源是矿石和金属加工以及使用含铅航空燃料运行的活塞发动机飞机等；其他来源包括垃圾焚烧炉排放及铅酸电池制造商排放。通常最高的大气铅污染浓度出现在铅冶炼厂附近	铅在环境中具有持久性，可沉积到土壤中，环境中的铅含量升高会对植物生长和动物繁殖造成不良影响	一旦进入体内，铅就会进入血液并分布到全身并在骨骼中积聚；对神经系统、肾功能、免疫系统、生殖和发育系统以及心血管系统产生不利影响；影响血液的携氧能力。铅污染可导致幼儿行为问题、学习缺陷和智商下降

第二节　中国大气污染治理

一、中国大气污染物和温室气体排放情况

我国大气污染物主要来自电力、工业、民用、交通四大类。2017年我国氮氧化物、2.5微米颗粒物、二氧化硫等主要污染物的排放量分别为2200万吨、760万吨、1050万吨，图7-1展示了不同行业中各类别大气污染物排放量比例［图7-1（a）~（c）］及不同行业中主要污染物排放量总和的比例［图7-1（d）］，各类污染物排放量占比最大的行业均为工业。

2017年我国二氧化碳排放量约为104.34亿吨（未计入除二氧化碳之外其他温室气体造成的当量排放），其中电力行业与工业排放量分别占碳排放总量的34.7%和

（a）2017年中国二氧化硫排放情况

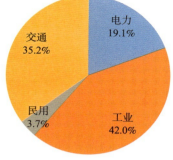
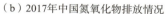

（b）2017年中国氮氧化物排放情况

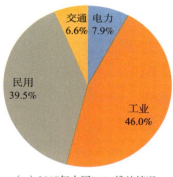

（c）2017年中国PM$_{2.5}$排放情况

（d）2017年中国主要大气污染物排放情况

图7-1　2017年我国各行业三大空气污染物排放比例及总和的比例

49.5%。各行业2017年度二氧化碳排放量如图7-2所示。

比较图7-1（d）和图7-2可知，电力行业和工业既是主要污染物（如氮氧化物及二氧化硫等）的排放来源，也是温室气体二氧化碳的排放来源，来自工业的主要污染物排放总百分比与二氧化碳排放百分比相似。一定程度上反映出大气污染物排放与温

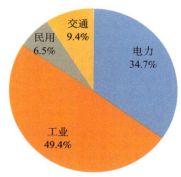

图7-2　2017年我国各行业二氧化碳排放量比例

室气体排放具有"同根同源"的特点。

二、中国大气污染治理相关政策

2001—2005年，我国大气污染防治工作重点为降低二氧化硫排放量，目标减排10%以上。在"十一五"规划中，我国将二氧化硫排放量纳入国家约束性总量控制目标，要求以火电厂建设脱硫设施为重点，进行减硫工作。"十二五"期间，我国进一步将氮氧化物排放纳入国家约束性总量控制目标，要求2015年全国的氮氧化物和二氧化硫排放量分别较2010年降低10%和8%。2013年，国务院颁布了《大气污染防治行动计划》（以下简称"《大气十条》"），提出以减少颗粒物排放量为大气污染防治工作目标。

2018年，继《大气十条》之后，生态环境部发布实施《打赢蓝天保卫战三年行动计划》，制定了未来三年我国在大气污染防治方面的任务、目标及计划，以期大幅改善环境空气质量。除普通大气污染物外，我国在二噁英排放的防治上也出台了一系列措施，以削减和控制二噁英排放，鼓励相关技术的开发与应用，建立长效机制，并提出遏制重点行业（包括铁矿石烧结、废弃物焚烧等）二噁英排放总量增长的趋势。

三、中国大气污染治理成效与挑战

随着我国对大气污染的重视及一系列大气污染治理政策的推行，我国的大气污染治理取得了良好进展，全国空气质量总体取得了较大改善，但我国大气污染治理在新的阶段也同时存在新的挑战。

我国大气污染总体情况得到了较大改善，但臭氧问题日益严重。如表7-2所示，对比2015年，2018年全国主要大气污染的污染物包括二氧化硫、二氧化氮、颗粒物，均有不同幅度的下降，其中二氧化硫及颗粒物污染的改善较为显著。

截至2020年，全国$PM_{2.5}$平均浓度为33微克/立方米，根据《环境空气质量标准》，2.5微米颗粒物年平均浓度二级标准为35微克/立方米（见表7-3），2.5微米颗粒物未达标城市平均浓度比2015年下降28.8%。而在亚洲清洁空气中心发布的最新

表7-2　2015年与2018年中国大气污染物浓度数值

大气污染物类别	SO_2	NO_2	$PM_{2.5}$	PM_{10}	O_3
2015年浓度（μg/m³）	24.8	28.9	49.1	84.7	85.4
2018年浓度（μg/m³）	13.4	27.8	38.3	71.9	94.8
变化比例（%）	-46.0	-3.8	-22.0	-15.1	+11.0

注：各大气污染物浓度值为全国主要地区全年浓度平均值。

报告《大气中国2020：中国大气污染防治进程》中，全国337个城市的六项主要污染物中，仅10微米颗粒物、二氧化硫浓度水平有小幅下降，2.5微米颗粒物、二氧化氮、一氧化碳浓度水平均与2018年持平，臭氧浓度水平则持续恶化。多项数据及报告表明，我国大气污染情况虽得到了一定的改善，但持续深度治理的难度逐渐加大，臭氧问题也日渐显著。对流层近地面臭氧的来源主要是氮氧化物、一氧化碳、挥发性有机物的光化学反应，因此臭氧问题的挑战主要来源于光化学反应重要前体物——挥发性有机物的排放。因此，为解决臭氧问题，我国需要充分考虑挥发性有机物的减排，以及其他相关大气污染物的协同治理。

表7-3　《环境空气质量标准》$PM_{2.5}$及O_3浓度标准

大气污染物类别	平均时间	浓度限制	
		一级	二级
$PM_{2.5}$（μg/m³）	年平均	15	35
O_3（μg/m³）	日最大8小时平均	100	160

我国大气污染治理的另一关键在于，污染治理要与降低温室气体排放以达至碳中和的目标协同进行。为实现《巴黎协定》中全球1.5℃/2℃的升温限值，各国需要大量减少温室气体排放，同时，随着中国"2030年碳达峰、2060年前碳中和"目标的确定，降低碳排放备受关注。降低温室气体排放与大气污染控制之间，存在密不可分的关联，大气污染治理和降碳相互影响，大气污染浓度的降低和温室气体排放的降低相互促进，二者之间具有高度的一致性和极强的协同效应。因此，与降碳的

协同效应为中国大气污染控制带来新的机遇。

第三节　大气污染治理与降碳协同

一、大气污染治理协同效应

大气污染物与气候变化的协同效应主要体现在以下两方面。

其一，在于大气污染物与温室气体的同根同源性。大气污染物及二氧化碳的排放源头相同，对二氧化碳排放源头的控制将同时降低大气污染物的排放。如图7-1和图7-2所示，总体而言，在不同行业中二氧化碳排放与大气污染物排放具有相似的比例，大气污染物与二氧化碳具有很大的同根同源性。因此，源头控制是同时减少温室气体排放及大气污染物排放的重要手段。图7-3预测了1.5℃升温目标碳中和路径下我国主要大气污染物排放的变化，依靠碳中和对能源结构转型的推动，2060年主要大气污染物将随二氧化碳排放一同呈现显著的降低。《打赢蓝天保卫战三年行动计划》中也同样明确强调了大气污染控制与应对气候变化之间的协同效益，并引入了严格的措施限制煤炭的使用及鼓励交通运输清洁化。因此，大气污染治理是应对气候变化的重要手段，而"双碳"目标也对我国大气污染治理带来了强有力的推动。

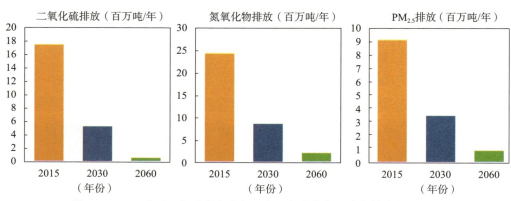

图7-3　1.5℃升温目标碳中和路径下我国主要大气污染物排放变化预测

其二，大气污染和气候变化之间具有相互促进的作用。例如，全球变暖会使北极升温加快，赤道与北极温差减小，从而造成北半球季风的减弱，大气对流减弱，大气污染浓度也会随之上升；而对流层臭氧浓度增强则会增加近地面温度，从而进一步导致光化学反应增强，臭氧产生量随之变多，形成恶性循环。因此，缓解气候变化能够同时改善空气污染问题。但值得注意的是，大气污染物排放与温室气体减排之间亦存在互斥作用。例如，用于大气污染治理的设备及材料会造成能源的消耗，从而导致大气污染治理过程中温室气体排放量的增加。

综上，虽然大气污染物与气候变化之间存在相互促进作用的同时，也具有相互排斥的作用，但大气污染控制与降碳及全球变暖之间的协同效应，远大于互斥作用。因此，聚焦大气污染控制与降碳的协同效应，将同时大力推动大气污染的深度治理和"双碳"目标的实现。

二、大气污染治理降碳协同路径

大气污染物减排和温室气体减排可分为末端控制和协同减排两大类，末端控制措施一般只对某一方面有益，比如使用脱硫脱硝除尘装置和碳捕集技术可以分别减少大气污染物和二氧化碳的排放，但不具有协同效应，末端控制装置还会引起额外的能耗及相应的碳排放。协同减排则是在实施过程中实现了减污，同时也实现了减碳。

长期以来，我国形成了以重工业为主的产业结构、以煤为主的能源结构和以公路货运为主的运输结构。2020年，煤炭占我国一次能源消费比重达到56.8%，货运领域中公路承担了过多的中长距离货物及大宗货物运输，如60%以上的矿、建材及水泥由公路运输。全国二氧化碳排放以火电、钢铁、水泥、有色金属、石化、化工、煤化工等行业和交通领域为主。

总体上，大气污染治理与降碳的协同策略需要聚焦重点领域、重点行业，通过产业结构调整、降低能源强度等方式，从注重末端治理向更加注重源头预防和源头治理有效转变，从而实现大气污染治理与降碳协同的控制。

（一）能源行业

中国已成为国际上主要的能源生产国之一。数据显示，2010—2018年，世界范围内19.5%～26.7%的能源由中国产生，其中70.4%～82.5%的能源生产来自火电行业，燃料来源包括煤、石油、天然气、生物质及其他化石燃料。因此，能源行业成为中国大气污染物（如颗粒物、硫氧化物及氮氧化物）的主要排放来源之一。

根据2020年发布的《新时代的中国能源发展》白皮书，2012—2019年，我国能源行业最主要的燃料来源为原煤（见图7-4）。原煤的燃烧同时导致了大气污染排放及碳排放。能源行业的协同策略主要是减少煤炭燃烧，提高非化石能源占比，建设清洁、高效、低碳能源体系，实现能源结构转型（见表7-4）。

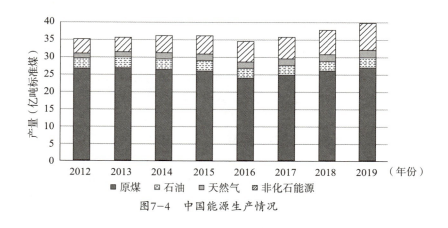

图7-4 中国能源生产情况

表7-4 能源行业的协同控制策略

总体策略	具体措施
能源结构调整	大力发展风、光、水、核能等可再生（清洁）能源，提高其发电比例
	清洁化替代，推进"煤改气""煤改电"
提高能效	散煤治理
	淘汰小型火电机组，新建大机组以降低发电煤耗
	淘汰关停落后煤电机组
	燃煤电厂超低排放和节能改造，技术升级，如通过推广整体煤气化联合循环（IGCC）等高效燃煤发电技术提高能源加工转化效率，采用热泵、氢能涡轮机等
	减少输电损失，采用灵活的高压/交流电传输、超高电压输送
总量控制	化解过剩产能，限制新建燃煤发电项目

值得关注的是，经过国家在能源行业的宏观调控，2012—2019年，我国能源消费端清洁能源占比逐步增加（见图7-5），经初步核算，2019年煤炭消费占能源消费总量比重为57.7%，比2012年降低10.8个百分点；天然气、水电、核电、风电等清洁能源消费量占能源消费总量比重为23.4%，比2012年提高8.9个百分点。

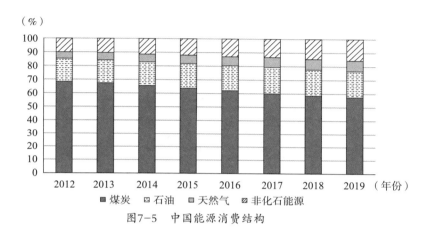

图7-5　中国能源消费结构

国际经验显示，美国在使用了新的可再生能源后，仅花了一年时间（2013年）便在全国范围内实现了大幅减排，其中包含5900万吨的二氧化碳、77400吨的二氧化硫、43900吨的氮氧化物以及4800吨的2.5微米颗粒物，据估算，这些减排在健康和环境方面产生了74亿美元的协同效应。

七家投资者所有的加州公共事业企业在2013—2015年实施的一些高效利用电力和天然气的项目，三年内已实现了410万吨二氧化碳与726吨氮氧化物的实质性减排。这些高能效项目减排量加上独立于公共事业的其他高能效项目所带来的总减排量更高——三年内实现了700万吨二氧化碳和1180吨氮氧化物的减排。

国内同样通过政策层面的调控，有效实现了减碳减污协同效应。例如，2016—2018年，在京津冀及周边"2+26"城市范围，通过政策推动使该地区清洁取暖率达到72%，其中，城市城区清洁取暖率高达96%，农村地区为43%，这些措施共削减散煤当量5147万吨，相当于分别减排二氧化硫27.6万吨、氮氧化物30.8万吨、二氧化碳26.8万吨和2.5微米颗粒物15.8万吨，协同减排二氧化碳当量约9700万吨。

（二）交通行业

交通行业的大气污染物和温室气体排放具有同根同源同步性，总体来讲，主要来自货运及客运交通工具（如汽车、火车、飞机、轮船等）燃烧化石能源（如汽油、柴油、天然气等）后产生的排放。

交通行业产生的大气污染物主要包括碳氢化合物、一氧化碳、氮氧化物、二氧化硫、颗粒物等。同时，交通行业产生的主要温室气体为二氧化碳、甲烷、氧化亚氮。考虑到黑炭（Black Carbon，BC）的温室效应，以及柴油车对 BC 的重要影响，建议也应该考虑BC对空气污染和温室效应的影响。

交通运输中产生的废气是重要的大气污染物。特别是城市中的汽车，量大而集中，成为大城市空气的主要污染源之一。在我国不同地区的监测中已发现的城市空气污染物中，特别是一氧化碳、氮氧化物、碳氢化合物等，绝大部分来自车辆尾气的排放。随着我国车辆保有量近年来以15%以上的年增长率递增，上述各项污染物的排放量亦将上升。

交通行业的大气污染物排放所造成的环境危害不容忽视，特别是在交通工具使用率较高的城市，在公路附近上空，往往形成浓度较高且持续时间较长的排放污染物区域，对人体健康形成危害，同时亦对动植物和水土环境造成严重影响。例如，汽车尾气的排放高度主要在0.3～2米之间，正好是人体的呼吸范围，尾气中的悬浮颗粒物、一氧化碳、氮氧化物等被人体吸入后，均会造成呼吸系统的疾病，影响人体健康。交通工具排放出的废热、粉尘以及温室气体还会造成城市的"热岛效应"，使得城市生活环境恶化、增加空调制冷的能耗等一系列环境问题。

交通行业的温室气体排放约占全国温室气体排放的10%，虽然比工业、能源行业的温室气体排放量小，但也不容忽视。由于交通行业大气污染物与温室气体排放的同根同源同时性，减少温室气体排放对大气污染控制具有显著的正协同效应，相关协同减排策略主要包括使用能源类型的调整、提高能源使用能效、交通工具总量控制、运输及交通结构的调整等，具体措施见表7-5。

表7-5　交通行业的协同控制策略

总体策略	具体措施
使用能源类型的调整	禁售传统燃油汽车
	推广新能源和清洁能源车辆、作业机械和船舶，加快电动汽车充电基础设施建设，推进汽车动力蓄电池回收利用，发展燃料电池汽车、天然气（LNG）/氢/氨动力船舶、氢动力飞机，实施民航"石油改生物油"和飞机辅助动力装置（APU）替代
提高能效	车船节能减排，推进油品质量升级，提高燃油经济性
	淘汰老旧车辆
总量控制	控制机动车保有量
运输结构调整	优先发展公共交通，完善大运量轨道交通系统
	改变公众出行方式，鼓励绿色低碳出行
	推动大宗货物和中长途货物运输"公转铁""公转水"和江海直达运输、多式联运发展，充分发挥水路、铁路运输能耗低、碳排放少的比较优势
	提高电气化铁路运输比例

　　部分协同措施已经在实践中取得了一定成效，例如2019年我国全面推广车辆安装使用电子不停车收费系统（ETC）不停车快捷通行高速公路，据初步测算，全年累计节约车辆燃油约18.22万吨，减少氮氧化物排放约433.05吨、碳氢化合物排放约1443.49吨、一氧化碳排放约5.42万吨。

　　以天津港、上海港和深圳港2017年煤炭、矿石、集装箱运量为基础，结合上述港口铁路集疏运发展目标测算，结果表明，通过采取"公转铁"措施，即推进港口集疏运铁路运输代替公路运输，2020年与2017年相比，在分别减排氮氧化物、10微米颗粒物、一氧化碳和氯化氢3.57万吨、0.74万吨、6057万吨、1.10万吨的同时，实现二氧化碳减排1318万吨。

　　（三）工业行业

　　工业主要包括化工、钢铁、水泥、铝、纸张的生产以及矿物开采等行业。在我国大气污染排放中，工业是最大的排放源。工业生产过程中能够产生废气的工厂众多。例如，石油化工业会排放二氧化硫、硫化氢、二氧化碳、氮氧化物；有色金属冶炼工业排出二氧化硫、氮氧化物以及含重金属元素的烟尘；磷肥厂排出氟化物；酸碱盐化工工业排出二氧化硫、氮氧化物、氯化氢及各种酸性气体；钢铁工业在炼铁、炼钢、炼焦过程中排出粉尘、硫氧化物、氰化物、一氧化碳、硫化氢、酚类、苯类、烃类等。2015年我国工业源大气污染排放氮氧化物、2.5微米颗粒物、二氧化硫分别约为990万吨、430万吨和1010万吨。工业也是我国二氧化碳排放量最多的产业，2015年我国二氧化碳排放总量约为105亿吨，其中工业源碳排放占比47.1%，约排放49.5亿吨。

为治理工业源大气污染，同时降低工业源碳排放，大气污染与降碳协同策略会采取多种协同措施，主要通过新工艺和技术提高能源效率、减少资源需求、提高资源回收率，推动产业产品绿色升级和产业结构低碳化发展，具体措施如表7-6所示。

表7-6　工业的协同控制策略

总体策略	具体措施
节能增效	采用清洁生产和工业技术升级，如采用流化床焚烧技术
	淘汰小型燃煤锅炉，推进工业锅炉节能改造
能源结构调整	淘汰小型燃煤锅炉，燃煤锅炉采用清洁能源替代
	散煤清洁利用，未经洗选的煤界定为烟煤，洗选后的煤为洗精煤
产业结构调整	对于水泥、钢铁等重点排放行业，淘汰落后产能和化解过剩产能；"散乱污"企业升级改造，通过提高能源效率、升级减排技术，带来间接的碳减排
	工业领域要推进绿色制造，加快钢铁、石化、建材等行业绿色化改造

全球很多大规模的工业生产都依赖于发展中国家的能源密集型产业，而发展中国家的污染减排技术相对落后，存在较大的改进空间。例如，坦比兰（Thambiran）和迪亚夫（Diab）评估了南非德班工业部门的温室气体和空气污染物协同治理政策，研究发现，当炼油厂从使用重燃料油转向使用炼厂气和富含甲烷的天然气时，二氧化硫和二氧化碳的排放均有不同程度的下降，可以最大限度地实现两类环境问题的协同减排。中国的钢铁行业是能源密集型行业。协同减排对钢铁工业中二氧化碳和空气污染物的控制具有重要意义。研究通过对多种减排及末端治理进行检测，

对钢铁行业二氧化碳和三种空气污染物（二氧化硫、氮氧化物和2.5微米颗粒物）排放进行预测，结果表明不同的减排控制措施对二氧化碳的排放及空气污染物的控制，均有明显协同效应。水泥行业也是颗粒物和二氧化碳排放的主要污染源，中国各省份水泥行业不同碳减排技术产生的空气质量协同效应，具有很大差异，在人口密度较高的地区和较为富裕的省份，空气质量的协同效应较为显著。将空气质量协同效应考虑在内，会大大降低碳减排的社会成本，因此，区域协同效应的识别是优化温室气体减排政策设计的关键。

第四节　废弃物处置行业大气污染治理与降碳协同

一、废弃物处置行业大气污染物特征

废弃物处置主要包括废弃物填埋处理、废弃物焚烧处理和废水处理。因废弃物的种类、成分、性质等不同，不同的处置方式产生的大气污染物也不尽相同，也都具有相应的大气污染物排放标准。下面分别介绍废弃物填埋处理、废弃物焚烧处理和废水处理过程中产生的大气污染物和控制排放标准。

（一）废弃物填埋处理

生活垃圾进入垃圾填埋场覆盖之后，由于微生物的活动，垃圾中可降解部分在厌氧条件下逐渐分解，在降解过程中会产生大量填埋气。填埋气中的主要成分包括以甲烷和二氧化碳为主的温室气体和以氨、硫化氢为主的恶臭气体。

甲烷的排放标准根据《生活垃圾填埋场污染控制标准》（GB 16889—2008）的规定：填埋工作面上2米以下高度范围内甲烷的体积分数应不大于0.1%；生活垃圾填埋场应采取甲烷减排措施，当通过导气管道直接排放填埋气体时，导气管排放口的甲烷体积分数不大于5%。恶臭污染物质量浓度应符合《恶臭污染物排放标准》（GB 14554—1993），规定氨的浓度限值为0.2毫克/立方米，硫化氢的浓度限值为0.02毫克/立方米。

（二）废弃物焚烧处理

废弃物焚烧处理主要包括生活垃圾焚烧、生物质焚烧、危险废弃物焚烧和工业固废焚烧。

生活垃圾焚烧处置是将生活垃圾等固体废弃物采取环保的焚烧处理，利用余热产生的能量发电、供热、供气，使废弃物再生利用。焚烧发电工艺包括前处理系统、焚烧系统、余热利用系统、烟气净化系统、自动控制系统和焚烧后二次废物的利用和处理系统。

生活垃圾经焚烧处理后产生的主要大气污染物包括酸性气体（氯化氢、氟化氢、二氧化硫等）、氮氧化物、颗粒物（粉尘）、重金属（汞、铅、铬、镉等）和二噁英等。

颗粒物（粉尘）：生活垃圾在焚烧过程中，由于高温热分解和氧化作用，燃烧物质及其产物的体积和粒度减小，其中的不可燃烧物大部分滞留在炉排上，以炉渣的形式排出；一小部分质小体轻的物质与焚烧产生的高温气体一起，由锅炉出口排出，形成含有颗粒物的烟气。

氯化氢：含氯塑料是产生氯化氢气体的主要成分之一，另外厨余（含有大量食盐）、纸、布等成分在焚烧过程中，也生成氯化氢。

二氧化硫：二氧化硫来源于含硫生活垃圾的高温氧化过程，如纸张、厨房垃圾等。

氮氧化物：氮氧化物来源于两个部分，一是生活垃圾自身具有的有机和无机含氮化合物，如厨房垃圾等，焚烧过程中与氧发生反应生成氮氧化物；二是助燃空气中的氮气在高温条件下被氧化生成氮氧化物。

一氧化碳：一氧化碳来源于生活垃圾中有机可燃物的不完全燃烧。完全燃烧最终的产物：水、二氧化碳。

重金属（汞、铅、铬、镉等）：重金属类污染物来源于焚烧过程中，生活垃圾所含重金属及其化合物的蒸发。在高温下所含重金属由固态变成气态，一部分以气相的形式存在于烟气中，如汞；另有相当一部分重金属以固相形式存在于焚烧烟气中。

二噁英：多氯代二苯并-对-二噁英和多氯代二苯并呋喃的总称。二噁英在焚烧炉内的生成来源是有高含量氯、高含量重金属的物料，如聚氯乙烯、聚苯乙烯（泡沫塑料）等。

先进烟气净化技术的应用，可以使焚烧产生的酸性气体、氮氧化物、粉尘、重金属、二噁英等污染物达标排放，甚至达到超低排放，不产生二次污染。目前，生活垃圾焚烧大气污染物国内外主要控制标准如表7-7所示。

表7-7 生活垃圾焚烧污染物国内外主要控制标准

污染物名称	国家标准 GB 18485—2001（mg/Nm³, O₂11%）	新国家标准 GB18485—2014（mg/Nm³, O₂11%）	2000年欧盟标准（mg/Nm³, O₂11%）	2010年欧盟标准（mg/Nm³, O₂11%）	2019年欧盟标准（mg/Nm³, O₂11%）	光大杭州九峰焚烧发电项目超低排放标准（mg/Nm³, O₂11%）
颗粒物	80	20	10	10	2～5	5
HCl	75	50	10	10	2～6	5
HF	—	—	1	1	<1	1
SO_x	260	80	50	50	5～30	10
NO_x	400	250	200	200	50～120	50
CO	150	80	50	50	10～50	50
Hg及其化合物	0.2	0.05	0.05	0.05	0.005～0.02	0.05
Cd及其化合物	0.1	0.1	0.05	0.05	0.005～0.02	0.05
铅	1.6	1.0	0.5	0.5	0.01～0.3	0.5
二噁英（ng-TEQ/Nm³）	1.0	0.1	0.1	0.1	0.01～0.04	0.01

注： 1. 国家标准GB 18485—2001和GB 18485—2014未规定HF排放标准。

2. 上表数据为日均值或测定均值。

生物质焚烧处置是以农林生物质废弃物为原料，通过高效的生物质锅炉直燃，生产热能和电能。生物质焚烧处置的主要大气污染物包括酸性气体（二氧化硫等）、氮氧化物、粉尘（颗粒物）和重金属等。

单台处理能力65吨/时以上的生物质发电锅炉按其燃料种类和燃烧方式，执行《火电厂大气污染物排放标准》（GB 13223—2011）中对应的排放限值。根据环境保护工作的要求，国土开发密度较高，环境承载能力开始减弱，或大气环境容量较小、生态环境脆弱，容易发生严重大气环境污染问题，而需要严格控制大气污染物的重点地区，应当采用更严格的排放标准，如表7-8所示。

表7-8 生物质焚烧处置污染物控制标准

污染物名称	单位	污染物排放浓度限值	重点地区污染物排放浓度限值
颗粒物	mg/m³	30	20
SO_x	mg/m³	100	50
NO_x	mg/m³	100	100
Hg及其化合物	mg/m³	0.03	0.03

危险废弃物焚烧处置是具有危险特性的固体废物在高温条件下发生燃烧等反应，实现无害化和减量化的过程，包括进料装置、焚烧装置、烟气净化和控制系统等。危险废弃物焚烧处置的主要大气污染物包括酸性气体（氯化氢、氟化氢、二氧化硫等）、氮氧化物、粉尘（颗粒物）、重金属（汞、铅、铬、镉等）和二噁英等。

危险废弃物焚烧处置大气污染物控制标准执行《危险废物焚烧污染控制标准》（GB 18484—2020）中对应的排放限值，如表7-9所示。

表7-9 危险废物焚烧污染物控制标准

污染物名称	单位	国家标准 GB 18484—2020
颗粒物	mg/m³	20
CO	mg/m³	80
SO_2	mg/m³	80
HF	mg/m³	2.0
HCl	mg/m³	50
NO_x	mg/m³	250
汞及其化合物（以Hg计）	mg/m³	0.05
铊及其化合物（以Tl计）	mg/m³	0.05
镉及其化合物（以Cd计）	mg/m³	0.05
铅及其化合物（以Pb计）	mg/m³	0.5
砷及其化合物（以As计）	mg/m³	0.5
铬及其化合物（以Cr计）	mg/m³	0.5
锡、锑、铜、锰、镍、钴及其化合物（以Sn+Sb+Cu+Mn+Ni+Co计）	mg/m³	2.0
二噁英类	ng-TEQ/Nm³	0.5

（三）废水处理

废水处理过程中，主要的大气污染物是甲烷和氧化亚氮为主的温室气体和以氨、硫化氢为主的恶臭气体。城镇污水处理厂废气的排放标准，按《城镇污水处理厂污染物排放标准》（GB 18918—2002）的规定执行，如表7–10所示。

表7–10 污水处理废气排放浓度控制标准

污染物名称	单位	一级标准	二级标准	三级标准
氨	mg/m³	1.0	1.5	4.0
硫化氢	mg/m³	0.03	0.06	0.32
甲烷（厂区最高体积浓度）	mg/m³	0.5	1	1

二、废弃物处置行业碳排放现状

（一）废弃物处置的主要碳排放源

废弃物处置碳排放源主要包括废弃物填埋处理、废弃物焚烧处理和污水处理过程中产生的温室气体。

废弃物填埋处理的直接碳排放源为在填埋情形下，生活垃圾中的有机质（生物碳）在厌氧条件下产生的填埋气无组织排放，填埋区无组织释放的填埋气包括二氧化碳、甲烷、氧化亚氮。

废弃物焚烧处理的碳排放共包括三个范畴，范畴一是直接排放，即生活垃圾、生物质或危险废弃物焚烧中直接产生的排放及使用化石燃料助燃产生的排放。需要注意的是，生活垃圾中既含有化石碳，也含有生物碳，直接燃烧时仅化石碳部分计入垃圾焚烧直接碳排放，生物碳燃烧产生的碳排放不计入，关于本计算方法的详细论证请参考本书第四章；范畴二是使用能源引起的间接排放，即厂内外购电力消耗产生的排放。范畴三是其他间接排放，包括灰渣运输处置及员工差旅等。

废水处理的碳排放也包括三个范畴，范畴一是直接排放，包括生物代谢污水中污染物产生的甲烷和氧化亚氮排放及厂内化石燃料消耗产生的碳排放。由于污水和污泥处理过程中的有机污染物为生物碳，并由生物代谢转化为二氧化碳，所以产生并逸散到空气中的二氧化碳不计入碳排放；生物代谢过程产生的甲烷如果被回收，不逸散到空气中，用于发电或直接喷焰烧尽，产生的二氧化碳不计入碳排放。范畴二是使用能源引起的间接排放，即厂内外购电力消耗产生的排放。范畴三是其他间接排放，主要包括污泥运输油耗、员工差旅活动产生的温室气体排放以及出水中含有的总氮导致的氧化亚氮排放。

（二）废弃物处置的碳排放量

2018年《中华人民共和国气候变化第二次两年更新报告》显示，我国2014年废弃物处置的碳排放量为1.95亿吨二氧化碳当量，占全国的比重为1.6%，与能源活动、工业生产过程和农业活动相比，废弃物处置碳排放占比较低。

从不同处理方式看，废弃物处置中固体废弃物处置排放1.04亿吨二氧化碳当量，占53.2%；废水处理排放0.91亿吨二氧化碳当量，占46.8%。

从气体种类构成看，二氧化碳排放0.2亿吨，全部来自废弃物焚烧处理排放；甲烷排放656.4万吨，其中固体废弃物处置排放占58.5%，废水处理排放占41.5%；氧化亚氮排放12.0万吨，其中固体废弃物处置排放占7.9%，废水处理排放占92.1%。

根据中国在第一次、第二次和第三次国家信息通报以及第一次两年更新报告中已提交的1994年、2005年、2010年、2012年和2014年的废弃物处置碳排放量数据，如图7-6所示，虽然废弃物处置碳排放对我国整体的碳排放情况影响有限，但碳排放量呈逐年递增趋势。结合当前的碳排放情况，秉承"治污降碳"的宗旨，应科学地制定未来发展规划，开展相关科技创新，引领行业达成"双碳"愿景。

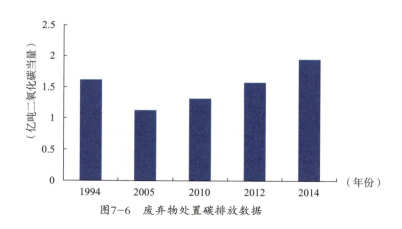

图7-6　废弃物处置碳排放数据

三、废弃物处置碳排放减排措施

随着废弃物处置成为刚需，控制废弃物处置碳排放，要积极推进资源利用减量化、再利用和排放物的资源化，从源头和生产过程减少碳排放，运用绿色低碳技术创新，总体来说，可采取的减碳措施包括以下方面，如表7-11所示。

表7-11　废弃物处置碳排放减排控制措施

总体策略	碳排放减排控制具体措施
节能增效	生活垃圾焚烧处理推进节能增效技术，如开展余热回收利用、推动项目热电联产、整合能源资源、集中规划，提升利用效率。通过对焚烧项目进行节能增效的技术创新的方式，使得垃圾焚烧发电效率和上网率逐年提升
	在污水处理业务中使用节能技术（精准曝气、节能泵和风机等）、能源回收技术（污水源热泵、污泥厌氧消化沼气发电等）、新能源技术（光伏太阳能）等，使得每吨污水处理电耗逐年递减，减少污水厂电耗，达到降碳的目的
垃圾分类处置	垃圾焚烧的碳排放是垃圾中化石碳焚烧产生的，而垃圾中的化石碳80%以上来自塑料垃圾，所以对塑料垃圾进行分类回收是有效的减碳措施。通过垃圾分类处置，对垃圾中的废旧塑料进行分拣、资源化再生利用，使每吨被焚烧垃圾的化石碳含量降低，可达到减少化石碳排放的目的
能源结构调整	实施能源结构转型，能源清洁化、低碳化是未来的大方向，发展光伏、风能、氢能、新能源电池等可再生能源替代化石能源，通过探讨绿色技术，增加绿色上网电量，减少作为能源或原料的化石资源消耗，促进行业绿色转型
非化石原料替代	探索垃圾焚烧炉飞灰及炉底渣资源化再生利用技术，采用初步分离后的炉渣经研磨工艺制备代水泥材料，新型水泥具备可观经济价值的同时，可以减少传统水泥生产过程的碳排放
负碳技术	碳捕集、利用与封存及负碳排放技术作为末端治理，进一步开展液氨吸收法、化学链燃烧、膜分离、固体材料吸附等 CCUS 技术的研究，通过碳捕捉技术直接对排放的二氧化碳进行捕集，减少碳排放量

四、废弃物处置行业大气污染治理与降碳协同路径

大气污染和碳排放问题在很大程度上同根同源——来源于化石燃料燃烧排放，因而减轻和控制空气污染与减少温室气体排放，在行动上是一致的，解决大气污染和气候变化问题需采取协同统一而非分离孤立的应对战略。"协同减排"是指以具

有协同效应的措施和方式，同时减排局域大气污染物（如二氧化硫、氮氧化物、颗粒物、一氧化碳、挥发性有机物及汞等）和温室气体（二氧化碳、甲烷、氧化亚氮等）。国际上对协同效应的研究，最早起源于对温室气体减排效益的评估。IPCC最初的评估报告使用了次生效益（Secondary Benefits）、伴生效益（Ancillary Benefits）等概念，将协同效应描述为在控制温室气体的同时减排局域大气污染物的效益。为了从经济上得到最大的节约和获得双赢的效果，应引入气候友好型空气污染物削减战略，协同应对空气污染和气候变化问题。

废弃物处置行业中排放的既是大气污染物又具有温室效应的物质主要是氧化亚氮、甲烷和挥发性有机物中的氢氟烃（或称氢氟碳化物HFCs）等。废弃物处置行业中针对这几类排放物的预防和处置措施，均为大气污染治理与降碳协同的措施。本书第四章已介绍针对氮氧化物的净化技术，接下来将对甲烷和挥发性有机物的防治与协同减排措施进行简要介绍。

（一）甲烷的收集处置与降碳协同

由于具有成本低廉、操作简便等优势，城市生活垃圾的卫生填埋仍然是当前世界上，特别是发展中国家应用最广泛的处置方式。填埋气则被认为是城市生活垃圾管理系统中最大的温室气体来源，约占总排放的80%以上。

填埋气中，甲烷是最主要成分之一，占比为45%～60%。除了填埋场外，环保行业中涉及利用生化方法处理废弃物的工艺均会产生甲烷，例如污水处理过程中的厌氧处理、污泥的厌氧消化、餐厨垃圾的厌氧消化、堆肥等。这些废弃物处理过程产生的甲烷均为温室气体，且多数与硫化氢等气体混合，以恶臭气体的形式逸散排放到大气中，同时造成大气污染及温室气体排放。

甲烷被认为是最为活跃的温室气体，甲烷的"升温潜势"远远高于二氧化碳，是二氧化碳的25倍，排入大气中会对全球变暖起到巨大的推动作用，并且甲烷在大气中的停留时间通常可以持续12±3年，所以控制排放到大气中的甲烷，可以起到大气污染治理与降碳协同的作用。由于甲烷气体是一种宝贵的清洁能源，热值是天然气热值的一半，它可以作为一种理想的气体燃料。因此，可以将富含甲烷的沼气（经过除杂处理的填埋气）回收用于供暖、保温、发电等。沼气发电技术包括沼气收集、沼气精制、发电、变送电等环节。可以通过开发沼气甲烷回收碳减排项目，最大限度地获取碳减排指标，促进全国温室气体减排目标的实现，同时有利于变废为宝，提高沼气工程的综合效益。因此，在废弃物处置行业中实施沼气的能源转化，是保护环境、化害为利、变废为宝的最佳选择，可实现环境效益、社会效益和经济效益的有机统一。

（二）VOCs的处置与降碳协同

世界卫生组织（WHO）将挥发性有机物定义为熔点低于室温而沸点在50～260℃的挥发性有机化合物。近年来，世界各国工业化的飞速发展导致空气污染问题日益突出，挥发性有机物排放总量急剧增加，过量的挥发性有机物排放会造成生态环境的污染。

大气中的挥发性有机物、氮氧化物以及羟基自由基等，发生光化学反应得到臭氧，进而造成光化学烟雾的形成。光化学烟雾不仅造成人体呼吸道疾病，而且也会破坏植物的生产力而间接导致全球二氧化碳浓度上升。部分氢氟烃类具有升温效应，属于主要的温室气体，虽然它们在空气中含量少，但是其全球升温潜势一般远大于二氧化碳。挥发性有机物也是形成雾霾的重要源头，是有毒、有害气体的重要来源，中华人民共和国生态环境部已将其列为细颗粒物之外最大的空气污染元凶。挥发性有机物也是恶臭污染的来源之一，对人体有毒害作用，属于"三致"有机物。

随着工业化进程的加快，挥发性有机物引起的健康与环境问题引来越来越多的关注，挥发性有机物的处理也已迫在眉睫，不断提高挥发性有机物污染防治管理的科学性、针对性和有效性，可以起到大气污染治理与降碳协同的作用，促进空气质量的持续改善，实现社会经济和宜居生态环境的可持续发展。挥发性有机物治理有较多措施，其治理方法包括源头减量、中间控制和末端治理等，目前，我国以末端治理为主。

挥发性有机物的源头和过程控制是指通过改进相关生产工艺及设备控制挥发性有机物：对生产装置排放的挥发性有机物进行回收；定期检测与修复易发生挥发性有机物泄漏的设备及管线组件；使用环保设备及材料；使用清洁能源等。

末端治理是目前的主要控制方法，主要分为物理法（冷凝、膜分离、吸附、吸收）和化学法（生物处理、热力燃烧、催化燃烧、光催化氧化、低温等离子体以及联合处理等方法），能够同时去除挥发性有机物并防止挥发性有机物造成碳排放的治理方法主要为物理法，其中，冷凝法是依据挥发性有机物物理化学特性的不同，将废气通过冷凝装置进行冷凝回收。膜分离技术的原理是基于分离膜两边存在压力差，根据不同的气体分子通过膜的能力以及传质速率的不同来进行分离。吸附法分为物理吸附和化学吸附，化学吸附选择性更高；吸收法是利用挥发性有机物中的不同组分在液体吸收剂中的溶解度不同，进行吸收分离，最后再对转移到液相吸收剂中的挥发性有机物进行解吸回收处理。由于挥发性有机物种类繁多，针对不同的挥发性有机物需要选择特定的治理方法，多种治理方法的配合使用，在提高处理效率的过程中具有显著效果；同时，应建立健全挥发性有机物治理设施的运行维护规程和台账等日常管理制度，确保设施的稳定运行，并做好监测工作。安全、节能、高效、无二次污染物产生、低经济成本是挥发性有机物治理方法的重要技术指标，因此，大力开发有效治理挥发性有机物的净化技术及装备、合成高效吸附材料是有效提高治污与降碳协同的重要措施，也是未来发展的重要方向。

第五节　大气污染治理之未来——降碳

"十四五"时期，我国将以"减污降碳协同增效"为总抓手，把降碳作为源头治理的"牛鼻子"，指导各地统筹大气污染防治与温室气体减排。2021年政府工作报告提出，扎实做好"双碳"各项工作，制定2030年前碳排放达峰行动方案。《中共中央关于制定国民经济和社会发展第十四个五年规划和二〇三五年远景目标的建议》明确提出基本消除重污染天气，"十四五"时期完成"基本消除重污染天气"的目标任重道远。

一、降碳与协同治理

回顾大气污染物与温室气体协同控制的发展进程，我们看到，协同控制的理念由温室气体减排和局部地区大气污染物减排的双重压力催生，并在中国得到更为广泛的欢迎和接受。协同控制为中国主动、从容应对温室气体减排和局地大气污染物减排压力，在解决国内环境问题的同时承担起全球责任，提供了"两全其美"的解决思路。可以预见，中国在"十四五"时期巩固大气环境质量改善成果，深入推进美丽中国建设过程中，特别是在提高中国国家自主贡献力度以及二氧化碳排放力争于2030年前达到峰值、努力争取2060年前实现碳中和的过程中，协同控制理念、政策、措施将发挥愈加重要的战略性指导作用。未来，如何建立协同控制的治理体系，将成为实现宏观层面的气候变化控制与生态环境治理的关键。

（一）强化顶层设计，完善体制机制

中国在协同控制立法和政策制定等方面，在国际上位于前列，且协同控制已经上升成为国家应对气候变化的重要策略。建议进一步增强政府关于大气污染治理与降碳协同发展的规划引领和顶层设计，将协同控制目标落实到具体发展规划和政策中，从政策协同、部门协同及地域协同等多维度入手，为各行业、各地区开展协同降碳工作提供政策指引。在制定政策措施时，建议放大大气污染治理与降碳的正协同效应，尽量减小负协同效应，以达到协同控制效率最大化。此外，基于协同效应量化研究，制定实施既适应中国发展现状，又对放大协同效应具有显著指导意义的相关标准和指南，引领和推动国家大气污染和碳排放协同控制目标的实现。

随着国家减污降碳协同政策的制定和执行，建议进一步完善绿色低碳市场体系，为绿色低碳产业和节能环保产业提供更加稳定完善、成熟有序的发展环境。例如进一步加强碳交易市场建设，适时扩大碳排放权交易范围，将更多行业纳入碳交易市场体系。碳交易市场通过"无形的手"优化碳排放空间的分配，让低减排成本的企业多减排，降低整个社会的碳减排成本，若再以协同减污降碳相关政策和技术对纳入其中的企业加以引导，基于适当的衡量标准，在碳交易市场体系和制度框架之内，对减污降碳协同效果好的企业给予一定奖励，将有效助力减污降碳协同工作的深入开展。

（二）建立协同控制的体制机制或协同治理体系

由于不同地区面临不同的污染现状，建议国家或各地区因地制宜地制定将大气污染治理和降碳工作统筹考虑的环境表现目标，既要统筹引领，又要区别对待。对于协同控制工作的开展，由于大气污染治理与协同降碳需要由多部门、多领域配合推进实现，如气象、交通、能源、生态环境等部门，建议着手建立行之有效的部门间协同工作协调机制，保证信息及时共享，各环节沟通运作流畅。建议建立信息交流机制，如建立专门的信息交流平台，充分利用大数据领域新技术，加强各部门、各领域环境影响协同控制的信息公开及管理水平，实现基础信息协同，支撑跨领域协同管理要求。建议建立大气污染物与温室气体协同控制的统一监管体制，基于统一的协同控制工作任务的评估指标体系以及评估机制，对部门间协作情况、协同控制目标的实现情况，开展量化考核评估和相应的监督。

激励机制方面，通过设立大气污染物与温室气体协同控制专项引导资金，发挥政府的财政引导作用。专项资金可用于支持重点示范项目、关键试点，将协同控制效果纳入评价指标，对协同降碳效果好的区域/项目/试点加大资金支持力度。同时，对于相应的具有协同控制效应的技术、项目和其他成果，政府可提供一些鼓励或优惠政策，引导产业及技术向协同降碳方向发展。

二、协同降碳增效推进路线

（一）加强量化研究和技术创新

1. 完善协同控制效应评估和规划方法学

虽然协同控制效应的存在已得到广泛认可，协同控制评估与规划方法体系也已初步成型，但在实际应用中，如何评判某项政策措施的协同性或协同程度，以及如何综合考虑协同减排成本及效益优化来制定协同控制方案或规划，十分关键。因此，有必要开发具体化、规范化的协同控制效应评价方法，用于评估减污降碳政策、措施、技术的协同性及其协同程度，令相关评价进一步标准化、系统化。部分学者使用协同控制效应评估方法评估了2013—2017年《大气污染防治行动计划》实施的9项减排措施，二氧化碳减排协同控制效应均为正，且计算得到协同减排量，量化了协同控制效应。建议积极鼓励深化开展类似的研究工作，加强量化研究，深入行业内部发掘更多协同控制费效比优化的政策、管理和技术措施选项，实现以协同性、协同程度和综合减排成本效益评估为基础，制定行业或区域协同控制方案或规划。

2. 充分整合运用数据库平台和模型框架

国内现有数据库如中国多尺度大气污染物排放清单（MEIC）、中国碳核算数据库（CEAD）、中国高空间分辨率排放网格数据库（CHRED）、中国碳中和与清洁空气协同科学评估与决策支持平台（CNCAP）等，国际社会也探索和开发了一些定量评估协同效应的方法、模型和工具，其中广泛应用的，例如应用系统分析国际研究所（IIASA）温室气体–大气污染相互作用和协同模型（简称"GAINS模型"），建议对现有工作基础可做进一步研究整合，使其成为推进协同控制研究的有力支撑。中国应进一步加强与国际机构的合作，深入开展协同控制效应量化和评估等方面的研究，开发和完善适用于中国的协同控制效应评估模型和方法。

（二）加强绿色技术创新

目前，支撑开展大气污染与温室气体协同控制的相关科学和技术研究，还有广阔的发展空间。能源基金会等六家单位合作编制了《城市交通大气污染物与温室气体协同控制技术指南1.0版本》，清华大学和亚洲清洁空气中心合作编制了《中国城市空气质量改善和温室气体协同减排方法指南》等，具有一定的参考价值和指导意义。建议加快制定重点行业、关键技术和典型城市类型的减污降碳协同增效指南，为大气污染与温室气体控制协同工作提供方法学和工具，为各项政策制定和协同管理体系的建立奠定基础，并为进一步开展具体技术和方法的研究开发提供方向。

重点开展推动减污降碳协同增效的关键技术研发，加强绿色技术创新。国家支持方面，除前述政府专项资金之外，可积极推动减污降碳协同增效国家重点实验室或工程技术中心等平台建设，或从该领域的宏观规划及具体技术角度，设立国家重点研发计划和地方重点研发计划，广泛调动全国乃至国际高校及企业的力量，以此推动减污降碳协同增效技术实现进一步突破，并为相关技术的推广应用提供有力支持。

（三）加快重点领域绿色转型

生态环境部2021年1月发布的《关于统筹和加强应对气候变化与生态环境保护相关工作的指导意见》中提出："在钢铁、建材、有色金属等行业，开展大气污染物和温室气体协同控制试点示范。"能源、钢铁、化工、建材、有色金属等重点行业以及交通运输、建筑等部门和领域是大气污染物和温室气体排放的重要来源，是开展减污降碳工作的重点攻坚领域。据研究，绝大多数过程控制和源头控制措施都具有较好的协同控制效应，因此，应加快推动此类重点领域实现绿色低碳转型，完善行业绿色标准体系，推进绿色生产制造，进一步提升绿色产品供应能力，从生产过程和源头上减少大气污染物和温室气体的排放。建议继续加大力度发展低碳、节能、环保产业等，要求重点领域带头减污降碳，并在推进减污降碳工作过程中建立及加强关键领域、部门和区域间的协同合作，共同完成减污降碳协同增效的重要任务。

参考文献

［1］中华人民共和国生态环境部，中华人民共和国国家质量监督检验检疫总局. 环境空气质量标准GB 3095—2012［S］. 北京：中国环境科学出版社，2012.

［2］香港特别行政区机电工程署. 温室气体［EB/OL］.（2021−09−01）［2022−05−09］. https://www.emsd.gov.hk/energyland/sc/energy/environment/greenhouse.html.

［3］United States Environmental Protection Agency. Basic information about NO_2［R］. Washing, DC: United State Environmental Protection Agency, 2021.

［4］United States Environmental Protection Agency. Carbon monoxide's impact on indoor air quality［R］. Washing, DC: United State Environmental Protection Agency, 2021.

［5］United States Environmental Protection Agency. Ground−level ozone basics［R］. Washing, DC: United State Environmental Protection Agency, 2021.

［6］香港特别行政区环境保护署. 香港空气污染物排放清单——可吸入悬浮粒子的定义（PM_{10}）［S］. 香港：香港特别行政区环境保护置，2016.

［7］United States Environmental Protection Agency. Health and environmental effects of particulate matter（PM）［R］. Washing, DC: United State Environmental Protection Agency, 2021.

［8］香港特别行政区环境保护署. 香港空气污染物排放清单——微细悬浮粒子的定义（$PM_{2.5}$）［S］. 香港：香港特别行政区环境保护置，2016.

［9］United States Environmental Protection Agency. Basic information about lead air pollution［R］. Washing, DC: United State Environmental Protection Agency, 2021.

［10］ZHENG B, TONG D, LI M, et al. Trends in China's anthropogenic emissions since 2010 as the consequence of clean air actions［J］. Atmospheric Chemistry and Physics, 2018, 18(19): 14095−14111.

［11］清华大学. 中国中长期空气质量改善路径及健康效益［R］. 北京：清华大学，2020.

［12］余刚. 从发达国家实践看我国二噁英减排成效与挑战［EB/OL］. 2016−11−10［2022−05−09］. http://www.cecc−chira.org/index.php/index/other/detail.html?id=22660.

［13］ZHAO H, CHEN K Y, LIU Z, et al. Coordinated control of $PM_{2.5}$ and O_3 is urgently needed in China after implementation of the "Air pollution prevention and control action plan"［J］. Chemosphere, 2021, 270.

［14］ZHAO H, ZHENG Y F, ZHANG Y X, et al. Evaluating the effects of surface O_3 on three main food crops across China during 2015−2018［J］. Environmental Pollution, 2020, 258(C), 113794.

［15］亚洲清洁空气中心. 大气中国2020：中国大气污染防治进程［R］. 北京：亚洲清洁空

气中心，2020.

[16] LU X, ZHANG S J, XING J, et al. Progress of air pollution control in China and its challenges and opportunities in the ecological civilization era［J］. Engineering, 2020, 6［12］: 1423−1431.

[17] LI K, LIAO H. Anthropogenic drivers of 2013 − 2017 trends in summer surface ozone in China［J］. Proceeding of the National Academy of Sciences, 2019, 116（2）: 422−427.

[18] BENAS N, MOURTZANOU E, KOUVARAKIS G, et al. Surface ozone photolysis rate trends in the Eastern Mediterranean: Modeling the effects of aerosols and total column ozone based on Terra MODIS data［J］. Atmospheric Environment, 2013, 74: 1−9.

[19] FIORE A M, NAIK V, LEIBENSPERGER E M. Air quality and climate connections［J］. Journal of the Air & Waste Management Association, 2015, 65（06）: 645−85.

[20] Cheng J, Tong D, Zhang Q, et al. Pathways of China's $PM_{2.5}$ air quality 2015 − 2060 in the context of carbon neutrality［J］. National science review, 2021, 8（12）: nwab078.

[21] 中华人民共和国中央人民政府国务院. 打赢蓝天保卫战三年行动计划［EB/OL］.（2016−06−27）［2022−05−09］. http://www.gov.cn/zhengce/2018−07/03/content_5303158.htm.

[22] SILVA R A, WEST J J, ZHANG Y, et al. Global premature mortality due to anthropogenic outdoor air pollution and the contribution of past climate change［J］. Environmental Research Letters, 2013, 8（03）: 034005.

[23] BLOOMER B J, STEHR J W, PIETY C A, et al. Observed relationships of ozone air pollution with temperature and emissions［J］. Geophysical research letters, 2009, 36（09）.

[24] RASMUSSEN D J, FIORE A M, NAIK V, et al. Surface ozone−temperature relationships in the eastern US:a monthly climatology for evaluating chemistry−climate models［J］. Atmospheric Environment, 2012, 47: 142−153.

[25] MILLER A J, NAGATANI R M, TIAO G C, et al. Comparisons of observed ozone and temperature trends in the lower stratosphere［J］. Geophysical research letters, 1992, 19（09）: 929−932.

[26] ROOD R B, DOUGLASS A R. Interpretation of ozone temperature correlations: 1. Theory［J］. Journal of Geophysical Research: Atmospheres, 1985, 90（D3）: 5733−5743.

[27] 田春秀，夏光. 深入打好污染防治攻坚战实现减污降碳协同增效［J］. 中国经济评论，2021（05）：82−85.

[28] TANG L, XUE X, QU J, et al. Air pollution emissions from Chinese power plants based on the continuous emission monitoring systems network［J］. Scientific Data, 2020, 7（01）: 1−10.

[29] 中华人民共和国国务院新闻办公室.《新时代的中国能源发展》白皮书［EB/OL］.

（2020−1−2−21）［2022−05−09］．http://www.gov.cn/zhengce/2020−12/21/content_5571916.htm.

［30］BARBOSE G, WISER R, HEETER J, et al. A retrospective analysis of benefits and impacts of US renewable portfolio standards［J］．Energy Policy, 2016, 96: 645−660.

［31］冯相昭．积极探索大气污染物与温室气体协同减排［EB/OL］．（2020−02−09）［2022−05−09］．https://www.chinathinktanks.org.cn/content/detail?id=jq5h4z32.

［32］THAMBIRAN T, DIAB R D. Air quality and climate change co−benefits for the industrial sector in Durban, South Africa［J］．Energy Policy, 2011, 39（10）: 6658−6666.

［33］LI H, TAN X, GUO J, et al. Study on an implementation scheme of synergistic emission reduction of CO_2 and air pollutants in China's steel industry［J］．Sustainability, 2019, 11（02）: 352.

［34］YANG X, TENG F, WANG G. Incorporating environmental co−benefits into climate policies: a regional study of the cement industry in China［J］．Applied energy, 2013, 112: 1446−1453.

［35］黄俊翰．基于垃圾焚烧厂协同处理填埋气和渗滤液浓缩液的研究［D］．西南交通大学，2019.

［36］周永希．垃圾填埋场CH_4和N_2O释放规律及减排方法的基础研究［D］．华东交通大学，2017.

［37］田春秀，冯相昭，张曦．建立大气污染物与温室气体减排统一监管体制［N］．中国环境报，2013−12−10.

［38］毛显强，曾桉，胡涛，等．技术减排措施协同控制效应评价研究［J］．中国人口资源与环境，2011, 21（12）: 1−7.

［39］高庆先，高文欧，马占云，等．大气污染物与温室气体减排协同效应评估方法及应用［J］．气候变化研究进展，2021, 17（03）: 268−278.

［40］黄新皓，李丽平，李媛媛，等．应对气候变化协同效应研究的国际经验及对中国的建议［J］．世界环境，2019（01）: 29−32.

［41］毛显强，曾桉，邢有凯，等．从理念到行动：温室气体与局地污染物减排的协同效益与协同控制研究综述［J］．气候变化研究进展，2021, 17（03）: 255−267.

［42］黄润秋．面对艰巨任务，"十四五"绿色转型如何布局［N］．《瞭望》新闻周刊，2021−04−06（12）.

第八章

绿色金融与碳中和

▰ 引 言 ▰

　　全球变暖已成为威胁人类生存和发展的全球性问题，而使用清洁能源和碳捕捉碳封存技术却面临成本居高不下的挑战。如何在市场经济中鼓励企业应用相对昂贵的碳减排技术和可再生能源？如何能够在资本市场中获得足够的资金，去支持那些存在一定投资风险的环保和气候类项目？除了政府的政策和法律法规以外，如何运用市场机制引导社会资本去扶持有助于减污降碳的新技术和新领域？

　　本章通过梳理国内外绿色金融的发展历史，介绍政府如何运用法律和财政手段推行减污降碳，以及金融手段在其中发挥的功能和作用。从未来发展态势看，普遍的经验是把改善环境和降低碳排放的成本内部化到排放主体的成本结构中，运用市场化的手段对资源进行有效组合与配置，以扶植新兴绿色产业，发展以减污降碳为主题的绿色金融。在中国绿色金融的发展过程中，绿色PPP应运而生，肩负时代使命，未来可期。

第一节　气候变化与金融风险

一、"绿天鹅"事件对金融体系的冲击

　　"绿天鹅"是指气候变化和环境领域可能出现的极具破坏力的现象，对经济、金融领域的影响具有不同的显著特征，可能给社会生活和经济增长造成巨大财产损失，进而引发金融领域的动荡及风险。

　　（一）物理风险对经济和金融体系的影响

　　物理风险是指极端天气事件以及生态环境变化带来的风险。极端天气事件影响

健康，并破坏基础设施和私有财产，从而减少财富并降低生产力。这些事件可能会破坏经济活动和贸易，造成资源短缺，并使资本从更多的生产性用途（例如技术和创新）转移到重建和替代中。未来损失的不确定性也可能导致更高的预防性储蓄和更低的投资。这些风险可能会对宏观经济和金融变量，如经济增长、生产率、食品和能源价格、通胀预期和保险成本等产生持续影响，而这些变量对于实现中央银行的货币政策传导至关重要。

（二）转型风险对经济和金融体系的影响

转型风险是指向低碳经济快速转型会带来诸多不确定因素，如碳价格调整之类的缓解措施，可能在国家内部和国家之间产生差异巨大的分配后果，新实施的、更为严格的环境法规可能增加信贷市场的信用风险，由于市场风险重新定价而导致资产从棕色领域突然转移到绿色领域，气候变化相关诉讼与索赔影响企业商誉并产生潜在经济损失，以及碳密集型企业的公司财务状况面临危机等。与其他社会变革一样，整个社会在向绿色低碳快速转型时，政府或企业为应对气候变化和环境保护采取的有效政策及行动，也会给金融体系和金融机构带来诸多不适应，金融行业同样存在绿色转型风险。

二、气候变化可能触发系统性金融风险

气候变化是金融风险来源之一，可能引发系统性金融危机。2019年4月，央行和金融监管绿色金融监管网络（NGFS）发布报告《行动倡议：气候变化成为金融风险来源之一》。2019年7月，NGFS再一次发布报告《宏观经济和金融的稳定：气候变化潜在影响》。气候变化是导致经济和金融体系结构性变化的重大因素之一，具有"长期性、结构性、全局性"特征，正在引起全球央行的重视。

第二节　绿色金融与碳中和

一、绿色金融概念

2016年8月，中国人民银行、财政部等七部委联合发布了《关于构建绿色金融体

系的指导意见》，首次给出了绿色金融的定义："绿色金融是指为支持环境改善、应对气候变化和资源节约高效利用的经济活动，即对环保、节能、清洁能源、绿色交通、绿色建筑等领域的项目投融资、项目运营、风险管理等所提供的金融服务。"

2020年10月26日，国家发改委、生态环境部、人民银行、银保监会、证监会五部门联合发布《关于促进应对气候变化投融资的指导意见》（简称《指导意见》），首次在政策层面将应对气候变化投融资提上工作议程，也首次明确了气候投融资的定义与支持范围，指出气候投融资是为实现国家自主贡献目标和低碳发展目标，引导和促进更多资金投向应对气候变化领域的投资和融资活动。同时，定义中强调了气候投融资是绿色金融的重要组成部分，明确了绿色金融与气候投融资的包含与协同关系。

我国的绿色金融定义与国际上的绿色金融定义本质上一致，即绿色金融是以产生环境效益及经济可持续发展为导向的金融活动，这个特定导向是绿色金融与其他普通金融的本质区别。金融分为传统金融与绿色金融。如果用颜色来进行区分的话，传统金融的颜色是金色，即金钱的颜色与本色，传统金融追求经济效益的最大化；相比之下，绿色金融在金色的基础上加上了绿色，更强调绿色，是绿色发展之需而产生的概念，突出了环境效益而不是单一的经济效益。

我国的绿色金融与国际上的绿色金融在覆盖范围上稍有差异，国际上绿色金融更多涉及气候变化，将气候变化和相应的能源与技术替代作为金融机构的主要考虑因素；中国绿色金融范畴除关注气候变化以外，还强调在大气、水和土壤污染防治、节能增效、减少物耗等领域的金融活动。中外对于绿色金融定义有差别的原因是发达国家工业化进程早，其工业化早期阶段所出现的环境污染问题已逐渐解决，因此在评估一个项目是否"绿色"时，往往无须考虑其减污方面的作用。而中国等大多数发展中国家环境污染问题依然十分严峻，是否具有防治污染的环保属性仍是评定一个项目是否为"绿色"的关键。此外，能源结构的差异也造成对能源投资是否为"绿色"的界定差别。发达国家对绿色债券的发行提供评估意见时，通常把化石能源方面的投资都定义为"非绿色"；而在中国，由于化石能源仍占主导地位，只要投资项目能够节约化石能源的使用量，降低单位能耗，推动化石能源更为清洁地利用，都属于"绿色"范畴。

简而言之，国内外对于绿色金融定义和实践上的差别，主要还是源于不同国家和地区发展阶段的差异性。

二、绿色金融发展

绿色金融起源于西方发达国家，其兴起与联合国提出的可持续发展概念有较大关联，如《京都议定书》《哥本哈根协议》和《巴黎协定》等一系列关于减少全球温室气体排放和保护环境的国际公约，这些公约是绿色金融发展的基石。如表8-1所示，全球绿色金融框架体系的建立主要经历了以下五个阶段。

表8-1　全球绿色金融框架体系

时间	各阶段内容	
20世纪70—80年代	环境治理资金义务的逐步确立	• 1982年《内罗毕宣言》：发达国家及有能力这样做的国家应协助受到环境失调影响的发展中国家，帮助他们处理最严重的环境问题； • 1987年通过的《关于消耗臭氧层物质的蒙特利尔议定书》：设立专门的多边基金制度和技术转让制度，向发展中国家提供帮助
20世纪90年代初	全球环境治理资金的常态化、机制化	• 1991年联合国与世界银行共同设立了全球环境基金，标志着为发展中国家提供资金援助的行为正朝着常态化、机制化的方向转变； • 国际社会首次明确提出了"共同但有区别的责任"原则，这是从国际法的角度对发展中国家的特殊需要与发达国家的特殊义务进行了界定
1994年	全球气候金融体系框架法律基础的奠定及发展	• 1992年签署的《联合国气候变化框架公约》（UNFCCC）于1994年正式生效，气候资金机制的确立，初步奠定了构建全球气候金融体系框架的法律基础
1997年	《京都议定书》	• 确认了"共同但有区别的责任"； • 规定了工业化国家的量化减排目标，对发展中国家未设目标； • 确立了CDM、JI和ET三种碳交易机制
2015年	《巴黎协定》	• 建立自下而上、自主决定的碳减排目标； • 通报国家自主贡献和定期全球盘点机制； • 2020年后取代《京都议定书》，号召世界向低碳转型

多个国家和地区出台了鼓励绿色金融发展的政策措施，发展中国家中包括阿根廷、厄瓜多尔、肯尼亚、孟加拉、巴西、哥伦比亚、印度尼西亚、蒙古、尼日利亚和越南等。许多国家启动了本国的绿色债券市场，发行绿色债券；多国发行了主权或准主权绿色债券，包括阿根廷、加拿大、法国、德国、墨西哥、日本、波兰、尼日利亚、斐济等。

中国虽然不是绿色金融概念最早的提出者，但在全球绿色金融发展中已经并且正在发挥积极作用。2016年1月，中国倡议、推动成立了G20绿色金融研究小组，由中国人民银行和英格兰央行担任共同主席，UNEP担任秘书处。2016年9月，G20峰会在杭州召开，中国首次把绿色金融议题引入议程。在峰会上，G20绿色金融研究小组出版了第一份《G20绿色金融综合报告》。

2017年，德国担任G20主席国期间，决定2017年G20峰会继续绿色金融议题。研究小组在会上提出了鼓励金融机构开展环境风险分析和提升环境数据可获得性的倡议。

2018年，阿根廷G20峰会，研究小组完成了《2018年G20可持续金融综合报告》，提出了创造可持续资产证券化、发展可持续私募股权和风险投资（PE/VC）、探索数字科技在可持续金融中的运用三项倡议。

三、绿色金融的重要国际平台

央行与金融监管绿色金融网络（NGFS）。八国央行在巴黎"一个地球峰会"上共同发起，截至2021年年底，NGFS由105个成员和16位观察员组成，重点讨论央行和金融机构如何推动绿色金融与可持续发展，支持金融业分析和管理环境和气候相关的风险。

G20可持续金融研究小组。2016年到2018年，中国人民银行和英格兰银行担任联合主席。2021年，中国人民银行和美国财政部担任联合主席。

可持续银行网络。由IFC发起，到2021年年底共72个成员国家加入，覆盖全球新兴市场银行业资产的86%（43万亿美元），旨在为发展中国家金融监管机构与银行业协会提供可持续金融的能力建设信息平台。

气候相关财务信息披露工作组（Task Force on Climate-Related Financial Disclosure,

TCFD）。2017年6月，工作组发布《气候相关财务信息披露工作组建议报告》，确立信息披露四大核心要素，即治理、战略、风险管理以及指标和目标。2020年发布《风险管理整合与披露指南，非金融公司情景分析指南》和《2020年气候相关财务信息披露状态报告》，描述了公司在实施TCFD建议方面取得的进展。截至2021年年底，TCFD共获得来自全球89个国家和超过2600家组织机构的支持，中国内地和香港地区目前共有77家企业支持TCFD，其中34家为金融机构。

负责任银行原则（Principles for Responsible Banking，PRB）。由联合国环境规划署金融倡议（UNEP FI）牵头制定。截至2021年年底，累计400多家银行等金融机构加入，最新《负责任银行原则》于2019年修订发布，鼓励银行在最重要、最具实质性的领域设定目标，在战略、投资组合和业务领域融入可持续发展元素。2012年发起的可持续保险原则（Principles for Sustainable Insurance，PSI），强调管控与环境、社会和治理问题相关的风险和机会，旨在以保险的方式开发创新解决方案，降低风险，为可持续发展做贡献。

联合国负责任投资原则（UN PRI）。是一个由全球资产拥有者、管理者以及服务提供者组成的国际投资者网络，其成员需要遵守6项负责任投资原则，致力于发展可持续的全球金融体系。截至2021年2月15日，3726家机构已加入PRI组织，签署机构管理资产规模超过百万亿美元。

四、绿色金融助力碳中和

（一）绿色金融可校准经济社会发展的可持续性

"可持续发展"，简单说就是既要满足当代人的需要，又不损害后代人满足其未来需要的发展模式，即人类在建设当代经济和社会生活的同时，不能以降低后代的福祉为代价。可持续发展特别强调在利用生物与生态体系时，必须以善用所有生态体系的自然资源为原则，不可降低其环境基本存量。可持续性包括两个核心概念：首先是"需要"的概念，即全人类当下生存的基本需要应被优先考虑和满足；其次是"限制"这一概念，即人类为了满足眼前和未来的需要时，对于自然环境和资源的索取应该有所限制，需要保护和维持后代人赖以生存的基础。

随着人类对气候变化及居住环境关注程度不断上升以及对经济高速发展所带来

的环境污染这一副产品的普遍担心，可持续发展已成为经济发展必不可少的重要因素。依附于实体经济的金融不仅要支持经济增长，还需要对于经济成长的"可持续"方向不断进行调整和校准。绿色金融在这种背景下应运而生，这是基于传统金融发展的一场深刻变革（图8-1）。

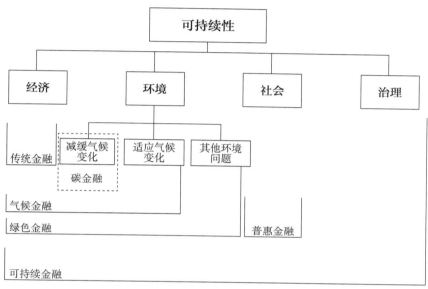

图8-1 可持续发展关联图

企业是可持续发展的重要支撑，也是绿色金融的主要载体。在投资财务绩效的基础上，绿色金融更加关注企业在环境、社会、治理等非财务绩效，注重提升被投企业的长期续航发展能力，体现了价值投资的商业回报理念并兼顾可持续发展的需要。绿色金融投资在关注可持续发展的过程中会更加关注绿色低碳，包括要求企业聚焦环境并倡导按照气候相关财务信息披露工作组（TCFD）等国际主流标准来披露投资项目中的气候与环境相关的信息。

（二）绿色金融是实现碳中和目标的有力工具

绿色金融是实现经济可持续发展的一种金融营运战略，它与环境保护及防止全球变暖也紧密相关。绿色金融可以降低绿色溢价。绿色溢价（Green Premium）这一概念是比尔·盖茨在其所著《气候经济与人类未来》中提出来的，即在满足消费者同等效用的情况下，可实现碳中和的新产品与仍产生碳排放的原有产品之间的价格差。新兴替代产品相对于传统产品的价格越高，则绿色溢价越高。负溢价则意味着传统产品使用成本相对高，这时使用者才有动力向清洁能源转换，从而降低碳排放。绿色溢价作为价格分析工具比碳价格本身具有更广泛和更直接的实用性，可用于计算不同行业和产品的"碳中和"成本并为宏观和微观减碳政策提供定量依据。目前许多新兴产业的低碳和零碳产品还未进入发展应用成熟期，与基于传统化石能源的产品相比，尚不具备价格优势，技术上或存在不稳定性，由于有这些风险，投资人对新兴产业会要求更高的回报，这就是"绿色溢价"在金融投资产品上的具体表现。

在环境和气候治理的形势下，绿色金融对于传统的金融估值模型进行了重新定义，对原有估值模型中的假设、输入和输出项做出适当调整或重建，比如在折扣现金流估值模型（Discounted Cash Flow，DCF）中将项目的绿色权益收入部分作为增值调整项，计入初始投资和未来现金流中，将项目"绿色溢价"所对应的内部收益率（Internal Rate of Return，IRR）折算为投资回报率的调整项，进而可更为准确地反映出绿色投资支持经济可持续发展的价值。

实现"双碳"目标需要不断降低绿色溢价，即一方面要降低清洁能源和低碳技术的使用成本，另一方面则要设法增加继续使用传统能源和高排放的代价。降低零碳排放成本的关键措施是技术进步，如使用光伏、风电、氢能源等以代替传统火电，因此未来这些新能源开发项目将是重要的绿色投资领域之一。此外，绿色投资也会将资金引向与降碳相关的CCUS产业。增加传统能源成本则主要通过对碳定价的调整，包括碳税及碳市场定价措施，使传统行业的负外部性内部化，增加传统电力、石化、建材和运输等行业使用化石能源的经营成本，促使其节能增效并增强使用新能源的动力。

绿色金融可以有效引领传统能源的替代和新技术行业的发展。当前，我国火力发电的碳排放仍是各项碳排放中占比最大的，因此以可再生能源替代基于石油、煤炭等传统能源的生产方式势在必行，而绿色金融则通过增加新能源产业融资的可获得性、降低融资成本、创造新的交易市场等手段，在能源革命中起到积极推动的作用。比如绿色金融提供诸如贷款利率补贴、优惠利率、指定贷款领域等优惠金融政策，运用金融工具平衡投资者对绿色项目和传统行业"棕色项目"的风险识别，以及建立碳市场交易来增加绿色项目的融资可获得性，鼓励和引导民间投资与外资进入环境与气候投融资领域。即使是专注于新能源领域的投资活动，绿色金融也可以在具体投资领域方面进行平衡，避免过度的热点投资，可将一部分资金投入到对风电和光伏等新能源能够起到补充和调配作用的行业，比如建设新的垃圾和生物质能源化设施，对上网电量进行调峰，修正风电和光伏发电的间歇性和储能成本高等缺陷。

第三节　绿色金融手段

一、控制型绿色金融手段

（一）碳税

税收作为一种财政手段，是政府用于调整社会经济供给端和需求端结构的有效途径。"碳税"则是对产生二氧化碳排放的商品或服务进行征收的一种环境税，目的是通过税收手段，抑制在商品或服务产生的过程中向大气里排放过多的二氧化碳。

政府可征收传统能源及高耗能产业碳税，补贴绿色产业，在促进碳中和实现的同时也减少财政压力。碳税机制作为一个特殊税种，可提高国民碳减排意识。挪威是世界上最早征收碳税的国家，碳税覆盖所有化石能源行业，并将所征税收用于减排企业和新能源行业的补贴。目前全球已有30个国家出台了征收碳税的制度，既包括北欧、德国、日本、加拿大等发达国家，也有智利、南非等新兴市场国家。2021年，欧盟提出全球第一个"碳边境调节税"（Carbon Border Adjustment Mechanism，CBAM）计划，将对低环保标准国家的钢铁、铝、水泥等产品开征碳税。美国也正在推动对高碳排放进口产品开征碳税，以实现减少温室气体排放的目标。中国目前尚未推出具体碳税计划。

（二）碳配额

碳配额是指按规定必须完成的温室气体减排指标。在一个本来是自由排放的行业，如火力发电和石油化工领域，通过对其碳排放上限的设定，从而把原本不受约束的排放权构建成为一种稀缺的由政府统一支配的配给额度。碳配额交易是一种碳定价方式，企业间通过市场手段进行排放权交易以平衡各自的排放量，从而达到低成本控制碳排放总量的目的。关于碳配额交易系统，将在后续章节"碳交易市场"部分详细叙述。

（三）绿证

绿证即绿色电力证书，是政府对发电企业产生的可再生能源上网电量给予的具有独特标识代码的电子证书，是非水可再生清洁能源发电量的确认和属性证明，以及消费绿色电力的唯一凭证。绿证可以与物理电量捆绑销售或单独销售，可用于完成可再生能源电力配额计量并作为用电企业和个人消费绿色电力的证明，也可以进行绿证交易和兑换货币。

在欧洲，绿证自愿市场与配额强制市场以及电价溢价政策并行。欧洲绿证（Guarantees of Origins，来源担保证书或"GO"）于2002年开始实施，所有欧盟成员国和欧盟以外的挪威、瑞士等国皆实施GO制度。交易可跨境，可与电力销售相互独立并行。由于GO交易所受的限制较电力市场交易少，欧洲GO市场一体化程度高。在美国，绿证自愿交易与强制市场也是并存的，交易方式灵活多样。美国绿色电力市场运行已有20多年的时间，通过市场主体的积极参与以及强制市场与自愿交易量增加，在推进可再生能源发展、提高绿色电力消费意识方面的作用不断加大。

二、绿色融资手段

（一）绿色信贷

2003年国际金融公司联合花旗银行、荷兰银行等10家银行提出"赤道原则"（The Equator Principles，EPs），列举了这些银行进行环保业务投资决策时，需依据的特别条款和原则，制定了一整套评估和管理项目融资中环境和社会风险的准则，金融机构可自愿和独立地采纳与实施该原则。目前，赤道原则是国际认可度较高的绿色信贷准则。

"绿色信贷"的发放主体是银行等金融机构，它们将环保调控手段通过金融杠杆予以具体实现，从资金来源上切断高耗能、高污染行业无序发展和盲目扩张的资金链，有效地斩断了严重违规排放者的经济命脉，抑制了高排放领域的无序发展。

（二）绿色债券

绿色债券是由公共或私营部门发行，为绿色投资募集资金的债务工具，旨在为具有环境和气候效益的项目提供资金。大部分已发行的绿色债券具有绿色环保和气候相关属性。此外，绿色债券还包括资金具有指定用途的绿色收益债券，绿色项目债券和绿色证券化债券。绿色债券的定价和风险评级方法与普通债券有很大相似性，但加入了绿色收益和风险的考量因素。

2007年，欧洲投资银行（European Investment Bank，EIB）于卢森堡交易所发行了一只气候意识债券（Climate Awareness Bond），正式启动了国际绿色债券市场。2008年，世界银行与瑞典北欧斯安银行（Skandinaviska Enskilda Banken，SEB）共同发行了第一只具有绿色标签的债券。2007年至2012年期间，绿色债券多由欧洲投资银行、国际金融公司（International Finance Corporation，IFC）、世界银行、地方政府、城市及各国的开发银行等机构发行。2014年，第一套国际标准《绿色债券原则》发布，企业绿色债券的发行量显著上升。如丰田汽车（Toyota）在2014年发行了用于电动车及油电混合车的绿色债券，香港的港铁和领展于2016年发行绿色债券，苹果公司于2016年发行15亿美元绿色债券，并成为第一家发行绿色债券的美国科技公司。

（三）绿色基金

绿色气候基金（Global Climate Fund，GCF）是2010年在墨西哥坎昆举行的《联合国气候变化框架公约》第十六次缔约方大会（COP16）上决定设立的机构，于2013年12月成立，旨在帮助发展中国家适应气候变化。有别于其他气候资金机制着重从公共部门筹资的特点，绿色气候基金的特色是包括了面向私营部门的资金来源，鼓励在发达国家中的私营部门提供补充性的捐款。

绿色气候基金鼓励发展中国家的政府使用各种政策工具，激励公共和私营机构参与应对气候变化的行动。除了国际组织和政府层面，在企业端于近年推出许多包括绿色产业投资基金、并购基金、PPP环保基金等多种方式的绿色基金，广泛投资于污染治理、雾霾和风沙防治、清洁能源、植被土壤修复、资源再利用、电动汽车等领域。融资结构上，除了政府出资和公私混营的绿色基金外，大量私人企业、商业和投资银行、保险公司、养老基金、私募基金等设立了绿色基金，采取ESG投资标准筛选和考核投资对象。世界头部资产管理公司如贝莱德（BlackRock）、先锋领航（Vanguard）、富达基金（Fidelity）、安联（Allianz）等，都在不同的环境和气候领域发行绿色基金。据贝莱德统计，截至2020年年底，全球共有约600只绿色和可持续发展主题基金，资产管理规模达2500亿美元，基金数量和规模在过去三年间均翻一番。欧洲仍然是指数型被动绿色基金的最大市场，占全球资产规模超过70%。美国所占比例已增至20%。其他地区市场注册的被动型绿色基金资产规模总值占全球资产规模不到10%。

（四）碳信用

碳信用（Carbon Credits）是指在企业层面，由于该企业采取了有效的CCUS手段，从而达到了碳减排，其实际碳排放量与基准排放量（该行业正常情况下所允许产生的碳排放）之间的差异可以核算出其碳减排的"额外性"，这个减排量可以作为碳信用，进入碳交易市场。对于那些无法参与碳交易市场的非控排企业，碳信用的开发和使用是加入碳交易的最直接手段。许多公司将碳信用额出售给有意自愿降低其碳足迹的商业和个人客户，在碳交易市场外进行点对点交易，从而获得经济收益。

碳信用的开发机制主要有三种，第一是《京都议定书》下的清洁发展机制/联合履约机制（CDM/JI）下的国际碳信用机制，第二是基于CDM/JI开发的独立碳信用机制，包括黄金标准（Gold Standard，GS）和自愿/经核准碳标准（Voluntary/Verified Carbon Standard，VCS），第三是区域性碳信用机制（Certified Carbon Emission Reduction，CER），如中国的CCER（中国自愿减排信用机制）。

（五）其他碳金融工具

除了上述几种常见的绿色金融工具以外，近年来绿色保险发展很快，针对可再生新能源以及CCUS技术投资的特殊性，产生了一些特殊险种，为绿色气候投资保驾护航。

另外，企业还可利用其碳资产进行质押融资，盘活自身碳资产，将部分长期应收账款提前变现，减少资金压力。由于碳资产的"绿色"特征，金融机构可以采取灵活机动的形式，进行抵押贷款融资。

三、碳排放权交易

如前一节所述，碳排放权交易系统（Emissions Trade System，ETS）是一个基于市场的节能减排政策工具，用于减少温室气体的排放。政府遵循"总量控制与交易"原则，可以对特定行业的碳排放实施总量控制。纳入碳交易体系的企业（控排企业）每排放1吨二氧化碳，就需要有一个单位的碳排放配额。企业可以免费获取或购买这些配额，也可以和其他企业进行配额交易，如图8-2所示。政府向不同控排对象行业和企业所分配的碳排放配额数量，决定了实现总量减排目标的责任如何在不同行业及企业之间进行分配。

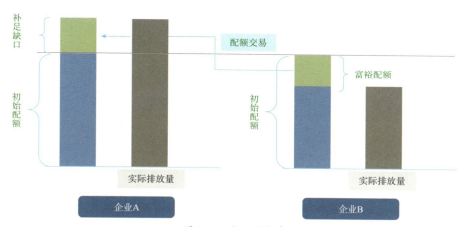

图8-2 碳配额交易

碳配额的基本分配方法有免费分配和拍卖两种。通过拍卖分配碳配额是一种更为直接有效，也更为市场化的控排方法，所产生的财政收入也可用于补贴CCUS新技术开发和奖励节能减排做得好的企业。这些企业虽然为其碳排放减量付出了成本代价，但未来配额需求量下降了，这样也可抵消其部分减排成本。另一种分配方式是免费碳配额分配，政府对控排对象根据其现有碳密集型设施和工艺发放碳配额，使其从无任何碳成本的阶段逐步平稳过渡到需要在碳市场进行碳排放权交易的新阶段。另外，免费分配碳配额可对一些在经济和社会中仍扮演重要角色的传统行业，做出一定的碳成本补偿，保持其生存能力，避免所谓的"碳泄漏"（Carbon

Leakage），也就是说不要因为政府在某个行业领域采取了更为严格的减排政策后，而导致另一个行业温室气体排放的增加或引起社会经济的动荡。即使某个控排对象免费获取了碳配额，它仍需要有进行低碳转型的动力。如图8-2所示，对于一个获得了配额的控排企业，如果它减少了排放，便可出售手头上盈余的碳配额，相反如果它增加了排放，则需承担额外的费用去购买新的配额。这一激励的力度取决于免费分配的具体分配方法。配额发放数量多少影响配额的稀缺性，也决定了碳交易价格，最终影响碳减排的实际效果。

碳排放权交易方面，目前世界主要有欧盟、北美、日本、韩国、新西兰和中国六大碳交易市场体系。

1997年，世界100多个国家签署了《京都议定书》，规定了经济合作与发展组织（Organization for Economic Co-operation and Development，OECD）国家温室气体的减排目标和义务，提出三个碳排放交易的灵活减排机制。此后，各国迅速建立起区域内碳交易体系，以实现各自承诺的碳减排目标。《京都协定书》建立了ET、JI和CDM三种碳交易机制。ET（Emissions Trading）即国家排放交易机制，是发达国家之间以贸易形式转让碳配额的机制；JI（Joint Implementation）即联合履约机制，是发达国家间进行项目合作，将项目实现的减排单位（Emission Reduction Unit，ERU）转让给另一发达国家并扣减转出配额；CDM（Clean Development Mechanism）则是我国比较熟悉的清洁发展机制，旨在由发达国家向发展中国家提供资金和技术开展国际合作项目，通过该项目实现的"核证减排量"（Certified Emission Reduction，CER）可用于实现发达国家的减排指标。CDM可以说是发达国家与发展中国家在气候问题合作方面具有开创性的有效国际机制。发达国家由于能源利用效率高，新能源技术已被大量采用，因而于本国进一步减排的成本和难度逐步升高。但新兴经济体能耗高，能源效率相对较低，减排空间大，减排成本低。这导致同一减排量在不同国家之间存在价格差。正因为如此，发达国家和发展中国家的碳交易市场应运而生，也进一步带动了新兴经济体乃至全球的减排降碳行动。

根据ICAP的统计，截至2020年年底，碳排放权交易覆盖的碳排放量比例较2005年欧盟碳交易启动时的覆盖率，高出了2倍多。目前全球有38个国家和24个省/州或城市建立了21个多层次的碳交易体系，碳交易已成为碳减排的核心政策工具之一。这些碳交易区域的GDP总量约占全球的50%，人口占全球的30%，并覆盖了全球18%的温室气体排放。

（一）欧洲碳交易的领先实践

欧盟碳市场于2005年启动，目前涵盖欧盟27个成员国及冰岛、列支敦士登和挪威等其他欧洲国家。欧盟在碳市场启动之初，就设立了与其气候目标相吻合的在不同阶段运行的路线图。电力与能源密集型工业首先进入第一个履约周期，紧接着就是纳入航空、交通运输、建筑、海运等行业，减排的覆盖范围也逐步扩大到包括控排企业、商业银行、投资银行等金融机构，以及政府主导的碳基金、私募股权投资基金等各种投资者。多方参与主体进入碳市场，一方面增大了碳资金规模，活跃了碳市场，另一方面也推动了碳金融服务的发展。

在配额分配方式上，第一阶段欧盟主要采取以历史排放水平为主要考虑的免费配额分配形式，95%的配额为免费发放。在第二阶段，配额分配改为免费和拍卖两种形式并存。按照"总量控制与交易"原则，欧盟统一制定配额，各成员国为本国设置排放上限，确定纳入排放交易体系中的产业和企业，向其分配一定数量的排放许可权。如果企业的实际排放量小于配额，可以将剩余配额出售，反之则需要在交易市场上购买。第三及第四阶段则在第二阶段的基础上加大拍卖比例，同时扩大控排范围。拍卖配额比例从最初的5%逐步提升，最终成为最主要的碳配额分配方式，到第三阶段欧盟碳交易市场拍卖比例已增至57%，如表8-2所示。

表8-2　欧洲碳交易市场发展阶段

	第一阶段	第二阶段	第三阶段	第四阶段
时间（年）	2005—2007	2008—2012	2013—2020	2021—2030
期初配额总量（Mt CO_2e）	2096	2049	2084	1610
配额递减速率	—	—	1.74%	2.20%
配额分配方法	免费分配祖父法	10%拍卖祖父法+标杆法	57%拍卖祖父法+标杆法	57%拍卖祖父法+标杆法
行业范围	电力+部分工业	新加入航空业	新扩大工业控排范围	无变化

资料来源：华宝证券研究创新部。

欧盟的碳金融市场有较为完整的政策和法律设计配套，而且与国际碳市场衔接。金融机构和企业广泛参与碳市场，碳金融产品丰富，交易活跃，形成目前全球规模最大的碳市场，交易量占世界总量的80%。从IPCC碳追踪数据（见表8-3）来看，欧盟的碳减排绩效非常显著，碳市场使欧盟国家的碳排放量呈现逐年显著下降趋势。在欧盟碳市场的引导下，电力、工业以及航空等行业的碳排放量在前三个履约周期以每年1.4%的速度下降。至2019年，欧盟温室气体排放量较1990年排放量已减低23%。另外，碳市场让欧盟能源结构呈现日益优化的局面，过去10年间欧盟煤炭生产量下降了32%，石油生产量下降了28%，而风能、水能、光能、生物质能等可再生能源产量翻番。其中可再生能源发电比例上升到60%，超过煤炭和核能，成为最大的发电来源，并且电力部门成为欧洲最早脱碳的行业。可以预见，欧洲有较大把握在2030年实现可再生能源发电占比提升至65%的目标。

表8-3　欧盟碳减排成效

时间段	目标	完成情况
2008—2012年	欧盟15个成员国承诺减排8%	在国内实现了11.7%的总体减排，这不包括来自碳汇和国际信用的额外减排
2013—2020年	2020年相较1990年排放减少20%，欧盟20%的能源来自可再生能源，能源效率提高20%	欧盟正在按照计划实现2020年减排20%的目标
2021—2030年	2030年欧盟温室气体排放要比1990年减少55%，到2050年实现"碳中和"	—

资料来源：IPCC。

碳交易除了促进了传统化石能源被替代，也促进了欧盟经济向低碳方向加速转型。在减排目标下，欧洲制造业一方面加大可再生能源的使用，另一方面不断降低对于传统制造和能源化工行业的依赖。根据欧洲统计局（Eurostat）的统计，欧盟制造业占GDP的比重从1991年的约20%降至2020年的13.6%，同一时期服务业占比从59%升至65.8%。从中可看出，欧盟在过去30年中碳排放量随着GDP的增长而减少的良好趋势（见图8-3）。

图8-3　全球碳交易市场价格比较（2010—2020年）

资料来源：ICAP、华西证券。

此外，碳市场使欧洲的绿色能源投资走上可持续发展的道路。在2012—2020年的八年时间里，欧盟仅通过在碳市场拍卖碳配额，就获取了约570亿欧元的收益，这些资金大部分又投入到欧盟资助的有助于碳减排的项目中。按照欧盟的《欧洲绿色协议投资计划》，未来十年内还要动用至少1万亿欧元的可持续发展资金，进入碳中和与绿色经济领域。由于市场存在较为明朗的碳价上涨预期，机构投资者加速进入碳交易市场，绿色能源投资也将从中获得可靠的长期性资本供给。

（二）北美碳交易的发展

国际上污染排放权交易实际上首先出现于美国，但由于美国两党利用气候政策作为政党政治争斗手段，美国目前尚未形成全国统一的碳交易体系。早在1993年，美国为减少二氧化硫排放而实行"限量与交易（Cap & Trade）"拍卖制度，2008年开始实行排放权交易制度"区域温室气体倡议"（Regional Greenhouse Gas Initiative，RGGI）。RGGI为美国首个温室气体排放交易体系，由美国东北部10个州组成，是一个以州为基础的区域性应对气候变化合作组织。该组织将电力行业作为控排部门，规定了签约各州温室气体阶段性的排放上限，并提供相应的政策缓冲期和加速期。RGGI被强制性纳入以化石燃料为动力且发电量25兆瓦以上的发电企业，参与各州至少要将25%的碳配额拍卖收益用于新能源项目以降低系统内各州二氧化碳排放总量。RGGI通过法律规范实现了区域合作性减排机制的协调一致性，同时各州又具有自主裁量权，制定符合各州具体操作规则。RGGI目前覆盖气体仅为二氧化碳，年交易量约3亿吨，占世界碳交易总量的3%。

在美国西部，加州等7个州以及加拿大西部4个省于2007年成立"西部气候倡议"（Western Climate Initiative，WCI），制定了包含多个行业的综合碳交易体系。与欧盟相同，WCI采用了"总量控制与交易"的体系，与RGGI只覆盖单一行业不同，WCI覆盖了大多数排放行业，2020的碳排放量覆盖率已达到80%，约60%的配额全通过拍卖分配，平均交易价每吨17美元，交易总金额达260亿美元，占世界总量10%。温室气体排放量下降显著。根据WRI 2020数据，2005—2017年加州与能源相关的二氧化碳排放减少了6%，而GDP却增长了31%。实际上，自加州2013年实行"总量控制与交易"计划以来，GDP年均增长6.5%，高于美国GDP平均4.5%的增幅，同时投资于气候相关项目给经济和社会所带来的效益远远大于其成本，显示出绿色金融对于经济、社会和气候环境的作用。

（三）日本碳交易市场

日本在2012年开始向石油和天然气行业征收碳税，曾在碳定价和碳交易机制方面出现过几次反复。目前实施了全国范围的碳税措施，并在国家层面尝试了多种机构牵头的碳排放交易和碳抵消项目体系，如自愿碳排放交易体系（JVETS）、排放碳信用体系（J-Credit）、联合信用机制等，但效果并未达到预期。

JVETS始于2005年，该体系基于总量控制原则，覆盖了所有二氧化碳直接排放和来自发电行业的间接排放。因参与度不高，交易不频繁，交易价格逐年走低，结果于2012年结束运营。日本经济团体联合会、日本石油协会等具有影响力的行业团体对碳机制的反对声音较高，他们将排放交易和碳税看作利用污染者付费的原则将污染成本转嫁给污染者的手段，称这些手段增加了企业负担并降低了日本工业制造业的全球竞争力。如何在不给企业增添额外经济负担的情况下实现有效减排，日本似乎尚未摸索出一条清晰的路径。

2021年，日本经济产业省提出，为实现2050年碳中和目标，计划在2022年至2023年期间启动全国示范性碳信用额度交易市场，以推动碳减排货币化，鼓励更多本土企业自主减排，同时也向跨国公司开放。这个碳信用额度交易市场还将向其他国家的企业开放。参与者可以通过购买碳信用额度来完成自己的减排任务，同时也可以出售未使用的额度。

（四）韩国碳交易市场

韩国是世界第七大温室气体排放国家，韩国政府已宣布将于2030年将温室气体排放量减少37%，2050年实现碳中和。

从2009年起，韩国一直推进全国碳市场建设，2015年1月，韩国启动了全国性碳排放交易计划（Korea Emissions Trading Scheme，KETS），覆盖八大传统行业。碳市场交易分两个阶段进行，配额分配从"免费分配"过渡到"以免费分配为主、有偿拍卖为辅"的方式。韩国碳市场允许配额跨期储存和预借。多余配额可以储存至任何交易期，不受限制。另外，早期从事减排行动的控排企业可以根据减排效果和历史排放量获得配额奖励。这些灵活的履约机制使企业可以通过自身节能减排措施来降低企业本身的碳排放。

韩国交易所与韩国环境部协商，在碳排放权交易中引进证券公司，并逐渐向个人投资者和投资公司开放市场，还开发出反映排放权未来价值的衍生金融产品。2020年1—9月，位于釜山的韩国交易所的碳排放权交易金额高达5300亿韩元，名列全球第二。2020年，韩国交易所出台了有偿分配制度和做市商制度，将原来无偿分配排放权的一部分进行有偿拍卖，引进了产业银行等政策性银行作为"做市商"，进一步提高了市场交易活跃度。

在碳价格上，政府采取主动干预手段来稳定配额价格，包括动用预留不高于总量25%的配额、设定70%的最低配额和150%最高持有量、限制配额跨期存储量、限制核证减排量可抵消比例、设置配额价格上涨上限或下跌下限等。如图8-3所示，韩国碳配额的价格从2015年开市交易后一直上涨。与此同时，每年的碳配额总量则呈逐年递减的趋势。配额的缩紧加上碳价持续上涨使控排企业对于出售手上的配额很谨慎，市场上缺乏足够用于交易的配额，大部分配额还是由控排企业控制在手中。2017年4月，韩国推出一项稳定碳信用交易计划，旨在鼓励持有配额的公司将配额投放市场，增加碳市场的流动性。2018年，韩国政府宣布将引入金融机构参与碳市场，希望通过引入配额现货衍生品来增加市场流动性以及解决信息不对称性的问题。

在碳交易立法方面，韩国在建立交易市场之前就已经通过较为健全的立法来界定参与企业，规范交易形式，相关法规层次清晰，对政府监管、数据监测、二级市场管治都做了细致规定，配套制度具体而详细，可操作性强，保证了全国碳市场的有效运行。执行减排力度方面，根据韩国《温室气体排放配额分配与交易法》的要求，企业如果未在规定时间内足额履约，将需要按碳市场价格的3倍缴纳罚款。

韩国政府对碳市场有效的管理和规范以及健全的法律和奖惩条例，加上灵活的市场机制和广泛的交易参与主体，使韩国的碳交易市场走上健康的可持续发展道路。

（五）其他碳交易市场

全球除了上述四个主要的碳交易市场，新西兰的碳交易自成体系。新西兰碳排放总量不大，但人均排放量甚至高于中国，其排放源主要来自农牧业。2019年起，新西兰开始进行碳交易市场改革，提出碳配额进行总量控制计划，引入配额拍卖机制，加大对农牧业重点控排企业的减排力度。

第四节　中国绿色金融发展实践

中国是全球拥有较为完善的绿色金融政策体系的国家之一，2016年8月31日，中国人民银行等七部委印发了《关于构建绿色金融体系的指导意见》，对我国绿色金融体系的构建做出了纲领性设计。"十四五"明确提出推动产业和经济高质量发展，完善绿色金融体系，2021年2月，国务院发布《关于加快建立健全绿色低碳循环发展经济体系的指导意见》，多方位推进绿色金融发展。

一、中国绿色金融发展演进

近年来，绿色金融在我国迅速发展，绿色信贷、绿色债券及绿色基金等新产品、新服务相继出现。根据国家气候战略中心的数据，为实现碳中和目标，到2060年我国新增气候领域投资需求规模将接近140万亿元，以此估算平均每年碳中和相关的投资将达到3万亿～4万亿元，占年GDP的3%～4%。根据财政部公开数据，2018—2020年国家公共财政中关于节能环保的总支出分别为6353亿元、7390亿元和6317亿元，分别占当年总支出的2.87%、3.09%、2.55%。在我国财政能力有限的情况下，必须依赖社会资本撬动投资节能环保项目的杠杆，进一步扩大绿色投融资规模。

目前，中国绿色金融贷款余额已达12万亿元，存量规模居世界第一；债券存量约8000亿元，居世界第二。虽然绿色金融目前发展的规模与碳中和目标下所需新增的巨大资金量相比仍存在较大资金缺口，但随着各项政策的推动和新发展理念的贯彻落实，中国绿色贷款、绿色债券发行量及绿色基金必将持续增长，市场规模将加速扩大，绿色金融将会成为推动经济高质量发展的重要力量。

我国绿色信贷规模呈现逐步上升的趋势（图8-4）。截至2020年四季度末，我国主要金融机构本外币绿色贷款余额为11.95万亿元，比上季度增长3.46%。

图8-4 绿色贷款增长及其占信贷总规模的比例

资料来源：《中国金融》，2021年12期。

中金研究院的分析数据显示，截至2020年三季度末，绿色信贷主要集中在交运、能源行业，但行业分布逐渐多元化。其中交通、仓储和邮政业的绿色信贷占比30%，电力、热力、燃气及水生产和供应业绿色信贷占比29%，其他行业绿色信贷占比从2018年年末的24%提升至2020年三季度末的41%。表明绿色信贷的行业投放正逐渐多元化。债券融资方面，金融行业占比始终最高，近年工业、公用事业等行业绿色债券占比有明显提升。2020年，来自金融、工业和公用事业的发行人占比分别为45%、30%和18%，其余行业占比均不足5%，仍多集中在融资资源相对丰富的重资产行业。

我国绿色债券市场起步虽晚，但发展较快，已初步成长为全球第二大绿色债券发行市场。中国人民银行于2015年12月发布《绿色债券支持项目目录》，标志着中国贴标绿色债券市场正式开启。2016年以来，境内外绿债累计发行规模突破1.1万亿元。2020年尽管受疫情影响，中国境内外发行贴标绿色债券总额规模比上年有所下降，但境内外绿债发行数量达到239只，比上年增加17只。例如，2021年7月，中国光大绿色环保有限公司发行了中国首单碳中和及乡村振兴绿色熊猫中期票据。中国长江三峡集团有限公司、南方电网有限责任公司、华能国际电力股份有限公司、国家电力投资集团有限公司等6家企业也相继于2021年完成首批碳中和中长期绿色债券的发行登记，合计64亿元。

绿色基金在中国的起步较晚，自2015年开始，各地方政府纷纷积极主导设立政府引导基金，设立主体也由省级单位逐渐延伸至市级及区级单位，掀起了发展政府引导基金的新浪潮。目前，我国政府引导基金参与主体包括国家级、省级、地市级、县区级四类。我国已有超1300只政府引导基金，其规模超2万亿元，母子基金总规模超11万亿元。根据CVSource的数据显示，截至2020年6月底，国家级政府引导基金数量为19只，占比仅1.41%；而市级基金数量巨大，达688只，占比51%。随着"双碳"目标的推进，各级政府引导基金正在向绿色基金转型，将成为我国绿色基金的主流力量。

相对于上述绿色金融产品，绿色证书在中国的发展并不突出。2017年我国在全国范围内试行可再生能源绿证的核发和自愿认购，建立了绿证核发和认购平台及交易体系，同年7月启动了绿证认购交易。绿证交易实施已有五年，但交易进展缓慢，主要的原因是规定仅进入国家电价补贴目录的项目才能出售绿证。而这些进入补贴目录的项目建成时间较早，成本、价格和补贴也较高，使得核发和挂牌的绿证价格一直偏高，影响了个人和企业用电户的采购积极性。此外，我国的绿证认购和交易没有开启二级市场，购买方式单一，影响了市场交易量。

值得特别关注的是，2021年9月，中国绿色电力开始进行直接交易，首批交易量近80亿千瓦·时，交易价格比当地中长期电价高出0.03～0.05元/（千瓦·时）。购买绿色电力的用户可用于部分抵消自身外购用电所产生的间接碳排放，政府将给予其"绿色电力消费证明"。未来，政府将打通绿证与绿色电力交易的环节。这样，绿色电力的生产企业（如光伏、风电、生物质及垃圾发电、氢能源等）能够有更广泛的市场交易绿证，增加其流动性。

在绿色PPP方面，以光大环境为龙头的一批新兴环保企业成长迅速，成为减污降碳、协同发展的生力军。关于垃圾发电供热、生物质能热电联供以及污水处理项目在减碳中的作用详情请参见本书第四章和第五章内容。

二、中国碳排放权交易市场

我国的环境污染和能源消耗问题在未来较长的一段时间内仍将存在。目前我国的碳排放总量居世界第一。对此，我国政府积极建设碳交易市场，希望有效缓解中国碳排放量高居不下的问题。2011年以来，北京、上海、天津、重庆、湖北、广东、深圳和福建八个省市先后开展碳排放权交易试点。目前全国8个碳排放权交易试点纳入了近2500家排放企业，主要集中在电力、水泥、钢铁、化工、建筑等高排放高污染行业。截至2020年12月31日，我国8个碳市场碳排放配额共成交4.55亿吨，成交金额105.5亿元，其中，线上成交1.88亿吨，成交金额48.52亿元。自2013—2020年国内八大试点的线上均价详见图8-5。

我国参与碳排放交易历程可划分为三个阶段：①第一阶段（2005—2012年），主要参与国际CDM项目；②第二阶段（2013—2020年），在北京、上海、天津、重庆、湖北、广东、深圳、福建8个省市开展碳排放权交易试点；③第三阶段从2021年开始，建立全国统一碳交易市场，首先纳入电力行业。全国碳排放权交易市场于2021年7月16日正式启动，首日全国碳市场碳排放配额（Carbon Emission Allowances，CEA）成交均价达到51元/吨，首批被允许参与全国碳排放权交易的名

图8-5　国内各碳排放权交易试点省市线上均价

资料来源：天津排放权交易所。

单包括2162家发电行业中的重点排放企业。

　　碳交易的基础框架设计体系通过排放上限自下而上进行统计。对拟定的单位产出碳排放参数，对纳入配额管理的生产机组所产生的碳排放进行计算，通过企业上报当地政府，再层层上报给国家生态环境部，最终加总确定体系碳排放上限。体系范围当前仅覆盖发电行业，未来将逐步纳入钢铁、冶金、石化、建材、造纸、航空等其他行业。企业层面，除了要求属于全国碳排放权交易市场覆盖行业外，年度温室气体排放量达到2.6万吨二氧化碳当量的重点排放单位也将进入交易系统。配额初始分配的原则为政府免费分配加行业基准法，目前还未实行配额拍卖制度。

　　参与碳交易的碳信用产品在我国主要是CCER，根据国家发改委发布的《温室气体自愿减排交易管理暂行办法》的规定，企业开发出的自愿减排量经发改委核准备案后，在国家自愿减排系统中进行登记。控排企业可通过碳交易市场购买CCER以抵消其超额排放部分，但抵消比例不超过总配额的5%。截至2017年3月CCER叫停之前，发改委已发布200个CCER相关方法论，审定2871个项目，有861个风电、光伏、甲烷、水电和垃圾（生物质）发电项目进行了备案。2021年9月，《关于深化生态保护补偿制度改革的意见》出台，提出发展基于水权、排污权、碳排放权等环境权益的融资工具，建立绿色股票指数，发展碳排放期权交易。这一政策标志着碳市场的发展进入一个崭新的深化完善时期，也是CCER交易重启的前奏。

第五节　绿色金融与绿色PPP

一、绿色PPP

（一）PPP定义与应用价值

PPP（Public Private Partnership）即政府与社会资本合作的投资模式，世界银行将其定义为"私营部门和政府机构间就提供公共资产和公共服务签订的长期合同，而私人部门须承担实质性风险和管理责任"；亚洲开发银行将其定义为"为开展基础设施和提供其他服务，公共部门和私营部门主体之间可能建立的一系列合作伙伴关系"；欧盟的定义是"公共部门与私营部门之间的合作关系，双方根据各自的优劣势共同承担风险和责任，以提供本由公共部门负责的公共服务"。在我国，PPP是指"政府与社会资本为提供公共产品或服务而建立的'全过程'合作关系，以授予特许经营权为基础，以利益共享和风险共担为特征。通过引入市场竞争和激励约束机制，发挥双方优势，提高公共产品或服务的质量和供给效率"。典型结构可见图8-6。

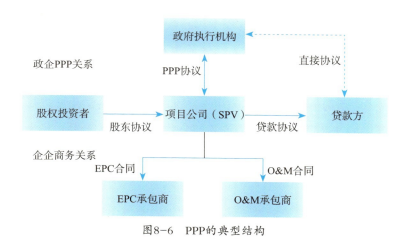

图8-6　PPP的典型结构

从上述概念界定和PPP的内涵来看，PPP有三大核心要素。一是合作主体，即公共部门与私营部门（政府与社会资本或企业），在具体PPP项目合作中两个主体同时存在，缺一不可。大千世界合作广泛，公共部门之间可以搞合作，私人企业之间更是离不开合作，但这种公与公、私与私之间的合作不是PPP所界定和规范的对象，只有公与私之间、政府与社会资本/企业之间的合作才有可能形成公私伙伴关系，即PPP关系。二是合作内容，政企只有一起合作提供基础设施、公共产品与公共服务才有可能构成PPP关系和PPP项目。三是合作关系，PPP界定的是政企之间的一种特别关系，即伙伴关系，"分享阳光，分担风雨"，平等、友好、长期、稳定是这种伙伴关系的通俗解读，从经济学和管理学角度来说就是风险分担、利益分享，尽可能把风险转移到能更好承受和化解风险的一方，具体操作中，包括一系列准则如物有所值、财政承受能力、合理回报、激励相容等。

PPP强调的是一种公私/政企合作关系，因此，PPP的模式不是单一模式，而是模式集群，是一系列的操作要素进行不同的组合形成了若干的PPP模式。PPP模式操作要素包括D（Design，设计）、B（Build，建造）、O（Operate，运营）、O（Own，拥有）、T（Transfer，移交）、F（Finance，融资）、R（Rehabilitate，修复、重构或再造）、M（Maintenance，维护）等，而由这些要素组合而成的就是PPP模式群，常见的模式有：O&M（运营与维护）、DBO（设计-建设-运营，政府出资）、DBOO（设计-建设-拥有-运营，企业出资）、BTO（建设-移交-运营）、BOT（建设-运营-移交）、TOT（移交-运营-移交）、ROT（再造-运营-移交）、BOO（建设-拥有-运营）、BOOT（建设-拥有-运营-移交）等。依据世界银行对PPP契约形式的划分，PPP模式主要包括12类。从全球来看目前流行的PPP模式有20种以上，不同的国家、不同的行业、不同的领域会有不同的PPP模式的偏好。

PPP模式应用的价值和意义在哪里？我们可以从经济学角度进行简要解读。经济社会运行中的产品可以分为私人产品和公共产品，私人产品由私人部门提供，但由于公共产品存在垄断性和竞争性相对不足的问题，企业提供公共产品存在市场失灵，所以公共产品只能由政府提供，但政府提供公共产品也存在资金不足、管理欠佳，公共产品和服务的数量、质量、成本都难以满足民众需要的问题，导致政府失灵。如何解决企业和政府单独提供公共产品过程的市场失灵和政府失灵？PPP模式就成为由政府与企业合作提供公共产品的合乎逻辑的选择和尝试。PPP追求的是尽可能把政府主导的公平与企业追求的效率完美结合，或者说牺牲一点公平换来更高的效率，也可以说牺牲一点效率换来更好的公平。PPP模式于1992年在英国诞生后在世界各地迅速发展起来，在公共服务和基础设施建设方面扮演了重要角色。

（二）绿色PPP的五大要素

绿色PPP即投资于环境保护以及减污降碳的PPP项目。作为一种特殊的绿色融资模式，通过实施绿色PPP，将有效提高可再生能源使用比例、资源利用效率、降低零碳技术的"绿色溢价"、降低各种污染物及温室气体的排放。

绿色PPP的五大要素包括：一是绿色项目，非绿不投；二是绿色技术，通过技术创新提高效率，提升品质，降本增效、减污降碳，创造绿色价值；三是绿色政府，即选择有较强绿色发展理念、较稳定的支付能力并信守契约精神的政府；四是绿色企业，即选择既有强烈绿色责任担当，又有足够资金实力，还有很强管理能力的企业；五是绿色机制，PPP模式本身界定的就是绿色机制，因为PPP是公私之间、政企之间的长期稳定平等友好的伙伴合作，唯有志同道合，才能实现共赢。

（三）绿色PPP推进路径

绿色PPP模式的有效推进，需要长期稳定的项目管理理念，并能够根据国家发展战略导向，实时调整项目及项目主管企业的战略管理体制，聚焦项目全生命周期运营，夯实技术优势，鼓励、推动技术创新，构建与经济社会协同发展的系统化管理机制。

1. 构建以科学发展观为引领的管理理念

针对绿色PPP项目建设、管理中出现的新特点、新趋势、新需求，制定科学规范的发展理念，坚持科学、前沿、国际化的管理原则。通过PPP相关领域标准评价体系，及时更新PPP理论体系，适时规范PPP评价方法和操作流程等，形成适应全球可持续发展目标的PPP管理体系，有效解决公共产品提供过程中出现的资金、效率问题，发挥PPP模式在推动社会、环境和经济效益提升方面产生的积极作用。同时，紧跟全球气候治理进程加快的步伐，积极探索适应"双碳"目标的绿色PPP管理理念，不断开发相应的绿色PPP金融工具，在模式创新等领域进一步与应对气候变化要求接轨。

2．开发应用绿色技术

在大数据、人工智能、区块链、物联网等智能新技术大范围应用的形势下，传统领域的发展模式正在发生颠覆性的变化，为新发展格局下PPP管理模式创新提供了新机会。当前，在交通、环保、医疗等领域中，PPP项目运营和管理中运用了大量数字技术的应用成果；同时，这些技术的赋能也在反哺PPP项目中的技术创新，如在绿色PPP项目中，成功开发并利用的智慧电厂技术、垃圾焚烧炉大型化技术、垃圾气化技术、生物质综合利用技术、厨余垃圾处理技术及适用于城镇的小型化垃圾处理技术等新技术，已为PPP管理模式带来了全新的改变。

3．建立以协同共赢为目标的绿色PPP管理机制

绿色PPP项目通常集投资、建设、运营等多个环节于一体，具有投资规模大、运行周期长、合作参与方多等特点。因此，需要在整个过程中关注主体协同、部门协同、区域协同、政策协同等问题；PPP作为公共产品领域的重要模式之一，更需要关注PPP模式与经济、社会、环境的协同关系。通过建立科学、完善的管理协调制度，确保通过PPP模式实现多赢效果。

二、中国绿色金融发展路径

（一）完善绿色金融政策规划设计

绿色金融体系（图8-7）是指通过绿色信贷、绿色债券、绿色股票指数和相关产品、绿色发展基金、绿色保险、碳金融等金融工具和相关政策，支持经济向绿色化转型的制度安排。完善绿色金融顶层设计的具体措施包括：可借鉴欧盟气候法和日韩等国的碳管理法案等，制定出台我国应对气候变化的法律法规。研究出台绿色发展规划、应对气候变化专项规划等政策，加强产业、环境、财政、税收、金融等政策支持和各类政策的协同，如加大绿色产业的税收减免、财政贴息、差异化风险权重、提供风险补偿与设立担保基金等方式，积极营造有利于绿色金融和气候融资发展的政策环境，支持引导商业银行及社会资本参与绿色金融和气候融资。

在建立绿色金融体系过程中，要特别注重渐进性，避免过激过快的减排运动，遵循先"达峰"再"中和"的策略，有条不紊地走向碳中和。

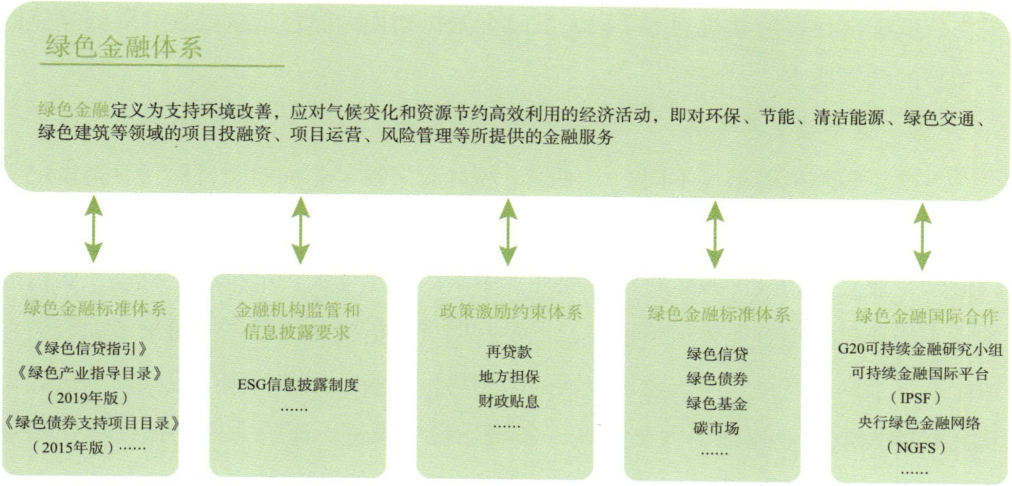

图8-7　绿色金融体系

（二）逐步统一绿色金融的统计标准

在借鉴绿色贷款及绿色债券、绿色融资、"绿色产业指导目录"等标准的基础上，兼顾与《赤道原则》《绿色债券原则》《气候债券标准》等国际标准接轨，加强多部门协作，统一绿色金融统计标准。避免将棕色项目以"绿色"冠名而进行绿色融资，金融机构对投资对象需要以真正"绿色投资"标准衡量其风险和回报，并对投资对象的经营管理实施必要的指引。

（三）加强环境和气候信息披露

出台相关文件，明确环境和气候信息披露内容与标准，强制商业银行等上市公司按照规范性要求定期公开气候和环境信息，如按照国际通用的TCFD框架进行气候相关财务数据披露。建立统一的发债企业气候信息披露制度，重点披露拟投资项目的项目类别、筛选标准、预期气候效益目标、资金使用计划等信息。出台金融机构环境和气候信息披露的指导意见，规范融资项目碳减排等环境效益的测算方法。

（四）建立绿色金融激励机制

对于商业银行开展绿色金融业务，政策鼓励上可考虑央行发放再贷款，地方政府考虑进行利息补贴和项目担保。风险防控方面，中国是全球绿色贷款统计监测体系最健全、历史数据最丰富的国家，绿色贷款资产质量明显优于各项贷款，具备降低风险权重的基本条件，并且在碳中和的大背景下，通过降低风险权重，建立大规模支持低碳项目再贷款机制等手段，激励金融机构加大绿色贷款投放并降低绿色低碳项目的融资成本。

（五）健全碳交易市场

与欧盟等其他碳市场不同，中国碳市场目前未制定总量控制目标，只是设定了相对总量目标，目前的免费配额分配标准稍显宽松，长期来讲应建立配额递减机制以鼓励企业更为积极的减碳行动。此外，中国尚未建立碳价电价联动机制，碳价成本还无法通过发电企业传递给用户，也没有期货的衍生品手段。交易细节如登记和清缴清算细则还有待完善。建议我国的碳交易可借鉴欧洲和韩国的模式，渐进式地从高耗能发电行业逐渐引入制造业等领域，稳中求进。履约方面，建议尽快恢复CCER交易，让在减污降碳中有显著作用的企业能开发出碳减排指标，作为碳交易市场的调剂和补充。企业层面，如果暂时未被纳入控排企业从而直接进入碳交易市场，仍可通过减碳的"额外性"开发出GS、VCS等碳信用，作为碳交易市场的补充进行场外交易。

（六）加强国际协调合作

世界主要经济体在防止全球变暖议题上已达成超越政治和国界的共识。中国等新兴经济市场对绿色转型需求巨大，在"内循环"加"外循环"的大形势下，中国可以与西方发达国家以及发展中国家在发展绿色金融以解决各经济体的发展对于全球气候的负外部性问题方面找到共同合作的新平台。中国的绿色金融事业在"双碳"背景下正在蓬勃发展，可以借鉴欧美和日韩等发展绿色金融的经验，吸取其教训，避免过激的碳减排策略，注重渐进式的减排和治理环境污染与降碳的协同性，以绿色金融促进经济发展的可持续性，让绿色金融引领可再生能源和新技术的发展，为"双碳"目标的实现提供有力的金融支撑和保障。

参考文献

［1］中华人民共和国生态环境部，国家发展和改革委员会，中国人民银行，等．关于促进应对气候变化投融资的指导意见［EB/OL］．（2020-10-21）［2022-01-12］．https://www.mee.gov.cn/xxgk2018/xxgk/xxgk03/202010/t20201026_804792.html.

［2］比尔·盖茨．气候经济与人类未来［M］．陈召强，译．纽约/多伦多：中信出版集团，2021：15-57.

［3］彭文生．碳中和经济学——新约束下的宏观与行业分析［R］．北京：中金公司研究院，2021：1-14.

［4］殷中枢，马瑞山，郝骞，等．渐强的碳价信号，渐近的碳约束时代［R］．上海：光大证券研究所，2021：1-36.

［5］王合绪．全国碳交易市场将至，从海内外经验看未来发展趋势［R］．上海：华宝证券研究所，2021：15-18.

［6］王宁．碳中和的博弈与破局［R］．上海：方正证券研究所，2021：1-20.

［7］易碳家．WRI解析美国气候行动的经济效益［EB/OL］．［2020-08-17］［2022-01-12］．http://m.tanpaifang.com/article/73535.html.

［8］黄星满．日本「國內碳排放交易整合市场」的研究［J］．经济研究年刊，2011，03（11）：259-290.

［9］Asian Development Bank.The Korea Emissions Trading Scheme［R］．Manila: Asian Development Bank, 2018: 1-57.

［10］张昕．建立碳排放交易基金［J］．中国金融，2021（08）：1-2.

［11］徐林锋．他山之石：中国碳交易市场展望［R］．北京：华西证券研究所,2021：1-56.

［12］袁理．碳如何核算？IPCC方法学与MRV体系［R］．上海：东吴证券研究所，2021：14-17.

［13］王天义，刘世坚，罗桂连．PPP：从理论到实践［M］．北京：中信出版社，2018.

［14］中华人民共和国生态环境部．中华人民共和国气候变化第三次国家信息通报．［EB/OL］．（2018-12-12）［2022-1-12］．https://www.docin.com/p-2291143548.html.

第九章

ESG投资与企业绿色发展

████ 引 言 ████

当前，从全球发展态势来看，ESG投资理念是引导企业优化资源配置、实现绿色发展的有效手段。ESG责任投资将气候相关指标纳入评价体系，提倡投资在环境、社会、治理方面表现优秀的企业，能够有效推动企业提升气候风险认知，加大绿色生产，实现绿色转型。

碳核算和碳披露作为推动实现碳中和目标的基础性工作，涉及从中央到地方、从政府到企业的跨部门、跨层级、跨组织的各类社会行为主体。碳核算体系也因此成为一个上至国家层面、下到具体产品的错综复杂的系统，产生出在"双碳"目标下政府和市场主体分别推进又交互反馈的路线，不同主体所承担的角色和责任也会直接影响到核算结果的准确度及成果性质。那么，对于企业主体来说，如何在科学把握ESG理念与碳中和目标关系的基础上，做好自身碳资产的统计、管理和披露工作？如何通过节能降耗来实施减排并制定阶段性减排目标和时间表？本章将在梳理碳核算体系与标准的基础上，介绍相关概念，分享光大环境多年的ESG实践，总结其在气候相关数据的统计和披露方面的经验，最后提出企业绿色发展的方向。

第一节 ESG理念与碳中和目标

一、ESG投资理念

ESG（Environmental, Social, and Governance）是由联合国责任投资原则组织（UNPRI）发起和倡导的理念，指环境、社会责任与公司治理这三个核心要素是企业可持续发展的保障。ESG强调选择在环境保护、社会公益和公司治理方面表现优秀的企业为投资对象，从而获得稳定且可持续的收益，是可持续发展理念在微观层面的反映。ESG通过将气候相关指标纳入投资评价体系，鼓励企业绿色生产，不仅有助于提升企业对气候风险的认知，同时从长期来看，有助于推动企业实现绿色转型等。在全球绿色发展的大背景下，ESG通过向环境表现较好的企业进行友好投资，顺应了世界各国的共同诉求。因此，ESG投资理念的引入，不仅成为引导企业实现绿色发展的有效手段，对推动实现碳中和目标具有更加重要的现实意义。

ESG在传统投资理念的基础上，坚持绿色理念，将所能创造的社会价值考虑到投资收益中，因此受到了越来越多国家的青睐。从全球发展来看，发达国家ESG投资已发展多年。在中国，香港上市企业必须发布ESG报告，内地的ESG还处于起步阶段，目前发布ESG报告处于强制性和自愿性并存的状态，可喜的是，自愿发布ESG报告的企业在不断增加。根据Wind ESG数据统计，截至2022年4月30日，已有1410家中国A股上市公司披露独立ESG报告，占全部A股公司数的29%，较2021年增长22.5%，远超2009年的371家[①]。预计到2050年，ESG企业资产将占到全球管理资产的1/3，达到50万亿美元。传统经济学讲企业追求利润最大化，按照ESG的理念，利润最大化的追求要受很多约束，而约束多了可能利润最大化的追求就不太成立，或者说企业追求的目标已经改变。随着ESG投资理念的逐渐普及，专业机构投资者的ESG责任投资偏好也会变得越来越明显。投资者的ESG偏好将会增强企业的环境管理规范，进而助力碳中和目标的实现。

二、ESG投资与企业绿色发展

ESG已经成为全球优秀企业的自我追求与自我约束，越来越多的绿色低碳产业，开始将ESG管理作为企业的重大发展战略之一，进而不断提高其绿色治理的水平，积极发挥在产业节能减排中的作用。从未来发展趋势来看，当一个小公司成长至一个大公司，在全国乃至全球都具有影响力的时候，其关注点不应仅局限于单纯的公司治理，还应该承担更多的社会担当和环境保护的责任。

同时，ESG也成为国际有责任投资企业的投资准则，即非ESG不投。对投资者

---

① 数据来源：https://www.wind.com.cn/.

而言，E所代表的环境标准，被视为判断企业经营水平、盈利能力、股价估值的重要指标。投资者根据ESG投资理念，往往会选择ESG评级较高的公司进行投资，而若公司碳排放过高的话，其ESG评分必然不会很高，故采用ESG投资理念将会有利于公司控制碳排放水平，长此以往可以早日实现碳中和。

ESG投资的发展需要市场形成一套认可度高、实践性强的ESG信息披露规则和评价体系。从全球发展现状来看，ESG投资流程逐渐趋向标准化，包括上市公司按披露标准披露ESG信息；评级公司按照评级标准进行相关评级；指数编制公司根据评级结果编制相关指数；投资者运用多种ESG责任投资策略进行投资。其中核算与披露是两个最基本的环节。

三、道琼斯可持续发展指数与ESG

ESG与可持续发展具有高度关联性甚至一致性。知名的全球道琼斯可持续发展指数（Dow Jones sustainability Index）系列于1999年正式推出，它是首批追踪最具规模及领先可持续发展的上市企业的全球指数之一，推出至今已成为投资者和企业的重要参考。道琼斯可持续发展指数系列主要围绕管治与经济、环境和社会三个维度评估参选企业的可持续发展表现，准入严格。比如，2021年11月发布的道琼斯可持续发展指数评估涵盖5300家符合标普全球环境、社会和管治（ESG）指数标准的企业，其中符合参评资格的企业为1843家，约占全球市值的45%。根据分类标准，中国香港被归为亚太地区，中国内地和中国台湾被归为新兴市场（含在港中资企业）。针对道琼斯可持续发展新兴市场指数，每个行业类别评估中位居前10%的企业才被纳入该指数。

在此次发布的道琼斯可持续发展指数系列年度评估结果中，中国光大环境（集团）有限公司凭借持续的优异表现，连续六年入选道琼斯可持续发展新兴市场指数，为入选的三家中国内地企业之一，也是过去六年每年一至三家入选的中国内地企业之一。根据发布结果，此次逾800家企业受邀参与道琼斯可持续发展新兴市场指数的评估，最终共有108家企业获纳为该指数成分股。光大环境继续被归入新兴市场的商业及专业服务行业，评估总分为64分，远高于31分的行业平均分数。光大环境在商业操守、客户关系管理、政策影响、风险及危机管理、供应链管理、环境议题报告、社会议题报告、人才吸纳及挽留等多个方面的表现尤为突出。其中，其客户关系管理、环境议题报告和社会议题报告三项指标在入选该指数的行业企业中，得分最高。

第二节 碳核算体系与标准

一、碳核算定义

自1997年《京都议定书》通过以来，世界各国均开展了一系列的减排措施，以应对由工业化带来的气候变化问题。但不同国家、不同地区、不同企业等控排主体，都需要依托于科学数据来明确减碳目标、度量减碳成效。碳核算即是一种测量工业活动向地球生物圈直接和间接排放二氧化碳及其当量气体的措施。从核算对象来说，开展碳核算至少需要包含以下两个条件：一是划定造成温室效应的气体，二是确定活动主体。

温室气体是大气中吸收和重新放出红外辐射的自然和人为的气态成分，包括二氧化碳、甲烷、氧化亚氮、氢氟碳化物、全氟碳化、六氟化硫和三氟化氮等。由于不同气体对温室效应的影响程度有所不同，联合国政府间气候变化专门委员会（IPCC）提出了二氧化碳当量这一概念，以统一衡量这些气体排放对环境的影响。而基于全球增温潜能值（GWP），可以看到不同气体相对于二氧化碳而言，对温室效应的影响程度。仅对于能源活动和工业生产过程而言，氢氟碳化物、全氟碳化和六氟化硫等主要涉及铝、镁等少数工业生产过程，而氧化亚氮早已纳入空气污染监控范围，故对多数企业的碳核算的主要对象是二氧化碳和甲烷。又根据《2017年中国温室气体公报》，二氧化碳和甲烷分别是影响地球辐射平衡的主要和次要长寿命温室气体，在全部长寿命温室气体浓度升高所产生的总辐射强迫中的贡献率，分别约为66%、17%。

从活动主体来说，根据《IPCC国家温室气体排放清单指南》，碳核算主要覆盖五种活动：能源活动、工业生产、农业生产、林业和土地利用变化以及废弃物处理。

针对上述核算主体对象，碳核算可以根据数据来源、测量方式、数据形式、数据质量、测量地域及时间范围等因素，生成不同类型的碳核算结果。

碳核算是实现"双碳"所有工作的基础。碳排放的核算，需要实现碳排放数据标准的统一与碳排放数据质量的控制。在数据得到保障的基础上，可实现全球碳排放体系的统一，碳交易市场可顺利运行，激发活力。此外，碳核算也可从源头对减排路径研究开发，对减排效果量化评估。关于碳核算的方法论：①依据来自联合国政府间气候变化专门委员会（IPCC）制定的《IPCC国家温室气体排放清单指南》，为世界各国提供编制清单的方法学依据；②保障来自碳排放可检测、可报告、可核查体系（MRV体系），保障形成准确可靠的碳排放数据。

二、碳核算体系与标准

（一）全球碳核算体系的建立

碳核算体系的构成是一个交错复杂的巨大网络，大到国家，小到产品。时至今日，碳核算体系发展出了共同目标下政府主体和市场主体独自推进又交互反馈的路线。所有的碳核算体系都旨在提供国家、产品系统、组织、项目的温室气体量化方法，同时也规定了相应的信息报告形式。

碳核算的具体过程本应是客观的测量与计算，但其测量范围的划定及具体标准的制定，仍存巨大的空间和差异，由此带来了不确定性。1992年，联合国环境与发展大会上通过的《联合国气候变化框架公约》（UNFCCC）提出了"将大气中温室气体的浓度稳定在防止气候系统受到危险的人为干扰的水平上"的目标。但由于UNFCCC只是一项框架公约，没有规定减排指标，缺乏可操作性。为此，世界气象组织（World Meteorological Organisation，WMO）和联合国环境规划署（UNEP）为研究与气候变化相关的科学技术和社会经济认知状况、气候变化原因、潜在影响和应对策略而联合成立了政府间气候变化专门委员会（IPCC），开始研究编制国家温室气体清单的方法和做法，《IPCC国家温室气体排放清单指南》后续成为世界各国编制国家清单的技术规范。

《IPCC国家温室气体排放清单指南》旨在确保即使存在不确定性，排放量和清除量的估算也是真实的。估算中的不确定性视国情而定，在切实可行的范围内减少不确定性。无论国家的经验或资源如何，都可根据指南对特定国家气体的排放量和清除量进行可靠的估算，同时保证各国之间的数据的可比较性和一致性。鉴于当前的科学知识和可用资源，这种估算模型被各国所接受。

《IPCC国家温室气体排放清单指南》有多个版本，2019年5月，在IPCC第49次全会中，来自包括中国在内的127个国家和地区的政府代表通过了《IPCC 2006年国家温室气体清单指南2019修订版》（《2019指南》）。其总体目标是支持编制和国家温室气体清单的持续改进，提供更新过的、可靠的科学依据。2019年修订版对2006版本中空白和过时的科学数据进行了更新和补充，《2006指南》和《2019指南》需结合使用。

根据详细程度，碳排放的估算方法可以分为TIER1、TIER2和TIER3三个层次，从TIER1到TIER3准确性和精度不断提高，见图9-1。概括来说，估算的基本方法就是：排放=AD（活动数据）×EF（排放因子），其中AD代表人类活动发生程度的信息，EF则为量化活动产生的排放的系数。

图9-1　不同方法层精准性

资料来源：《碳如何核算？IPCC方法学与MRV体系》，东吴证券研究所。

（二）欧盟与美国碳核算体系

欧盟于1990年通过了建立欧洲环境署（European Environment Agency，EEA）的法规，于1993年年底生效。EEA要求关键排放源类别尽量采用高层级方法，成员国有责任选择用于其国家清单的活动数据、排放因子和其他参数，以及正确应用《IPCC国家温室气体排放清单指南》中提供的方法，并反映在欧盟温室气体清单数据中。

美国国家环境保护局（Environmental Protection Agency）应用的科学依据结合IPCC方法学及其相关数据，公布了多个改进的温室气体排放量核算的方法学版本，编制了Air Emissions Inventory Improvement Program（EIIP）体系。EIIP的可靠性与兼容性也被《IPCC国家温室气体排放清单指南》认可。

EIIP在方法选择上考虑两个基本要素：关键排放源和数据可获取性。关键排放源尽量采用高层次的方法TIER2或TIER3。如果排放源的技术参数比较容易获取，那么也尽量采用高层次的计算方法。但如果技术数据获取难度大，就采用保守的TIER1方法，并根据逐年的数据积累，有计划地逐步转向TIER2、TIER3。

实际上美国比UNFCCC更早开始对大气排放进行监控和计算，所以其在多年的测算过程和根据UNFCCC要求不断改善的过程中积累了大量的经验。虽然美国于特朗普执政期间在防止全球变暖问题上产生摇摆并最终退出《京都议定书》，但美国在构建碳核算体系方面的工作一直是很有建树的。

（三）中国碳核算体系

中国一直高度重视自己所承担的国际义务，分别于2004年和2012年提交了《中华人民共和国气候变化初始国家信息通报》《中华人民共和国气候变化第二次国家信息通报》，全面阐述了中国应对气候变化的各项政策与行动，生态环境部参考IPCC技术报告和方法指南编制了国家温室气体清单，并于1994年和2005年报告了国家温室气体清单。2015年3月启动第三次国家信息通报的编写工作，经过三年多的努力，完成了《中华人民共和国气候变化第三次国家信息通报》。

中国国家温室气体清单编制方法主要遵循《IPCC国家温室气体排放清单指南》（1996年修订版）、《IPCC国家温室气体清单优良做法指南和不确定性管理》和《IPCC土地利用、土地利用变化和林业优良做法指南》。报告的范围包括能源活动、工业生产过程、农业活动、土地利用、土地利用变化与林业、废弃物处理等五个领域。

中国国家清单在方法选择上，与欧盟和美国具有一定的相似性。关键排放源尽量采用高层次的方法TIER2或TIER3，但如果技术数据获取难度大，就采用TIER1，并进一步积累相关数据，逐步转向TIER2、TIER3。中国关键排放源都采用了国别参数和高层级方法（TIER2和TIER3）。

自2012年以来，国家统计局与国家温室气体清单编制各相关部门和单位合作，开展了针对温室气体排放的基础统计制度和能力建设活动，使各主要活动部门的统计数据更加完善，以提高国家温室气体清单编制的数据质量。清单编制机构在《IPCC国家温室气体清单优良做法指南和不确定性管理》的数据优先收集原则指导下，开展统计数据、重要参数和排放因子等不同类型数据的收集工作，详见表9-1。

表9-1　权威性数据收集原则和各领域数据收集概况

数据类型	权威性原则	各领域数据收集概况
活动水平数据	国家统计部门的数据具有最高的权威性，其次为部门或行业协会数据，再其次为调研数据，最后是专家判断数据，其不确定性依次由±5%增大到±30%	• 能源、工业、农业、土地利用、土地利用变化和林业以及废弃物清单所涉及的统计数据，大部分来自国家统计局和有关部门；统计部门不能获得的数据，通过相应的行业协会获得； • 林地的面积与活立木蓄积量来源于国家森林资源连续清查资料； • 草地管理面积和湿地亚类型面积的细分，结合遥感数据进行确定
重要参数/排放因子数据	首先采用国家/行业标准方法的大样本检测/行业调研数据（如国家/行业的普查数据），具有最高的权威性；其次是各研究机构发表的监测数据；最后是专家判断和IPCC缺省值，其不确定性应在IPCC缺省值的范围内	• 固体燃料的热值、单位热值含碳量和碳氧化率数据主要来源于专项调研，同时参考重大研究项目成果； • 秸秆还田率、动物个体粪便年排泄氮量等数据，来源于农业农村部和生态环境部在全国开展的污染源普查数据。不同区域动物粪便的管理方式来源于典型县的调查结果； • 居民垃圾成分构成及废弃物处理方式等数据，来源于清洁发展机制项目成果

资料来源：《中华人民共和国气候变化第三次国家信息通报》，生态环境部。

清单编制机构通过开展数据核查工作进行清单数据质量控制，主要开展三个方面的数据核查工作。

第一，各清单领域所使用的统计数据、参数数据和排放因子的录入数据与原始数据的相互校核；第二，模型参数与其他相关模块的相互校核，比如道路交通模型对燃料平衡模块进行年均行驶里程、路况分担率等参数的校核工作；第三，不同领域清单所使用的数据一致性校核，比如放牧动物数量、牧区放牧动物粪便作燃料的数量以及农区动物放养和动物粪便作燃料的数量在农业各子清单之间的数据校核，又如林地以及与能源清单中生物质作燃料的清单之间的数据校核。这些校核工作确保了中国各排放领域的清单数据的完整性、一致性、科学性和可比性，见表9-2。

表9-2　清单数据的完整性、一致性、科学性和可比性概况

项目	工作概况
数据完整性	• 能源活动：与第二次信息通报相比，本次能源清单首次计算了全部固定源的甲烷和氧化亚氮排放量，并补充计算了能源平衡表中"其他能源"品种所包含的化石碳排放，以及石油天然气勘探环节的甲烷逃逸排放量，农村生活的沼气燃烧、生物质发电（农林废弃物、沼气、生物成因固体垃圾）的甲烷排放和生物质燃烧的二氧化碳排放（信息项）； • 工业生产过程：增加了5个新的排放源，并对之前包括的含氟气体排放源子类进行了扩充； • 农业活动：增加农业废弃物田间焚烧甲烷和氧化亚氮排放估算； • 土地利用、土地利用变化和林业：增加碳库种类，除林地外，增加不同土地利用方式（包括农田、草地和湿地等）土壤碳库变化和湿地甲烷排放清单估算； • 废弃物处理：增加生物处理甲烷和氧化亚氮温室气体排放估算
数据准确性	• 能源活动：针对煤炭燃烧排放，进一步增强了主要耗煤行业分煤种、分用途的低位发热量及单位热值含碳量调查研究，开展了中国煤化工发展状况及投入产出研究，获得了更可靠的固碳率参数。道路交通甲烷和氧化亚氮排放由排放因子计算法升级到COPERT模型方法，民用航空由TIER1方法升级为TIER2方法； • 农业活动：农田氧化亚氮排放因子因氧化亚氮分析方法改进与监测通量换算方法改进，对中国近三十年间观测数据进行统一矫正，形成一套分区域、分农田类型氧化亚氮直接排放因子，提高农田氧化亚氮直接排放估算的准确性。稻田前茬作物秸秆还田率调研、动物饲料结构以及粪便管理系统构成调研，可提高农业温室气体清单准确性，降低其不确定性
数据一致性	• 与第二次国家信息通报相比，2010年中国温室气体清单排放源和吸收汇分类与IPCC清单指南更为一致； • 为避免重复计算和漏算，对交叉性领域的清单边界以及采用的基础数据进行了相互衔接和校核，例如：能源活动中的非能源利用清单同工业生产过程清单的边界以及数据来源，能源活动清单与农业活动清单中的动物粪便及动物饲养数据，能源活动清单与土地利用变化清单中的薪柴焚烧数据
清单编制方法科学性和可比性	• 遵照了《1996年IPCC清单指南》《2006年 IPCC清单指南》《IPCC优良做法指南》《IPCC林业优良做法指南》的方法学； • 主要排放源：结合中国的实际情况，采用TIER2方法或TIER3方法； • 非主要排放源：采用TIER1方法； • 能源清单严格参考《1996年IPCC清单指南》关于排放源类别与ISIC分类的对照表，更正了以往能源活动清单关于化石燃料燃烧排放源类别与国民经济行业分类中工业子行业的对应关系，使排放源分类与《1996年IPCC清单指南》更加一致，保证了清单的可比性； • 工业生产过程：约一半的排放源已采用《2006年IPCC清单指南》，在含氟气体方面，即使同为TIER1方法，《2006年IPCC清单指南》所提供的实际排放量计算方法比《1996年IPCC清单指南》所提供的潜在排放量计算方法更科学准确

资料来源：《中华人民共和国气候变化第三次国家信息通报》，生态环境部。

中国温室气体清单的不确定性分析遵循《IPCC优良做法指南》。随着中国温室气体统计体制的建立和不断完善，各排放源活动水平数据的不确定性也在逐渐降低。第三次国家温室气体清单对各排放源尽量采用本地的排放因子，这对降低清单的不确定性起到了很大的促进作用。各部门为降低清单不确定性所采取的具体措施见表9-3。

表9-3　各部门为降低清单不确定性所采取的具体措施

部门	降低清单不确定性的措施
能源活动	• 化石燃料燃烧二氧化碳排放采用部门法估算，并用参考法进行校核； • 道路交通甲烷和氧化亚氮排放由排放因子计算法升级到COPERT模型方法，民用航空由TIER1方法升级为TIER2方法； • 加强了主要行业分煤种、分用途的低位发热量、单位热值含碳量和碳氧化率等数据的调查研究； • 系统地梳理了迄今为止的清单和研究成果中有关单位热值含碳量和碳氧化率的信息，如中国科学院碳专项的测试数据； • 与以往国家能源清单相比，在样本代表性、覆盖度和数据质量等方面均有明显的提高，进一步降低了固体燃料燃烧排放的不确定性
工业生产过程	• 分析统计部门数据和行业协会数据（如水泥熟料、合成氨等）在统计口径上的异同，经比较和核查后再进行采用； • 结合各省级温室气体清单来获取水泥熟料的排放因子数据，对部分重点行业（如合成氨、己二酸等）通过对企业的实际调研来获取本地的排放因子
农业活动	• 调研了典型种植区稻田前茬作物的秸秆还田率； • 采用改进的氧化亚氮分析方法与监测通量换算方法矫正了农田氧化亚氮的直接排放因子，提高了农田氧化亚氮直接排放估算的准确性； • 细分了牛的分类，由第二次信息通报的三类扩充为五类（奶牛、肉牛、水牛、牦牛和其他牛），提高了用于估算肠道发酵甲烷排放因子相关参数的数据质量； • 调研了不同区域典型县的饲料结构、粪便管理方式构成，测定猪场粪便管理方式甲烷和氧化亚氮排放量； • 采用了全国第一次污染源普查获得的分省秸秆田间焚烧比例，分区域牛、羊、猪个体年排泄氮数据
土地利用、土地利用变化和林业	• 与第二次信息通报相比，本部门清单更加完整，土地利用类型参照《IPCC林业优良做法指南》划分为林地、农地、草地、湿地、建设用地和其他土地共6类。农地、草地和湿地土壤碳储量变化清单以及湿地甲烷排放清单是本部门清单主要增加的内容； • 采用国家森林资源连续清查和分树种的生长模型相结合的方法来计算各年不同树种的生物量
废弃物处理	• 增加了生物处理甲烷和氧化亚氮的温室气体排放估算； • 对废弃物中的生活垃圾构成、固体废物和废水处理方式进行调研和专家咨询，获得重要参数

资料来源：《中华人民共和国气候变化第三次国家信息通报》，生态环境部。

第三节　碳核查与碳披露

一、碳核查（MRV）

（一）MRV体系的建立

MRV体系是指碳排放的量化与数据质量保证的过程，包括监测（Monitoring）、报告（Reporting）、核查（Verfication）三个部分，科学完善的MRV体系是碳交易机制建设运营的基本要素，也是企业低碳转型、区域低碳宏观决策的重要依据。MRV源自《联合国气候变化框架公约》第13次缔约方大会形成的《巴厘岛行动计划》中对于发达国家支持发展中国家减缓气候变化的国家行动，达到可监测、可报告、可核查的要求。MRV三个部分各自的特点，详见表9-4。

表9-4　MRV三个部分各自的特点

MRV	特点
监测	明确监测对象、方式以及认知监测局限性，即根据已建立的标准，尽可能地以准确、客观的概念描述该现象
报告	涵盖报告的主体、内容、方式、周期等
核查	核查分为自我核查和第三方核查，核查的条件则取决于信息的来源和类型，可核查性和可监测性一样，可以通过直接的观察或间接的引导完成

资料来源：《碳如何核算？IPCC方法学与MRV体系》，东吴证券研究所。

MRV体系为碳交易体系提供强大、可靠、真实的碳数据基础，是碳交易体系的重要监管手段，也是碳交易体系公信力的保证。MRV直接影响配额分配和平台交易，是整个碳交易体系的核心部分。因此建立公平、公正、透明的MRV机制尤为重要。当前，推进MRV体系的完善需要从五大要素着手改进，如表9-5所示。

（二）欧美MRV体系

世界各国碳排放MRV体系的部门设置略有不同，但基本包括监测、报告、核查和质量保证与控制四个部门。

表9-5 完善的MRV体系五大要素

		完善的 MRV体系五大要素
1	法律法规	目前中国尚未形成一套完整的碳市场法律制度框架。需要推动出台《碳排放权交易管理条例》，建立碳排放监测、报告与核查制度，同时制定发布《企业碳排放报告管理办法》《第三方核查机构管理办法》等配套细则，进一步规范报告与核查的工作流程、要求和相关方责任以及对第三方机构的管理
2	技术标准	制定重点行业温室气体排放核算与报告指南、第三方核查指南以及监测计划模板，明确数据监测、报告与核查的详细、具体的技术要求，统一度量衡，做到"一吨碳就是一吨碳"，数据可追溯、可信赖、可比较
3	工作流程	常态化、制度化的工作流程是MRV体系运行的基础。无论是国家、地方主管部门、企业还是第三方机构，都需要把这项工作纳入常态化工作流程，在资金、人力等方面做好必要的计划和准备
4	能力建设	人才是碳市场长期稳定发展的重要保证。无论主管部门、企业，还是第三方机构，涉及这项工作的技术人员都需要熟悉掌握相关工作流程、要求以及技术规范，相关主体需要对这些工作人员开展必要的培训
5	硬件设施	统一的数据填报与核查系统对 MRV体系运行至关重要。建设统一的电子报送数据平台，实现数据的在线填报与核查，可以较大提高 MRV体系运行效率

资料来源：《中国碳排放数据监测、报告与核查体系建设》，保尔森基金会。

　　欧盟是国际上开展碳交易工作较早且较为成熟的组织。欧盟MRV体系的建立是基于立法制度，主要围绕完整性（避免重复计算）、一致性、可比性、透明度、准确性、绩效改进及成本有效性等原则，设计框架分为监测、报告、核查、质量控制和免责机制五部分。根据欧洲议会和理事会2003/87/EC指令，欧盟委员会分别制定了温室气体排放的《监测及报告条例》（MRR）和《认证及审核条例》（AVR）。欧盟排放交易体系覆盖的工业设施和航空运营方必须具备一个经批准的监测计划，以监测和报告温室气体的年排放量。运营方必须每年呈交排放报告，年度有关数据必须在翌年3月31日前获得经认证的验证方核证。一旦得到核证，运营方必须在翌年4月30日上缴数量相当的排放配额。

　　美国的MRV体系主要包括监测、核算与报告、核查、质量保证与控制四部分，其体系建设也是依托法律的完善而逐步健全的，而大数据管理经验为其主要特点。2009年美国环保局（EPA）正式发布《温室气体强制报告法规》，明确了温室气体报告体系中设定的报告界限值、可覆盖的排放源、温室气体排放核算方法学以及报告的频率和核查方式等。温室气体的核查采用自行核查方式，并引入电子信息平台，由电子系统核查和现场核查两部分组成。提供报告者自行在电子系统中录入信息，提交报告后由EPA核查电子系统未包括的内容。提供报告者还被要求进一步记录其年度温室气体报告中提供的数据是如何形成的。这些记录包括一份监测计划，描述何时何地收集样本、分析样本的方法以及用于质量保证和质量控制的程序。这些记录必须在各报告期后至少保存3年，其格式应便于检查和审查。

（三）中国MRV体系

2020年生态环境部办公厅发布《全国碳排放权交易管理办法（试行）》，要求重点排放单位应当按照生态环境部公布的相关技术规范要求，编制温室气体排放监测计划，每年编制其上一年度的温室气体排放报告，并通过环境信息管理平台或生态环境部规定的方式，在每年3月31日前报送生产经营场所所在地的省级生态环境主管部门。重点排放单位应当对排放报告的真实性、完整性、准确性负责，地方主管部门以"双随机、一公开"方式开展重点排放单位温室气体排放报告的核查工作。核查工作可分为准备、实施、报告三个阶段。核查制度，即指为了确认参与排放权交易的排放主体的温室气体减排量是否真实而确立的一种核查、认证制度。核查机构应按照规定的程序对企业（或者其他经济组织）监测计划的符合性和可行性进行审核，主要步骤包括签订协议、审核准备、文件审核、现场访问、审核报告编制、内部技术复核、审核报告交付及记录保存等步骤。核查机构可以根据审核工作的实际情况对审核程序进行适当的调整，但调整的理由应在审核报告中予以详细说明。核查结果应通知重点排放单位，作为其配额清缴的依据，并报生态环境部。省级生态环境主管部门可以通过政府购买服务的方式委托技术服务机构提供核查服务。对核查结果有异议的，可向省级生态环境主管部门提出申诉。

中国的MRV体系建设面临的考验可总结为以下四个方面，如表9-6所示。

表9-6　中国MRV体系建设面临的考验

中国 MRV体系建设面临的考验	
法律和制度支撑薄弱	• 对于重点排放单位历史碳排放数据的报送、核算与核查工作并没有完全制度化。由于未形成惯例或制度，地方和企业对国家推进相关工作缺乏明确的预期，导致准备不足或工作步调与国家不一致，在实践中给地方和企业开展工作带来不少挑战； • 在技术层面，由于缺乏法律制度以及技术标准的支撑，很多数据的采集，只能依托现行的统计法及企业传统的数据收集体系开展工作，而碳市场的运行需要更加细化到设施、工序、产品层面的数据； • 对于企业碳排放数据质量的提升，需要在法规和技术标准方面加强设计和支撑
相关技术指南和标准仍不完善	• 由于化工、石化、钢铁等许多行业情况复杂，涉及的产品多，工序复杂，在实际运用中已发现这些指南和标准存在不合理、不完善的地方； • 由于这是一项全新的工作，即使同一个指南和标准，行业内不同的企业之间，不同行业的企业之间，不同地区的企业之间，在实践中也有可能存在解读的偏差和数据处理的不一致，需要采取有效措施防止指南和标准在执行中出现偏差
第三方核查机构能力良莠不齐	• 国家碳市场建设初期，有经验的核查机构和核查人员的数量并不充足；尽管国家发改委下发文件公布了核查机构遴选的参考条件，但在实践中，各地为确保按时完成工作，往往不得不自行确定条件并采用招标形式开展核查机构的遴选，有的机构为占有市场，不惜采用低价竞争策略，以低于成本的价格中标，导致各地选定的核查机构水平参差不齐； • 在第三方核查质量控制方面，对核查机构仍缺乏有效的监督管理，虽然部分地区组织复核或专家评审，但缺少对核查机构的有效考核，对于在核查中存在质量问题的机构，也没有到位的惩处机制，核查质量的控制缺乏机制化的保障。因此，需要加强对第三方核查机构的规范化管理
能力建设有待进一步加强	• 碳排放监测、报送与核查工作涉及很多细致、具体的技术要求，合格的核查员不仅要熟悉行业背景、工序和技术，也要熟练掌握MRV的规则、指南与相关标准，同时企业工作人员也需要熟悉数据监测、核算与报告的要求；要做到这些，一方面要对从业人员开展注重实用性的技能培训，另一方面也要让从业人员能得到在实践中不断学习提升的机会； • 在国家层面已组织开展了针对MRV的专题培训，但在资金安排、课程设计和培训执行等方面的统筹和指导力度不够。在地方层面，地方政府，特别是八个全国碳市场能力建设中心，组织开展了大量培训活动，为提高参与方能力做出了重要贡献。但由于缺乏统一的政策和技术指导，在课程体系设计、培训的实用性和针对性、培训教材和培训考核等方面，实际效果参差不齐

资料来源：《MRV体系及地方主管部门的职责》，北京市应对气候变化研究中心。

二、碳披露

　　碳信息披露应包括企业碳排放的基本信息，也要反映企业受气候变化的影响以及应对气候变化的具体行动。通过碳信息披露，一方面使企业及其利益相关者（股东、消费者等）能够更加全面地认识气候变化所带来的风险，更加系统化地分析和判断企业面临的机遇与挑战；另一方面，企业通过对自身的碳排放情况进行全面系统的梳理，可以为进一步实施减排策略打好基础。

（一）中国碳披露制度发展概况

国务院2016年印发的《"十三五"控制温室气体排放工作方案》提出，推动建立企业温室气体排放信息披露制度，鼓励企业主动公开温室气体排放信息，国有企业、上市公司和纳入碳排放权交易市场的企业要率先公布温室气体排放信息和控排行动措施。生态环境部2021年2月施行的《碳排放权交易管理办法（试行）》中规定，"重点排放单位编制的年度温室气体排放报告应当定期公开，接受社会监督"。生态环境部2021年5月印发《环境信息依法披露制度改革方案》提出，到2025年，基本形成环境信息强制性披露制度，企业依法按时、如实披露环境信息。

总体来看，我国目前还未形成国家层面的指导企业碳信息披露的政策文件，企业碳信息披露仍属于自愿披露范畴，在披露内容、方式等方面都存在较大差异。2021年全国碳排放交易正式启动后，为保证碳市场平稳运行，更好地发挥市场优化配置资源和促进低成本减排的作用，需要增强市场的透明度，碳披露制度建设更为紧迫。企业碳披露可能从自愿披露走向强制披露。在"双碳"目标下，企业作为温室气体基本排放源，有责任进行高水平的碳管理和高质量的碳信息披露，碳披露问题已引发社会广泛关注。

（二）气候相关财务信息披露机制（TCFD）的建立

随着可持续发展理念的不断普及，鉴于市场及社会对气候变化潜在财务影响的信息需求，为协助投资人、贷款机构和保险公司明确了解需要运用哪些信息对气候相关风险与机会进行适当评估和定价，并可更准确评估气候相关的风险与机会，国际金融稳定委员会（Financial Stability Board，FSB）于2015年成立气候相关财务信息披露工作组（Task Force on Climate-related Financial Disclosures，TCFD），工作组的主要目的是为制定一套具有一致性的自愿性气候相关财务信息披露提出建议。工作组提出的建议可适用于各类组织，包含金融机构等，目的是收集有助于决策及具前瞻性的财务影响信息，其中特别关注迈向低碳经济转型所涉及的风险与机会。

2017年6月，气候相关财务信息披露小组发布了关于气候相关财务信息披露的建议，为公司和其他组织提供了系统性框架，帮助其通过报告形式有效披露应对气候危机的相关信息。

工作组建议气候相关财务信息披露的编制者，将信息披露在主要（即公开）年度财务申报中。G20成员中，持有公共债务或股权的企业有义务在财务申报中披露重大信息，包括重大气候相关信息。此外，主要财务申报中的信息披露应促进股东参与，并更广泛地采用气候相关财务披露信息，从而让投资人和其他各界更了解气候相关风险与机会。

工作组将气候相关风险划分为两大类：一是与低碳经济转型相关的风险，即转型风险；二是与气候变化实体影响相关的风险，即实体风险。工作组依据组织营运核心的四大元素建立TCFD架构（见表9-7），以协助投资者与决策者了解披露机构如何评估其气候相关的风险与机会，并随之进行风险管理。

表9-7　TCFD核心要素

核心元素	治理	策略	风险管理	指针和目标
说明	披露组织如何管理气候相关的风险与机会	披露现存及潜在的气候相关风险，可能对组织财务规划造成的冲击	披露组织审视、评估及管理气候相关风险的流程	披露组织评估及管理气候相关风险与机会的重要指针与目标
建议披露事项	描述董事会监督气候相关的风险与机会的情形；描述管理阶层在评估与管理气候相关风险与机会的角色	描述组织对于短、中、长期的气候相关风险与机会的认知；描述气候相关风险与机会对于组织的营运、策略及财务规划可能造成的影响；描述组织在面对不同气候情境时的弹性策略	描述组织审视及评估气候相关风险的流程；描述组织管理气候相关风险的程序；描述组织如何将审视、评估及管理气候相关风险的机制整合至整体风险管理制度	披露组织在策略与风险控管的程序中，评估气候相关风险与机会所使用的指标；披露范畴1、范畴2及范畴3（如适用）的温室气体排放量与相关风险；描述组织对于管理气候相关风险与机会所设立的目标和达标

资料来源：《气候相关财务披露建议（繁体中文版）》，安永会计师事务所。

三、企业最佳实践——光大环境

2020年，光大环境正式签署成为TCFD的支持机构，体现了光大环境对于气候相关信息披露的支持。公司根据TCFD的风险分析框架列出关键气候风险，制定气候风险参数、进行气候风险评估、实施气候风险控制措施并分析控制措施的有效性以及执行风险审计。

光大环境一直将实体风险和转型风险纳入其运营之中。光大环境主要气候相关风险和机遇的概述，详见表9-8及表9-9；公司针对气候相关风险制定了风险管控流程，详见图9-2。

表9-8 气候相关风险

风险种类	风险名称	说明
转型风险	政策和法规风险	气候变化相关政策行动将持续发展，政策目标分为两类：限制任何可能助长气候变化的不利影响，以及促进气候变化调适，如实施碳定价机制降低温室气体排放、鼓励提高用水效率等。而随着气候变化造成的损失不断扩大，气候相关诉讼风险亦可能增加
转型风险	技术风险	经济体系逐渐转向支持低碳、高效能技术改良与创新，将影响部分组织的竞争力、生产与配销成本，甚至影响到终端使用者。因此新技术开发及使用的时机点，将成为组织评估技术风险的主要不确定因素
转型风险	市场风险	气候变化影响市场的方式错综复杂，主要方式之一为供需结构改变产品与服务机制，因此越来越多的气候相关风险与机会将被纳入考虑
转型风险	名誉风险	气候变化可能影响客户或社群，与评断组织是否致力于低碳转型密切相关
实体风险	立即性风险	气候变化带来的实体风险可能对组织造成财务冲击，如损害资产或供应链中断等影响。立即性风险是以单一事件为主，包含台风、龙卷风、洪水等极端气候事件
实体风险	长期性风险	长期性风险是指气候模式的长期变化，如持续性高温可能引起海平面上升或长期的热浪等

资料来源：《气候相关财务披露建议（繁体中文版）》，安永会计师事务所。

表9-9 气候相关机遇

机会	说明
资源使用效率	提高生产及能资源使用效率，除可降低组织中长期营运成本外，更可达到减碳目的。组织可借由技术创新而转型，包含开发高效能供热系统及推动循环经济等方案
能源来源	为达到全球减碳目标，转型使用低碳的替代能源已成国际趋势，过去五年全球对再生能源装置的投资已超越石化燃料。而分布式清洁能源成本下降、能源储备能力提升等因素，将可能为转型使用低碳能源的组织，节省能源成本
产品和服务	开发创新低碳产品或服务，可提升组织竞争地位，更可改变客户与供货商偏好，如产品卷标或营销手法，强调产品或服务的碳足迹及减碳绩效等
市场	组织应积极在新市场或新型资产上寻求机会，以落实多元化经营，尤其与转型至低碳经济的组织合作，将更有机会进入新市场。而组织亦可透过承保或融资绿色债券或基础设施等方式，获得新市场机会

续表

机会	说明
韧性	组织应培养应对气候变化的调适能力，以切实管理气候变化相关风险，并掌握机会。而具以下特质的组织更应该把握气候韧性相关机会：拥有长期固定资产、密集生产或配销网络；价值链重度依赖基础建设网络或自然资源；对于长期融资或投资有需求

资料来源：《气候相关财务披露建议（繁体中文版）》，安永会计师事务所。

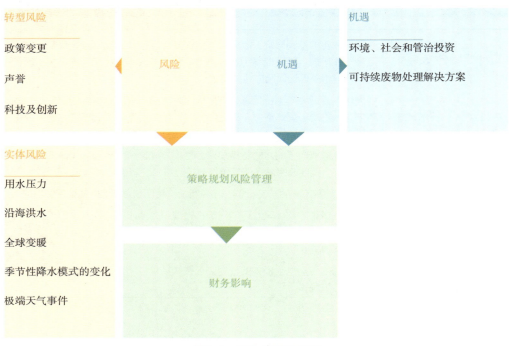

图9-2　风险管理流程图

资料来源：《2020可持续发展报告》，中国光大环境（集团）有限公司。

光大环境将继续按照TCFD的建议披露气候相关信息，范例如表9-10所示。

表9-10　光大环境TCFD披露范例

2020年目标回顾			
范畴	目标		是否已达成
环境	总温室气体排放抵消量	较去年增长10%	√
	由生活垃圾焚烧以外来源导致的直接温室气体排放（范畴一）	≤375000吨二氧化碳当量	√

续表

	2020年目标回顾		
范畴	目标		是否已达成
环境	能源导致的间接温室气体排放（范畴二）	≤480000吨二氧化碳当量	√
	非再生能源消耗总量	≤5400000吉焦	√
	淡水消耗总量	≤77000000立方米	√
	废弃物弃置总量	≤1400000吨	√

资料来源：《2020可持续发展报告》，中国光大环境（集团）有限公司。

除了TCFD工作组之外，温室气体核算体系（GHG Protocol）下的《企业碳核算与报告标准》（A Corporate Accounting and Reporting Standard）主要对于企业计算温室气体的方式、汇报责任、碳排放核查、减排核算、目标设定、库存设计等方面都提出了统一标准，并强调了企业数据透明度的原则，即企业应以明确的方式披露温室气体清单的过程、程序、假设和限制等，并对于数据进行审计、记录、建档及外部验证。

在企业层面，通过TCFD进行气候相关财务信息披露是管理好自身碳资产的核心工作，无论是作为绿色投资主体还是投资对象，以TCFD进行信息披露可以与其他机构建立同一纬度的沟通频道，对于自身与合作伙伴的气候相关数据，可以进行横向比较并采取相应的气候应对措施。无论是被纳入碳交易市场的控排企业，还是暂时未被纳入但具有丰富碳资产并具有减排意义的企业，都应把建立和提升TCFD披露的工作当作开展绿色金融的基础核心工作，这也是企业走向碳中和的必由之路。

第四节　企业绿色发展方向

一、加强碳资产管理

碳资产是指强制碳排放权交易机制下，或者在自愿减排机制下，产生的可以直接或间接影响组织温室气体排放的配额排放权、减排信用额及相关活动。具体来说，有三层含义：一是在碳交易体系下，企业由政府分配的排放量配额；二是企业内部通过节能技改活动，减少企业的碳排放量；三是由于该行为使得企业可在市场流转交易的排放量配额增加，也可以被称为碳资产；企业投资开发的零排放项目或者减排项目所产生的减排信用额，且该项目成功申请了清洁发展机制项目（CDM）或者国家核证自愿减排项目（CCER），并在碳交易市场上进行交易或转让，此减排信用额也可称为碳资产。

根据目前碳资产交易制度，碳资产可以分为配额碳资产和减排碳资产。已经或即将被纳入碳交易体系的重点排放单位，可以通过免费获得或参与政府拍卖，获得配额碳资产；未被纳入碳交易体系的非重点排放单位，可以通过自身主动进行温室气体减排行动，得到政府认可的减排碳资产；重点排放单位和非重点排放单位均可通过交易获得配额碳资产和减排碳资产。

企业碳资产管理是推进全面减排的重要方式。"双碳"目标下，企业面临低碳转型的问题，通过碳核查，检测排放数据，设定适合的碳排放目标，进而制定企业的合理排放策略；同时，企业可以通过碳监测和碳盘查，根据持有配额和产生的排放量进行碳交易，进而完成履约任务，提高碳资产价值，获得收益。在全球达成碳中和共识的背景下，世界各国纷纷探索低碳发展的路径。市场机制是促进低碳发展的有效手段，通过将碳市场建设与节能减排目标相结合，发挥市场调节作用，推动经济增长方式的转变。

二、建立绿色责任账户

建立绿色责任账户是企业碳资产的基础。从全球碳市场发展的效果来看，与启动碳交易国家的预期相比尚有差距，究其原因，在于减排都是基于市场主体自愿；如果完全靠行政力量降碳，行动快，见效也快，但也有潜在问题。碳减排不能只靠自愿，应该探索建立碳账户和绿色责任账户，增加碳减排的微观动力，使微观主体主动推动绿色发展。

在"双碳"目标背景下，通过建立全国性碳核算体系构建碳账户，建立起各级政府包括每一个企业在内的绿色责任账户，清晰界定每个主体的相关权利和减排责任，在此基础上，鼓励企业明确自身碳资产，主动开展碳减排活动，进行碳交易，进而全面形成企业碳资产管理意识，建立一套能让市场起决定性作用的碳减排机制，推动企业主动碳减排，形成公平合理的市场环境，发挥微观主体在推进环境和气候治理的积极作用。实现与其他污染物防治、生态修复、经济增长等任务的协同共赢，推动绿色高质量发展。

三、践行企业绿色责任

在全球碳中和共识与中国绿色高质量发展的背景下，企业作为社会微观主体，应积极履行企业绿色社会责任，积极响应"双碳"目标的号召，引领所在行业的碳减排、碳达峰相关工作。在"十四五"开篇之际，相关企业正在积极制订碳排放达峰行动计划，牵住以降碳为源头治理举措的"牛鼻子"，谋划推动产业绿色低碳转型发展的重点任务和工程，在技术、管理、增效等层面全面协同，服务国家战略，推进绿色发展。

绿色技术创新是履行企业绿色责任的基础。当前，积极推进环境保护与应对气候变化工作，如期达成"双碳"目标，是我国生态文明建设的紧迫任务。企业作为节能减排的微观主体，通过绿色技术创新，应用清洁技术实现节能减排。创新技术包括聚焦低碳、零碳、负碳创新技术，如固废处置与管理、水污染治理、大气污染治理、海洋生态保护等相关领域；信息化技术包括能源数字化、智能化、物联网、区块链、云计算、气象监测、水资源管理等新一代信息技术。绿色技术不仅有利于加快"双碳"进程，也能够为企业履行绿色社会责任奠定基础。

设立碳资产管理机构是履行企业绿色责任的保障。碳资产管理包括综合管理、技术管理、实物管理和价值管理。综合管理包括规划、制度、流程、培训、咨询、风险等的管理，是碳资产管理的基础；技术管理包括减排技术、能效技术、低碳解决方案等的管理，是碳资源转变为碳资产的技术支撑；实物管理包括碳盘查、碳综合利用、碳排放等的管理，是价值管理的基础。价值管理包括CCER项目开发、碳交易以及碳的金融衍生品，如碳债券、碳信用等的管理，价值管理体现的是碳资产价值实现。

企业设立碳资产管理机构，旨在针对企业碳资产开发、碳市场分析、碳配额管理、排放报告编制、质量控制、审核风险控制、碳交易运作等进行实时跟踪和反馈企业管理过程信息并提出解决方案；根据重点功能节点设置数据分析、报告编制、审核质控、交易管理等子部门，与企业其他专业部门进行信息对接与方案评估改进，通过跨职能部门的水平整合和优化合作，提升综合管理能力，以获得减少碳排放的最大潜力。

参考文献

［1］袁理，任逸轩. 碳如何核算？IPCC方法学与MRV体系［R］. 上海：东吴证券研究所，2021：6-13［2021-09-18］.

［2］中华人民共和国生态环境部. 中华人民共和国气候变化第三次国家信息通报［EB/OL］.（2018-12-12）［2022-1-12］. https://www.docin.com/p-2291143548.html.

［3］钱国强，胡晓明，金雅宁. 中国碳排放数据监测、报告与核查体系建设［R］. 北京：保尔森基金会，绿色金融政策简报，2018：12-17［2021-09-18］.

［4］安永联合会计师事务所. 气候相关财务披露建议繁体中文版［R］. 台北：安永联合会计师事务所，2019：13［2021-09-18］.

［5］中国光大环境（集团）有限公司.《2020可持续发展报告》［R］. 香港：中国光大环境（集团）有限公司，2021：69-70［2021-09-18］.

［6］解振华. 绿色经济引领碳市场发展［J］. 低碳世界，2012（10）［2021-09-18］.

［7］刘世锦."30.60目标"既是挑战，也是机遇［N］. 北京日报，2021-05-31（013）［2021-09-18］.